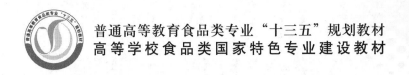

普通高等教育食品类专业"十三五"规划教材

高等学校食品类国家特色专业建设教材

食品感官评定（第二版）

SHIPIN GANGUAN PINGDING

沈明浩　谢主兰◎主编

郑州大学出版社

内容提要

本书重点介绍了感官评定的基本理论、感官评定条件的控制、感官评定方法的分类和标度以及感官评定中常用的一些方法和手段。内容安排上更加注重实用性,有感官评定实验的内容,也有感官评定在生产中具体应用的例子,比如分析影响感官评定结果的因素,选拔和考核食品感官评定人员,抽取制备感官评定资料以及提高分析环境和工作条件的标准化程度等。本书内容全面具体,可作为高等院校或中专类院校食品类专业师生的教科书,也可供企业从事食品生产、研发、检验、管理等方面的工作人员学习使用,是一本很有应用价值的参考书。

图书在版编目(CIP)数据

食品感官评定/沈明浩,谢主兰主编.—2版.—郑州:郑州大学
出版社,2017.1(2022.7重印)
普通高等教育食品类专业"十三五"规划教材
ISBN 978-7-5645-3701-2

Ⅰ.①食⋯　Ⅱ.①沈⋯②谢⋯　Ⅲ.①食品感官评价-高等
学校-教材　Ⅳ.①TS207.3

中国版本图书馆 CIP 数据核字(2016)第 306656 号

郑州大学出版社出版发行
郑州市大学路 40 号
出版人:孙保营
全国新华书店经销
河南文华印务有限公司印制
开本:787 mm×1 092 mm　1/16
印张:19.5
字数:480 千字
版次:2017 年 1 月第 2 版

邮政编码:450052
发行部电话:0371-66966070

印次:2022 年 7 月第 5 次印刷

书号:ISBN 978-7-5645-3701-2　　定价:31.00 元

本书如有印装质量问题,由本社负责调换

本书作者

主　　编　沈明浩　谢主兰

副 主 编　苗敬芝　任大勇　冯　印

编　　委　（按姓氏笔画排序）
　　　　　　冯　印　任大勇　杜双奎
　　　　　　肖海芳　沈明浩　张平安
　　　　　　张晓燕　苗敬芝　郑建梅
　　　　　　袁　媛　翁世兵　谢主兰

前言（第二版）

《食品感官评定》(第一版)于 2011 年出版至今已五年了。基于此,我们在郑州大学出版社的支持下,组织专家对《食品感官评定》(第一版)进行了适当的修订和更新,以满足现代教学与科研的需要。

本次修订主要包括以下几个方面:第一,参考近五年最新的研究成果,对各章节的局部内容进行了适当的修订,第一版中的错误、不严谨之处均进行了修改与补充;第二,删去了旧的感官质量标准,更新了参考文献和资料,增加了新的统计分析表与感官评定词汇,使全书信息更准确、内容更新颖,便于读者准确把握相关知识;第三,对文字表述进行了精心润色,统一了全书中的概念和单位,校正了个别表述不清的文字,减少了英文资料翻译的生硬感,使语言更精准、流畅。

本书共 10 章,第 1 章概述了食品感官评定的发展史、生理学及心理学观点等;第 2 章介绍了食品感官评定的基本理论;第 3 章从环境、样品、人员等方面介绍了影响感官评定的因素;第 4 章介绍了感官评定方法的分类及标度;第 5 章至第 8 章分别介绍了感官评定过程中常用的方法和手段;第 9 章介绍了食品感官评定的应用;第 10 章详细介绍了食品感官评定实验,附录中增加了最新的感官评定词汇与统计分析用表。

《食品感官评定》(第二版)仍保留了第一版的编写体系,编写人员与第一版相比有所增加,他们都是长期从事食品感官评定教学及科研的中青年骨干,在不同的层面对食品感官评定进行了许多细致的研究,也都为此次教材的修订付出了艰辛的努力。具体编写分工为:第 1 章和第 2 章由苗敬芝(徐州工程学院)、郑建梅(西北农林科技大学)编写;第 3 章由翁世兵(合肥工业大学)、冯印(长春科技学院)编写;第 4 章和第 6 章由袁媛(吉林大学)、张晓燕(通化师范学院)编写;第 5 章由肖海芳(山东理工大学)编写;第 7 章由张平安(河南农业大学)、杜双奎(西北农林科技大学)编写;第 8 章和第 9 章由任大勇(吉林农业大学)、沈明浩(吉林农业大学)、冯印(长春科技学院)编写;第 10 章和附录由谢主兰(广东海洋大学)编写。全书由沈明浩、谢主兰负责统稿。

希望本书的出版能为高等院校食品类相关专业学生的教学工作,以及企业、科研单位从事食品生产、研发、检验、管理等方面的工作人员提供更多的帮助和参考。由于食品感官评定涉及的知识面较广,尽管编者做了很大的努力,但书中遗漏和错误之处在所难免,真诚希望广大同仁及读者批评指正。

沈明浩
于吉林农业大学
2016 年 10 月

前 言（第一版）

食品是人类赖以生存的基本物质条件之一。食品质量包括两个方面，即使用质量（从消费者角度出发，对食品感官质量、营养质量及工艺质量进行综合评定）和安全卫生质量（从保护消费者的健康和促进市场贸易的目的出发，对食品生产、运输储存、销售及准备过程中安全卫生的检查和测试）。感官质量是食品使用质量标准不可缺少的一部分，是以人的感觉器官（视觉、味觉、听觉及触觉）作为分析仪器，对食品的颜色、产品的外观、包装、柔软度、含汁度、味道、气味等进行的综合评定。

20世纪60年代，美国加州大学开始在食品专业开设食品感官评定课程，并将统计学知识充实在课程内容中。此后，不少有关学校也相继设立了这门课程，从而使感官评定的理论和实践迅速得到了充实和完善。在这方面，我国还处于起步阶段，至今在有关学校的课程设置中还没有独立开设食品感官评定这门课程，在有关的企业和单位中还很少应用正规的食品感官评定法与实验统计学相结合，而且有关这方面的报道也不多见。为了开展和加强这方面的研究工作和实践工作，郑州大学出版社组织编写出版了《食品感官评定》一书。

本书广泛参考了国内外相关文献和教材，内容具有较强的科学性和逻辑性，并编入了部分实验内容，实用性较强。本书共10章，主要内容包括食品感官评定的基本理论，影响感官评定的因素，感官评定方法的分类和标度，感官评定常采用的方法和手段，有关感官评定的应用，部分实验指导。

本书的编撰人员都是长期从事食品感官教学及科研的中青年骨干，他们在不同的层面对食品感官评定进行了许多细致的研究。具体撰写分工为：第1章和第2章由苗敬芝（徐州工程学院）编写；第3章由翁世兵（合肥工业大学）编写；第4章和第6章由袁媛（吉林大学）、权伍荣（延边大学）编写；第5章由肖海芳（河南科技大学）编写；第7章由张平安（河南农业大学）编写；第8章和第9章由任大勇（吉林农业大学）、沈明浩（吉林农业大学）编写；第10章和附录由谢主兰（广东海洋大学）编写。全书由沈明浩统稿。

本书内容全面具体，在理论的基础上，更加强调在实践中的可操作性，可作为大、中专院校食品类相关专业师生的教科书，也可供企业从事食品生产、研发、检验、管理等方面的工作人员学习使用，是一本很有应用价值的参考书。虽然参加编写者著书态度认真，付出了努力，力求全面反映食品感官评定所涉及的问题，但限于目前学术资料和个人能力的局限，加之时间仓促，难免有遗漏和错误，恳请广大读者批评指正。

沈明浩

于吉林农业大学

2010 年 11 月

目录

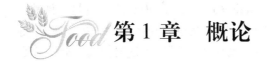 **第1章 概论**

食品感官评定是以人的感觉为基础,通过感官定价食品的各种属性后,再经统计分析而获得客观结果的实验方法。食品感官评定过程中,其结果受客观条件和主观条件的影响。本章就感官评定的历史、生理学及心理学基础以及感官评定与其他分析方法的关系做了详细介绍。

1.1 感官评定的历史

最早的感官评定可以追溯到 20 世纪 30 年代,而它的蓬勃发展还是由于 20 世纪 60 年代中期到 70 年代开始的全世界对食品和农业的关注、能源的紧张、食品加工的精细化、降低生产成本的需要以及产品竞争的日益激烈和全球化。

在传统的食品行业和其他消费品生产行业中,一般都有一名"专家"级人物,比如酿酒专家、焙烤专家、咖啡和茶叶的品尝专家等,这些专家们在本行业工作多年,对生产非常熟悉,积累了丰富的经验,一般与生产环节有关的标准都由他们来制定,比如购买的原料、产品的生产、质量的控制、市场的运作等,他们对生产企业是非常重要的。后来随着经济的发展,在专家的基础上,又出现了专职的品评员,比如在罐头生产企业就有专门从事品尝工作的品评人员每天对生产出的产品进行品尝,并将本企业的产品和同行业的其他产品进行比较,促进产品感官品质的提高。此外,某些行业还使用由专家制定的用来评定产品的各种评分卡和统一词汇,比如有奶油的 100 分评分卡、葡萄酒的 20 分评分卡和油脂的 10 分评分卡等。所有此类评分卡至今仍被使用。

随着经济的发展、竞争的激烈和生产规模的扩大,生产企业的"专家"开始面临一些实际问题,比如他不可能熟悉、了解所有的产品知识,更谈不上了解这些产品的加工技术对产品的影响,而且还有关键的一点,那就是由于生产规模的扩大,市场也随之变大,消费者的要求不断变化,专家开始变得力不从心,他们的作用不再像以往那样强大。随着一些新的测评技术的出现和它们在感官评定中的使用,人们开始清醒地意识到,单纯依靠少数几个专家来为生产和市场做出决策是存在很多问题的,同时风险也是很大的。因此,越来越多的生产企业开始转向使用感官评定。

在 20 世纪 40 ~ 50 年代,感官评定由于美国军队的需要而得到一次长足的发展,感官评定得到了美国军需食品及容器研究院(US Army Quartermaster Food and Container Institute)的大力支持,该协会赞助了针对三军展开的食品接受度研究(Peryam 等,1954)。很显然,对于军队来说,保证有充足的营养(通过分析膳食或精心制作菜单)并不能确保军人对食品的接受程度。众所周知,风味以及具体产品的接受程度是很重要的。人们集中精力,试图评定出什么食品会更受欢迎或者更不受欢迎,并且对食品接受度的测量这种基础性问题进行了研究。

感官评定在 20 世纪 40 年代后期至 50 年代间曾引起了世人广泛的关注,部分是由政府出资开发能为军队所接受的食品(Peryan 等,1954)以及私人公司中的开发活动所致。例如,Arthur D. 公司引进了风味剖面法(flavor profile method)(Caul,1957),它是一种减少对技术专家依赖的定性描述型方法。虽然技术专家概念在过去和将来都颇受关注,但是风味剖面法却以约有 6 位专家的小组(经培训)代替个人求得一致性的结论。此手段在实验心理学家当中引发了一定的争论,他们关注小组结论这个概念以及个人(小组成员)对这种一致性结论的潜在影响(Jones,1958)。但是,在当时,这种方法成为感官评定的焦点,并在学科中创立了新的学术方向,后者激励人们对感官过程的各个方面进行更深入地研究与开发。在 20 世纪 40 年代末到 50 年代初,首先由美国的 Boggs,Hansen,Giradot 和 Peryam 等人建立并完善了"区别检验法",同时,一些测量技术也开始出现。打分的程序最早出现于 20 世纪 40 年代初期,50 年代中后期出现了"排序法"和"嗜好打分法"。1957 年,由 Arthur D. Little 公司创立了"风味剖析法",这个方法是一种定性的描述方法,它的创立对正式描述分析方法的形成和专家从感官评定当中的分离起到了推动作用。因为人们发现挑选并培训一组感官评定人员对产品进行描述,是可以代替原来的专家的。虽然在当时这个方法引来很多争议,但它却为感官评定开启了新的视点,为以后很多方法的建立奠定了基础。

至 20 世纪 50 年代中期,美国加州大学戴维斯分校开设了一系列有关感官评定的课程,成为少数几个可培训感官评定专业人员的学院之一。值得一提的是,其他大学,包括 Oregon 州立大学、Massachusetts 以及 Rutgers 大学也有感官评定的课程,不过深度都不如加州大学。这些进展反映在这一时期的食品科学文献当中,包括了很多有趣的感官评定研究。这些研究激励并推动了感官评定在食品工业中的应用。早期的研究在开发并评定具体的测试方法方面特别彻底。Boggs 和 Hansen(1949),Giradot 等(1952)以及 Baker 等(1954)对差别型测试方法进行了评估。除差别型方法之外,还有其他测量技术也可作为评定产品接受度的方法。打分规程早在 20 世纪 40 年代就被运用(Baten,1946),主要是通过各种成分对比较法来对产品的差异性及偏爱度进行评定。等级排序法及快感标度在 20 世纪 50 年代的中后期较为常见。在这个时期,诸多技术及科学团体,如美国测试及材料学会(ASTM)的 E-18 委员会、美国化学学会的食品及农业分会、欧洲化学感觉组织等都组织了很多重点在感官评定及风味测量方面的活动。

20 世纪 60 年代中期至 70 年代,国际上对食品与农业、能源危机、食品组成与原料价格(Stone,1970)、竞争及全球化市场的关注,都直接或间接地为感官评定提供了发展机会。例如,寻找替代甜味剂促使人们对甜味感觉的测量(测量其随时间的强度变化)产生了新的兴趣,随之引发了新型测量技术的开发(Inglett,1974),同时也间接地鼓励了用来评估不同组分甜度的直接数据登录系统的开发及应用。

此后,随着新产品的不断出现,为感官评定创造了市场,反过来,对新产品评定方法的研究也促进了感官评定本身的发展。比如,对甜味剂替代物的研究促进了甜度的测量方法,反过来,对感官领域测量方法的完善起到了推动作用。

当今食品感官评定更多地被应用于食品开发商在考虑商业利益和战略决策方面,例如市场调查、消费群体的偏爱、工艺或原材料的改变是否对产品带来质量的影响,一种新产品的推出是否会受到更多消费者的喜欢等。

感官评定可以为产品提供直接、可靠、便利的信息，可以更好地把握市场方向、指导生产，它的作用是独特的、不可替代的。感官评定的发展和经济的发展密不可分，随着我国经济的发展和全球化程度的提高，感官评定的作用会越来越突显出来。

1.2 感官评定的生理学及心理学观点

感官评定的原理起源于生理学及心理学，得自于感官实验的一些信息，可帮助我们更好地认识感官的性质。Gekdard(1970)曾指出，经典的"五种特殊感觉"分别为视觉、听觉、味觉、嗅觉及触觉。其中最后一种感觉(即触觉)包括了温度、痛、压力等方面的感觉。

从人体生理学与解剖学的研究角度来看，每一种感觉形态(sense modality)都有其自身独特的受体(receptors)和通向大脑中更高级、更复杂结构的神经通道(neural pathways)。在神经末梢，特定感觉(如视觉、味觉)的受体会对专一针对该系统的特定刺激类型做出响应。也就是说，味觉刺激并不会刺激视觉的受体。但是，当信息传输到大脑的高级中枢之后，就会出现大量的整合(integration)现象。理解感官信息被如何处理和整合，对于我们了解评定过程非常重要。换成实际的产品评定，就是指产品是一种复杂的刺激来源，它产生的刺激并不局限于某种单一的感官，如视觉或味觉。如果没有充分认识到感官评定的这种基本特征，后果将会很严重。试想一下，在对一种有视觉、嗅觉、味觉及质构特性的草莓酱进行评定的时候，如果要求测试人员仅对质构属性(同时要忽略其他所有刺激)做出响应，那么起码会导致出现片面的或者完全错误的产品信息。假设测试人员能够在精神上中断刺激，或者可被培训成以这样方式来响应，当然这是一种理想化的想法。那么对所有其他刺激的响应将被嵌入到对质构的响应当中，随之会增加变异性和降低灵敏度。这种做法忽略了一些基本的感官过程和大脑整合外部信息、融合记忆并且产生响应的方式。一旦基于对人类行为的错误设想，企图通过修改规程和惯例来解决一个通常与行为毫不相干的难题，就可能会对感官评定的科学性和可信度造成更大的伤害。感官评定的心理学根源可追溯至德国生理学家韦伯(E. H. Weber)在19世纪中期所做的工作(被 Boring 引用，1950)。然而，也有人认为是费希纳(G. H. Fechner)基于韦伯的实验观察基础催生了精神物理学(Boring，1950)，是他在审视这些观察时采用了物理和心理的方法，从而在精神物理学(psychophysics)崛起中注意到一种世界之间的联系方法。

Fechner 对感觉测量中的哲学问题及其与刺激的关联性最为关注。他指出，由于感觉不能进行直接的测量，所以有必要通过不同的变化来测量出灵敏度。这一结论的依据就是 Weber 的实验观察。Fechner 试图通过测量两个刺激之间的最小可觉差(just-noticeable-difference，或 JND)，建立起一种感觉的测量单位。他提出，每个 JND 都应该对应于一种感觉单元，并且不同的 JND 之间是对等的。由此，关于对刺激的响应可用式(1.1)来表示：

$$S = k\lg R \tag{1.1}$$

式中 S 为感觉强度；k 为一个常数；R 为物理刺激强度。

正如 Boring 所强调的，Fechner 把这公式称为韦伯定律，也就是我们目前所称的 Weber-

Fechner 定律,或精神物理定律(psychophy law)。该定律不仅开创了精神物理学领域,而且引发了对刺激与响应之间真正关系的长期争论,以及感觉统一理论的建立。多年以来,人们都认为感官强度是无法测量的,因此,这种精神物理定律实际上没有任何意义。不过,对 Fechner 的做法提出最严厉批评的却要数 Stevens,后者对刺激和响应之间的关系提出了不同的解释。Stevens 指出,相同的刺激比率会导致相应的感觉比率,而不是Fechner 所说的那种相应的感觉差异。根据 Stevens 的观点,精神物理功效定律(psychophysical power law)的数学表达式如式(1.2)和式(1.3)所示:

$$R = kS^n \tag{1.2}$$

与

$$\lg R = n\lg S + \lg k \tag{1.3}$$

式中 R 为响应; k 为一个常数; S 为刺激浓度; n 为形态相依指数。

这个定律的公式化推动了该领域的发展,并且得到了数以百计刊物中描述的各种包括商品在内的刺激的响应情况所证实,同时也引发了大量关于各种感官形态的功效函数(power function)值的争论。当然,信号检测理论(signal detection theory)的发展也极大地影响了我们对知觉过程的认识,尤其是对感官评定方面的了解。但是,这种理论也遭到了寻求感觉统一理论者的反对。其实还是 Weber 的观察更值得进行深入的评论,因为它对产品的评定非常重要。Weber 注意到两个产品之间的感觉差异是一个常数,而且与差异的比率有关,可以用数学公式表示为:

$$k = \Delta R / R \tag{1.4}$$

式中 R 为刺激的强度; k 为 JND 的常数。

各种有关大量刺激和涉及食品组分的实验结果,通常都与 Weber 的原始观察一致。当然,也有一些例外的情况出现,而且不是所有实验结果都与该数学表达式完全保持一致。

心理学在我们对产品评定过程的认识方面有很大的贡献,但是如果就此认定感官评定仅是心理学学科的一部分是不正确的。

一些心理学的拥护者为了极力强调他们的贡献,会不计后果和风险,在评定产品的成功例子时轻易地去混淆有关标度或感觉方面的研究。此外,他们还容易误认为心理学的进展会对感官评定具有即时的和直接的影响力,以及模糊了两者之间的界线。对于那些认为使用量值估计(一种比率标度),可获取各种刺激感知强度的有效估算数值的最佳途径的人来说,这种情况尤其明显。据研究,通过这种标度法可获得没有偏向性的判断和允许使用高阶数理统计进行分析,并且它的灵敏度要比其他标度更高。那些在受控的实验中能被单一的刺激所证实的结果,未必能适用于那些更复杂刺激(如食品及其他消费品)的评定当中。此类优越性至今还不能被任一种标度所证实,这并不令人感到惊奇。正如 Guilford(1954),Nunnally(1978)及其他学者所注意到的,使用一种不是很完善的标度并不等于会得到无效的结果,而且所带来的风险也不像人们想象中的那么严重。就算发生,风险也会非常低,对于产品评定过程来说尤为如此。尽管如此,我们还是应该清楚地认识到,为了达到某种测试目的,感官评定不仅会运用心理学,而且还会运用生理学、数学以及统计学。它基本上不受不同的感觉理论的限制,这和解释感觉机制有所不同,后者是精神物理学家和生理心理学家的任务。感官评定专业人员必须充分熟悉这些学科,这样才能评定出它们和感官测试的组织、布置以及分析的关联性,从而不会忘记感官测试的目标和目的。

1.3 食品感官评定与其他分析方法的关系

食品的质量标准通常包括感官指标、理化指标和卫生指标。理化指标和卫生指标主要涉及产品质量的优劣和档次、安全性等问题,由质检部门和卫生监督部门督查。而感官评定除了传统意义上的感官指标外,该指标通常是具有否决性的,即如果某一产品的感官指标不合格,则不必再做理化指标和卫生指标检测,直接判该产品为不合格品;更多的还在于该产品在人的感受中的细微差别和好恶程度。所以,食品的感官评定不能代替理化分析和卫生指标检测,它只是在产品性质和人的感知之间建立起一种合理的、特定的联系。

现代感官评定是建立在统计学、生理学和心理学基础上的。在感官评定实验中,并不看重个人的结论如何,而是注重于评定员的综合结论。

由于感官评定是利用人的感官进行的实验,而人的感官状态又常受环境、感情等很多因素的影响,所以在极力避免各种情况影响的同时,人们也一直在寻求用物理化学的方法来代替人的感觉器官,使容易产生误解的语言表达转化为可以用精确的数字来表达的方式,如电子眼、电子舌、电子鼻的开发和应用,可使评定结果更趋科学、合理、公正。

随着科学技术的发展,特别是计算机技术的应用,将逐渐有不同的理化分析方法与分析型感官评定相对应,但至少由于以下原因,理化分析还无法代替感官评定。

(1)理化分析方法操作复杂,费时费钱,不及感官评定方法简便、实用。

(2)一般理化分析方法还达不到感官评定方法的灵敏度。

(3)用感官感知的产品性状,其理化性能尚不明了。

(4)还没有开发出合适的理化分析方法。

1.4 感官评定的意义及发展趋势

食品感官评定技术已成为许多食品企业在产品质量管理、新产品开发、市场预测等许多方面的重要手段。食品感官评定的应用同时也促进了心理学、生理医学、仿生学的发展,新近开发的电子鼻、电子舌就是例子之一。

食品感官评定是在食品理化分析的基础上,集心理学、生理学、统计学的知识发展起来的一门学科。该学科不仅实用性强、灵敏度高、结果可靠,而且解决了一般理化分析所难以解决的复杂的生理感受问题。感官评定在世界许多发达国家已普遍采用,是从事食品生产、营销管理、产品开发以及广大消费者所必须掌握的一门知识。食品感官评定在新产品研制、食品质量评定、市场预测、产品评优等方面都已获得广泛应用。

与传统意义上的感官评定相比,现代感官评定不单只是靠具有敏锐的感觉器官和长期经验积累的某一方面的专家的评定结果,这是因为由专家担任评定员,只能是少数人,而且不易召集;不同的人具有不同的感觉敏感性、嗜好和评判标准,所以评定结果往往不相一致;人的感觉状态常受到生理、环境等因素的影响;专家对评判对象的标准与普通消费者的看法常有较大差异;不同方面的专家也会遇到感情倾向和利益冲突等问题的干扰。为了避免传统意义上的感官评定中存在的各种缺陷,现代的感官评定实验中逐渐引入了生理学、心理学和统计学方面的研究成果,其中,采用计算机处理数据,使得结果分析快速而准确。

所谓的感官评定,就是以"人"为工具,利用科学客观的方法,借着人的眼睛、鼻子、嘴巴、手及耳朵,也就是视、嗅、味、触、听等5种感觉系统,并结合心理、生理、物理、化学及统计学等学科,对食品进行测量、分析和解释,来了解人类对这些产品的感受或喜欢程度,并测知产品本身质量的特性。

感官评定技术可广泛应用于食品业、化妆品业、经济业等领域。随着时代的发展,我们进入了消费者导向的时代环境中,它因此逐渐成为企业组织找寻目标产品的一项必要工具,也是提升企业整体竞争力的工具之一。感官评定在企业组织中的应用可包括新产品开发、原料或配方重组、产品改进、产品定位与竞争、工艺或包材改善、消费者市场调查与质量保证等方面。感官评定最大的特点是以"人"为分析仪器来品评产品质量的,现代科技已经达到一个前所未有的高度,但没有一种仪器可以代替人的感官来品评产品质量。

1990年以来,由于国际商业活动频繁以及全球化的影响,感官评定界开始了国际交流,讨论了跨国文化与人种对感官评定的影响。随着时间的推移,感官评定技术的概念也从给人主观印象的感官评鉴,而发展成被认同的一项客观分析方法,其应用与研究不断纳入其他的科学领域,包括统计学、心理学或消费行为学、生理学等,后来又发展成今日的感官科学。在技术方面,则不断和新科技结合,发展更准确、更快速、更方便的方法,如品评自动化系统、气相层析嗅闻技术(GC-sniffing 或 GC olfactometry)、定量描述分析(QDA)、时间-感受强度研究(TI 技术)等。

目前感官评定已在各国得到广泛应用。在美国,不仅各大食品公司(如可口可乐、百事可乐、纽特公司等)都已拥有庞大的感官评定部门以及各大学食品系皆设立感官评定研究领域外,美国业界甚至出现了很多感官评定的专业顾问公司,替中小企业提供品评服务。其他国家亦非常积极,亚太地区主要以新西兰和澳大利亚两国发展较好。以新西兰为例,该国统计显示其80%的食品公司都设有品评制度,连该国市场调查公司亦设有感官评定部门,以服务食品业的客户。

而国内的发展则较国外滞后,1990年以来,"感官评定"才开始被较多地应用在食品科学的研究中。感官评定目前在国内的应用主要有食品加工、香精香料、酒、茶叶、农/畜产品、中药药材等,其中又以食品加工应用最多。

目前各大学术科研机构逐渐加大此方面的投入,并增强与国际的交流;越来越多的企业想接受此方面的教育训练,许多企业自行招募感官评定专业人才,设立品评部门并建立相应的品评制度,或进行委托服务,逐渐把感官评定技术或方法应用在实际生产开发等领域。而且国际标准化组织(ISO)及危害分析和关键环节控制点(HACCP)等制度的推动,感官评定的应用也有希望在企业内发展成为一种标准作业程序或持续性与制度性的工作。就国内产业而言,产业需求将因世界贸易组织(WTO)的竞争压力与消费者意

识高涨而越来越大,相信国内行业已经感受到压力,需要有能够提升竞争力的工具。

感官评定的重要性逐渐为大家所认识接受,学术研究机构、院校,许多有实力的公司也在加大投入进行相应的研究,这些都在促进感官评定技术的发展。就未来发展而言,在感官技术上的发展趋势有以下几个方面。

(1)尽量结合不同的仪器测试与感官特性进行相关性分析,且在相关性的结论上越来越注重统计概念,注重多重相关研究有普遍化的趋势,无论是采用不同仪器测试,或者是多变量分析工具,都更加注重整体感觉的探讨。

(2)发展更符合人类感官系统机制的仪器,如模仿人类的唾液及体温的存在,或模仿人类咀嚼的动作等。

(3)在气味或风味研究的部分,气相层析嗅闻技术的应用有普遍化的趋势。

(4)在气味、味道与风味的研究中,时间–感受强度(TI 技术)研究也逐渐普遍化。

随着感官评定技术的不断发展,国内行业人士应共同努力,加强感官评定技术的发展和推广。

⇨ **思考与练习**

1.什么是食品感官评定？它有何实际意义？

2.食品感官评定的生理学与心理学观点是什么？

3.食品感官评定与其他分析方法有什么关系？

4.食品感官评定的发展趋势如何？

第2章　感官评定的基本理论

人类认识事物或人体自身的活动离不开感觉器官。一切感觉都必须有能量或物质刺激,然后产生生物物理或生物化学变化,再转化为神经所能接受和传递的信号,最后在大脑综合分析,产生感觉。感觉虽然是一种低级的反映,但它却是一切高级复杂心理的基础和前提。不同的感觉之间有相互作用,有的产生相乘作用,有的发生相抵消的效果。了解这些现象,不仅有理论意义,而且还有实用价值。

2.1　感觉概述

2.1.1　感觉的定义和分类

感觉是人类认识客观世界的本能,是外部世界通过机械能、辐射能或化学能刺激到人体的受体部位后,在人体中产生的印象或反应。因此,感觉受体可按下列不同的情况分类。

(1)机械能受体　听觉、触觉、压觉和平衡。

(2)辐射能受体　视觉、热觉和冷觉。

(3)化学能受体　味觉、嗅觉和一般化学感。

以上三者也可概括为物理感(视觉、听觉和触觉)和化学感(味觉、嗅觉和一般化学感)。

人的感觉远比一般动物复杂,除了感知外,还有复杂的心理活动。

任何事物都是由许多属性组成。例如,一块面包有颜色、形状、气味、滋味、质地等属性。不同属性,通过刺激不同感觉器官反映到人的大脑,从而产生不同的感觉。人的感觉不仅只反映外界事物的属性,也反映人体自身活动情况。人之所以知道自己是躺着或站立着,是因为自身状态的感觉。

感觉虽然是低级的反映形式,但它是一切高级复杂心理活动的基础和前提,对人类的生活有重要作用和影响。

在人类产生感觉的过程中,感觉器官直接与客观事物特性相联系。不同的感官对于外部刺激有较强的选择性。感官由感觉受体或一组对外界刺激有反应的细胞组成,这些受体物质获得刺激后,能将这些刺激信号通过神经传导到大脑。感官通常具有下面几个特征:①一种感官只能接受和识别一种刺激;②只有刺激量在一定范围内才会对感官产生作用;③某种刺激连续施加到感官上一段时间后,感官会产生疲劳,感觉灵敏度随之明显下降;④心理作用对感官识别刺激有影响;⑤不同感官在接受信息时会相互影响。

2.1.2　感觉阈

感觉阈是指从刚能引起感觉至刚好不能引起感觉刺激强度的一个范围。依照测量技术和目的的不同,可以将各种感觉的感觉阈分为两种。

(1)绝对阈　指刚刚能引起感觉的最小刺激量和刚刚导致感觉消失的最大刺激量,称为绝对感觉的两个阈限。低于该下限值的刺激称为阈下刺激,高于该上限值的刺激称为阈上刺激,而刚刚能引起感觉的刺激称为刺激阈或察觉阈。阈下刺激或阈上刺激都不能产生相应的感觉。

(2)差别阈　指感官所能感受到的刺激的最小变化量,或者是最小可察觉差别水平(JND)。差别阈不是一个恒定值,它会随一些因素的变化而变化。

2.1.3　心理作用对感觉的影响

人的心理现象复杂多样,心理生活的内容也丰富多彩。人的心理活动内容非常广泛,它涉及所有学科研究的对象与内容,从本质上讲,人的心理是人脑的机能对客观现实的主观反映。认知活动包括感觉、知觉、记忆、想象、思维等不同形式的心理活动。感觉和知觉通常合称为感知,是人类认识客观现象的最基本的认知形式,人们对客观世界的认识始于感知。

通过感觉,人获得有关事物的某些外部的或个别的特征,如形状、颜色、大小、气味、滋味、质感等。知觉反映事物的整体及其联系与关系,它是人脑对各种感觉信息的组织与解释的过程。人认识某种事物或现象,并不仅仅局限于它的某方面的特性,而是把这些特性组合起来,将它们作为一种整体加以认识,并理解它的意义。例如,就感觉而言,我们可以获得各种不同的声音特性(音高、音响、音色),但却无法理解它们的意义。知觉则将这些听觉刺激序列加以组织,并依据我们头脑中的经验,将它们理解为各种有意义的声音。知觉并非是各种感觉的简单相加,而是感觉信息与非感觉信息的有机结合。

感知过的事物,可被保留、储存在头脑中,并在适当的时候重新显现,这就是记忆。人脑对已储存的表象进行加工形成新现象的心理过程则称为想象。思维是人脑对客观现实的、间接的、概括的反映,是一种高级的认知活动。借助思维,人可以认识那些未直接作用于人的事物,也可以预见事物的未来及发展变化。例如,对于一个有经验的食品感官评定人员,根据食品的成分表,他可以粗略地判断出该食品可能具有的感官特性。

2.1.4　感觉定理

感官或感受体并不是对所有变化都会产生反应,只有当引起感受体发生变化的外部刺激处于适当范围内时,才能产生正常的感觉。刺激量过大或过小都会造成感受体无反应而不产生感觉或反应过于强烈而失去感觉。例如,人眼只对波长为 380 ~ 780 nm 光波产生的辐射能量变化才有反应。因此,对各种感觉来说都有一个感受体所能接受的外界刺激变化范围。

19 世纪 40 年代,德国生理学家韦伯在研究质量感觉的变化时发现,100 g 质量至少需要增减 3 g,200 g 的质量至少需要增减 6 g,300 g 的质量则至少需要增减 9 g 才能察觉出质量的变化,由此导出了韦伯定律:

$$K = \frac{\Delta I}{I}$$

(2.1)

式中　Δ*I*——物理刺激恰好能被感知差别所需的量；

　　　I——刺激的初始水平；

　　　K——韦伯常数。

德国的心理物理学家费希纳(G. H. Fechner)在韦伯研究的基础上,进行了大量的实验研究。在1860年出版的《心理物理学纲要》一书中,他提出了一个经验公式,用以表达感觉强度与物理刺激强度之间的关系,又称为费希纳定律：

$$S = k \lg I \tag{2.2}$$

式中　*S*——感觉强度；

　　　I——物理刺激强度；

　　　k——常数。

2.2　影响感官评定的因素

2.2.1　生理因素

2.2.1.1　疲劳现象

当一种刺激长时间施加在一种感官上后,该感官就会产生疲劳现象。疲劳现象发生在感官的末端神经、感受中心的神经和大脑的中枢神经上,疲劳的结果是感官对刺激感受的灵敏度急剧下降。嗅觉器官若长时间嗅闻某种气体,就会使嗅感受体对这种气味产生疲劳,敏感性逐步下降,随着刺激时间的延长甚至达到忽略这种气味存在的程度。例如,刚刚进入出售新鲜鱼品的水产鱼店时,会嗅到强烈的鱼腥味,随着在鱼店逗留时间的延长,所感受到的鱼腥味渐渐变淡。对长期工作在鱼店的人来说甚至可以忽略这种鱼腥味的存在。对味觉也有类似现象产生,例如吃第二块糖总觉得不如第一块糖甜。感觉的疲劳程度依所施加刺激强度的不同而有所变化,在去除产生感觉疲劳的强烈刺激之后,感官的灵敏度会逐渐恢复。一般情况下,感觉疲劳产生越快,感官灵敏度恢复就越快。值得注意的是,强烈刺激的持续作用会使感觉产生疲劳,敏感度降低,而微弱刺激的结果,会使敏感度提高。

2.2.1.2　对比现象

当两个刺激同时或连续作用于同一个感受器官时,由于一个刺激的存在造成另一个刺激增强的现象称为对比增强现象。在感觉这两个刺激的过程中,两个刺激量都未发生变化,而感觉上的变化只能归于这两种刺激同时或先后存在时对人心理上产生的影响。例如,在150 g/L蔗糖溶液中加入17 g/L的氯化钠后,会感觉甜度比单纯的150 g/L蔗糖溶液要高。在吃过糖后,再吃山楂会感觉山楂特别酸,这是常见的先后对比增强现象。

与对比增强现象相反,若一种刺激的存在减弱了另一种刺激,称为对比减弱现象。对比现象提高了两个同时或连续刺激的差别反应。因此,在进行感官评定时,应尽量避免对比现象的发生。

2.2.1.3　变调现象

当两个刺激先后施加时,一个刺激造成另一个刺激的感觉发生本质的变化现象,称为变调现象。例如,尝过氯化钠或奎宁后,即使再饮用无味的清水也会感觉有甜味。对比现象和变调现象虽然都是前一种刺激对后一种刺激的影响,但后者影响的结果是本质的改变。

2.2.1.4　相乘作用

当两种或两种以上的刺激同时施加时,感觉水平超出每种刺激单独作用效果叠加的现象,称为相乘作用。例如,20 g/L 的味精和 20 g/L 的核苷酸共存时,会使鲜味明显增强,增强的强度超过 20 g/L 味精单独存在的鲜味与 20 g/L 核苷酸单独存在的鲜味的加和。相乘作用的效果广泛应用于复合调味料的调配中。

2.2.1.5　阻碍作用

由于某种刺激的存在导致另一种刺激的减弱或消失,称为阻碍作用或拮抗作用。产于西非的神秘果会阻碍味感受体对酸味的感觉。在食用过神秘果后,再食用带酸味的物质,会感觉不出酸味的存在。匙羹藤酸(gymnemic acid)能阻碍味感受体对苦味和甜味的感觉,但对咸味和酸味无影响。

2.2.2　心理因素

2.2.2.1　期望误差

所提供的样品信息可能会导致误差,你总是找寻你所期望找到的。比如鉴评员如果得知过剩的产品返回车间,将会认为样品的口味已经过时了;啤酒鉴评员如果得知啤酒花的含量,将会对苦味的判定产生误差。期望误差会直接破坏测试的有效性,所以必须对样品的原料保密,并且不能在测试前向鉴评员透露任何信息。样品应被编号,呈递给鉴评员的次序应该是随机的。有时,我们认为优秀的鉴评员不应受到样品信息的影响,然而,实际上鉴评员并不知道该怎样调整结论才能抵消由于期望所产生的自我暗示对其判断的影响。所以,最好的方法是鉴评员对样品的情况一无所知。

2.2.2.2　习惯误差

人类是一种习惯性的动物,这就是说在感觉世界里存在着习惯,由此产生习惯误差。这种误差来源于当所提供的刺激物产生一系列微小的变化时,而鉴评员却给予相同的反应,忽视了这种变化趋势,甚至不能察觉偶然错误的样品。习惯误差是常见的,必须通过改变样品的种类或者提供掺和样品来控制。

2.2.2.3　刺激误差

这种误差产生于某种条件参数,例如容器的外形或颜色会影响鉴评员。如果条件参数上存在差异,即使完全一样的样品鉴评员也会认为它们会有所不同。例如,装在螺旋盖瓶子里的酒一般比较便宜,鉴评员对用这种瓶子装的酒往往比用软木塞瓶装的酒给出更低分。较晚提供的样品一般被划分在口味较重的一档中,因为鉴评员知道为了减小疲劳,组长总是会将口味较淡的样品放在前面进行鉴评。避免这种情况发生的措施:避免留下相关的线索,鉴评小组的时间安排要有规律,但提供样品的顺序或方法要经常变化。

2.2.2.4　逻辑误差

逻辑误差常发生在当有两个或两个以上特征的样品在鉴评员的脑海中相互联系时。

颜色越黑的啤酒口味越重,颜色越深的蛋黄酱越不新鲜,知道这些类似的知识会导致鉴评员更改他的结论,而忽视他自身的感觉。逻辑误差必须通过保持样品的一致性以及通过用不同颜色的玻璃和光线等的掩饰作用减少所产生的差异。有些特定的逻辑误差不能被掩饰但可以通过其他途径来避免。例如,比较苦的啤酒一般由于啤酒花的香气而给更高分。组长可以尝试着训练鉴评员,为了提高苦味通过偶然混杂一些啤酒花含量低但含有奎宁成分的样品来打破他们的逻辑联想。

2.2.2.5　光圈效应

当需要评估样品的一种以上属性时,鉴评员对每种属性的评分会彼此影响,即光圈效应。对不同风味和总体可接受性同时评定时所产生的结果与每一种属性分别评定时所产生的结果是不同的。例如,在对橘子汁的消费测试中,鉴评员不仅要按自己对橘子汁的整体喜好程度来评分,还要对其他的一些属性进行评分。当一种产品受到欢迎时,其各个方面:甜度、酸度、新鲜度、风味和口感同样也被划分到较高的级别中。相反,若产品不受欢迎,则它的大多数属性的级别都会较低。当任何特定的变化对产品的评定结果都很重要时,避免光圈效应的方法就是我们可以提供几组独立的样品用来评估那种属性。

2.2.2.6　呈送样品的顺序

呈送样品的顺序至少可能产生以下 5 种误差。

（1）对比效应　在评定劣质样品前,先呈送优质样品会导致劣质样品的等级降低(与单独评定相比);相反情况也成立,优质样品呈送在劣质样品之后,它的等级将会被划分得更高。

（2）组群效应　一个好的样品在一组劣质产品中会降低它的等级,反之亦然。

（3）集中趋势误差　在呈送样品的过程中,位于中心附近的样品会比那些在末端的更受欢迎。因此,在三点实验(从三个样品中挑选出其中一个不同于其他两个样品的方法)中,位于中间的样品更容易被挑选出来。

（4）模式效应　鉴评员将会利用一切可用的线索很快地侦测出呈送顺序的任何模式。

（5）时间误差/位置偏差　鉴定员对样品的态度经历了一系列的变化,从对第一个样品的期待、渴望,到对最后一个样品的厌倦、漠然。第一个样品在通常情况下都是格外地受欢迎(或被拒绝)。一个短时间的测试会对第一个样品产生偏差,而长时间的测试则会对最后一个样品产生偏差。

所有这些效应如果运用一个平均的、随机的呈送顺序就会减小。"平均"意味着每一种可能的组合呈送的次数相同,即鉴评组内的每一个样品在每个位置应该出现相同的次数。如果需要呈送数量大的样品,应运用平均的不完全分组设计方案。"随机"意味着根据机会出现的规律来选择组合出现的次序。在实践时,随机数的获得是通过从袋子里随机取出样品卡,或者通过编辑随机数据来实现的。

2.2.2.7　相互抑制

由于一个鉴评员的反应会受到其他鉴评员的影响,所以,鉴评员应被分到独立的小间里,防止他的判断被其他人脸上的表情所影响,也不允许口头表达对样品的意见。进行测试的地方应避免噪声和其他事物的影响,应与准备区分开。

2.2.2.8　缺少主动

鉴评员的努力程度会决定是否能辨别出一些细微的差异,或是对自己的感觉进行适当的描述,或是给出准确的分数,这些对鉴定的结果都极为重要。鉴评小组的组长应该创造一个舒适的环境使组员顺利工作,一个有工作兴趣的组员总是更有效率。主动性在测试中能起到很大的效用,因此,可以通过给出结果报告来维持鉴评员的兴趣。并且,应使鉴评员觉得鉴评是一项重要的工作,这样,可以使鉴评工作更有效率地、精确地完成。

2.2.3　极端与中庸

一些鉴评员习惯于使用评分标准中的两个极端来评判,这样会对测试结果有更大的影响。而另一些则习惯用评分标准中的中间部分来评判,这样就缩小了样品中的差异。为了获得更为准确的、有意义的结果,鉴评小组的组长应该每天监控新的鉴评员的评分结果,以样板(已经评估过的样品)给予指导。

2.2.4　身体状况的影响

2.2.4.1　疾病的影响

身体患某些疾病或发生异常时,会导致失味、味觉迟钝或变味。这些由于疾病所引起的变化是暂时性的,待病恢复后可以恢复正常。如果品尝人员发热或感冒,触摸人员有皮肤或者免疫系统失调,有口腔疾病或者齿龈炎,还有情绪压抑或者工作压力太大等都不应参与鉴评任务。

体内某些营养物质的缺乏也会造成对某些味道的喜好发生变化。比如在体内缺乏维生素 A 时,会显现对苦味的厌恶甚至拒绝食用带有苦味的食物,若这种维生素 A 缺乏症持续下去,则对咸味也拒绝接受。通过注射补充维生素 A 以后,对咸味的喜好性可恢复,但对苦味的喜好性却不再恢复。

2.2.4.2　饥饿和睡眠的影响

人处在饥饿状态下会提高味觉敏感性。有实验证明,4 种基本味的敏感性在上午11:30 达到最高。在进食后 1 h 内敏感性明显下降,降低的程度与所饮用食物的热量值有关,因此,品尝在餐后的 2 h 内不能进行。饥饿对敏感性有一定影响,但是对于喜好性却几乎没有影响。

缺乏睡眠对咸味和甜味阈值不会产生影响,但是能明显提高酸味的阈值。

适宜的鉴评工作时间是上午 10 点到午饭时间。一般来说,每个鉴评员的最佳时间取决于生物钟:一般为一天中最清醒和最有活力的时间。

2.2.4.3　年龄和性别的影响

年龄对感官评定的影响主要发生在 60 岁以上的人群中。老年人会经常抱怨没有食欲感及很多食物吃起来无味。感官实验证实,年龄超过 60 岁的人对咸、酸、苦、甜 4 种基本味的敏感性会显著降低。造成这种情况的原因,一方面是年龄增长到一定程度后,舌头上的味蕾数目会减少。20 ~ 30 岁时,舌头上的平均味蕾数为 245 个,可是到 70 岁以上时,舌头上的平均味蕾数只剩 88 个。另一方面,老年人自身所患的疾病也会阻碍这种敏感性。

性别的影响主要有两种看法：一些研究者认为性别在感觉基本味的敏感性上基本无差别；另一些研究者则指出性别对苦味敏感性没有影响，而对咸味和甜味，女性要比男性敏感，对酸味则是男性比女性敏感。

2.3　食品的感官属性

在识别食品的感官属性时，我们通常按照下面顺序进行：外观；气味、香味、芳香；浓度、黏度与质构；风味（芳香、化学感觉、味道）；咀嚼时的声音。

这些感官属性的种类是按照感官属性识别方式的不同来划分的。其中，"风味"是指食品在嘴里经由化学感官所感觉到的一种复合印象。"芳香"是指食物在咀嚼时产生的挥发性物质，它是通过后鼻腔的嗅觉系统识别的。

2.3.1　外观

每个消费者都知道，外观通常是决定我们是否购买一件商品的唯一属性，如表面的外观粗糙度、表面印痕的大小和数量、液体产品容器中沉淀的数量等。对于这些简单而具体的品质，鉴评员几乎不需要经过训练，就能够很容易地对产品的相关属性进行描述和介绍。外观属性通常如下：

（1）颜色　一种包括身体和心理因素的现象。眼睛对波长在 400～500 nm（蓝色）、500～600 nm（绿色和黄色）、600～800 nm（红色）的视觉感知通常是根据 Munsell（孟塞尔）颜色体的色调（H）、数值（V）和色度（C）3 个品质来描述的。食品变质通常会伴随着颜色的改变。

（2）大小和形状　长度、厚度、宽度、颗粒大小、几何形状（方形、圆形等）；大小和形状通常用于指示食品的缺陷。

（3）表面的质构　表面的纯度或亮度，粗糙与平坦；表面是湿润或干燥，柔软或坚硬，易碎或坚韧。

（4）澄清度　透明液体或固体的混浊或澄清程度，是否存在肉眼可见的颗粒。

（5）碳酸的饱和度　对于碳酸饮料，主要观察倾倒时的起泡度。

2.3.2　气味、香味与芳香

当样品的挥发性物质进入鼻腔时，它的气味就会被嗅觉系统所识别。香味是食品的一种气味，芬芳是香水或化妆品的气味。而芳香既可以指一种令人愉悦的气味，也可以代表食品在口腔时通过嗅觉系统所识别的挥发性香味物质。

从食品中释放的挥发性物质的数量是受温度和组分的性质影响的。由式（2.3）可知，物质的蒸汽压随温度变化呈指数增加：

$$\lg P = 0.052\ 23\ \frac{a}{T} + b + 2.125 \tag{2.3}$$

式中　P——蒸汽压，Pa；

T——热力学温度($T=t$ ℃$+273.1$),K;

a,b——物质常数。

挥发度也会受到表面条件的影响,在一定温度下,从柔软、多孔和湿润的表面比从坚硬、平滑和干燥的表面会释放出更多的挥发性物质。

许多气味只有在酶反应发生时才会从剪切面释放出来(例如洋葱的味道)。气味分子必须通过气体(可能是大气、水蒸气或工业气体)传输,所识别的气味强度才能按气体比例测定出来。

2.3.3　浓度、黏度与质构

这类属性不同于化学感觉和味道,它主要包括以下 3 方面。

(1)黏度用以评定均一的牛顿液体。

(2)浓度用以评定非牛顿液体、均一的液体和半固体。

(3)质构用以评定固体或半固体。

黏度主要与某种压力(如重力)下液体的流动速率有关。它能被准确测量出来,并且变化范围大概在 10^{-3} Pa·s(水和啤酒类)~1 Pa·s(果冻类产品)。浓度(如浓汤、酱油、果汁、糖浆等液体)也能被测量出来。质构就复杂得多,可以将其定义为产品结构或内部组成的感官表现。这种表现来源于两种行为:①产品对压力的反应,通过手、指、舌、颌或唇的肌肉运动知觉测定其机械属性(如硬度、黏性、弹性等);②产品的触觉属性,通过手、唇或舌、皮肤表面的触觉神经测量其几何颗粒(粒状、结晶、薄片)或湿润特性(湿润、油质、干燥)。

食品的质构属性包括 3 方面:机械属性、几何特性、湿润特性。机械属性即是产品对压力的反应,可通过肌肉运动的知觉测定。表2.1 列出了食品的机械属性,表2.2 列出了食品的几何、湿润特性。

表2.1　食品的机械属性

机械属性	定义	描述
硬度	强迫变形	坚硬(压缩) 硬(咬)
黏结性	样品变形的程度(未破裂)	黏着的不易嚼碎的
黏附性	迫使样品从某表面移除	黏的(牙齿/上腭) 黏的(牙缝)
密度	横截面的紧密度	稠密的轻的/膨胀的
弹性	变形后恢复原来形状的比例	有弹性的

表 2.2　食品的几何、湿润特性

几何特性		湿润特性	
描述	感知	描述	感知
光滑度	所有颗粒的存在	湿润	水或油存在的程度
有沙砾的	小,硬颗粒	水分释放	水或油散发的程度
多粒的	小颗粒	油的	液态脂肪含量
粉状的	细颗粒	油脂的	固态脂肪含量
含纤维的	长,纤维颗粒(有绒毛的织物)		
多块状物的	大,平均片状或突出物		

2.3.4　风味

风味作为食品的一种属性,可以定义为食物刺激味觉或嗅觉受体而产生的各种感觉的综合。但是,为了感官评定的目的,可以将其更狭义地定义为食品在嘴里经由化学感官所感觉到的一种综合印象。按照这个定义,风味可以分为:

(1)芳香　即食物在嘴里咀嚼时,后鼻腔的嗅觉系统识别出释放的挥发性香味物质的感觉。

(2)味道　即口腔中可溶物质引起的感觉(咸、甜、酸、苦)。

(3)化学感觉因素　在口腔和鼻腔的黏膜里刺激三叉神经末端产生的感觉(苦涩、辣、冷、鲜味等)。

2.3.5　声音

声音主要产生于食品的咀嚼过程。通常情况下,通过测量咀嚼时产生声音的频率、强度和持久性,尤其是频率与强度有助于鉴评员的整个感官印象。食品破碎时产生声音频率和强度的不同可以帮助我们判断产品的新鲜与否,如苹果、土豆片等。而声音的持久性可以帮助我们了解其他属性,如强度、硬度、浓度(如液体)。表 2.3 列出了常见食品的声音属性。

表 2.3　食品的声音属性

声音属性	定义	描述
音质	声音的频率	松脆声
响度	声音的强度	嘎吱声
持久性	声音的持续时间	尖利声

2.4　食品感官评定中的主要感觉

2.4.1　视觉

视觉是人类重要的感觉之一,绝大部分外部信息要靠视觉来获取。视觉是认识周围环境,建立客观事物第一印象的最直接和最简捷的途径。由于视觉在各种感觉中占据非常重要的地位,因此在食品感官评定上,视觉起着相当重要的作用。

2.4.1.1 视觉的生理特征及视觉形成

视觉是眼球接受外界光线刺激后产生的感觉。眼球形状为圆球形,其表面由 3 层组织构成。最外层是起保护作用的巩膜,它的存在使眼球免遭损伤并保持眼球形状。中间一层是布满血管的脉络膜,它可以阻止多余光线对眼球的干扰。最内层大部分是对视觉感觉最重要的视网膜,视网膜上分布着柱形和锥形光敏细胞。在视网膜的中心部分只有锥形光敏细胞,这个区域对光线最敏感。在眼球面对外界光线的部分有一块透明的凸状体称为晶状体,晶状体的屈曲程度可以通过睫状肌肉运动而变化保持外部物体的图像始终集中在视网膜上。晶状体的前部是瞳孔,这是一个中心带孔的薄肌隔膜,瞳孔直径可变化以控制进入眼球的光线。产生视觉的刺激物质是光波,但不是所有的光波都能被人所感受,只有波长在 380～770 nm 的光波才是人眼可接受光波。物体反射的光线,或者透过物体的光线照在角膜上,透过角膜到达晶状体,再透过玻璃体到达视网膜,大多数的光线落在视网膜中的一个小凹陷处,中央凹上。视觉感受器、视杆和视锥细胞位于视网膜中。这些感受器含有光敏色素,当它受到光能刺激时会改变形状,导致电神经冲动的产生,并沿着视神经传递到大脑,这些脉冲经视神经和神经末梢传导到大脑,再由大脑转换成视觉。

2.4.1.2 视觉的感觉特征

(1)闪烁效应 当用一系列明暗交替的光线刺激眼球时,就会产生闪烁感觉,随着刺激频率的增加,到一定程度时,闪烁感觉消失,由连续的光感所代替。出现上述现象的频率称为极限融合频率(CFF)。

(2)颜色与色彩视觉 颜色是光线与物体相互作用后,对其检测所得结果的感知。感觉到的物体颜色受 3 个实体的影响:物体的物理和化学组成、照射物体的光源光谱组成和接收者眼睛的光谱敏感性。改变这 3 个实体中的任何 1 个,都可以改变感知到的物体颜色。

照在物体上的光线可以被物体折射、反射、传播或吸收。在可见光范围内,如果几乎所用的辐射能量均被一个不透明的表面所反射,那么,该物体呈现白色。如果可见光谱的光线几乎完全被吸收,那么,物体呈现黑色。这也取决于环境条件。

物体的颜色能在 3 个方面变化:色调(消费者通常将其代表性地作为物体的"色彩")、明亮度(也称为物体的亮度)、饱和度(也称为色彩的纯度)。

对物体颜色明亮度的感知,表明了反射光与吸收光间的关系,但是没有考虑所含的特定波长,物体的感知色调是对物体色彩的感觉,这是由于物体对各个波长辐射能量吸收不同的结果。因此,如果物体吸收较多的长波而反射较多的短波(400～500 nm),那么,物体将被描述为蓝色。在中等波长处有最大光反射的物体,其结果是在色彩上可描述为黄绿色,而在较长波长(600～700 nm)处有最大光反射的物体会被描述红色,颜色的色度表明某一特定色彩与灰色的差别有多大。

产生颜色的视觉感知是由于在可见光范围(380～770 nm)内,某些波长比其他波长强度大的光线对视网膜的刺激而引起的(紫色 380～400 nm、蓝色 400～475 nm、绿色

500～575 nm、黄色 570～590 nm、橙色 590～700 nm、红色 700～770 nm)。颜色可归于光谱分布的一种外观性质,而视觉的颜色感知是大脑对于由光线与物体相互作用后对其检测产生的视网膜刺激而引起的反应。

(3)暗适应和亮适应 当从明亮处转向黑暗时,会出现视觉短暂消失而后逐渐恢复的情形,这样一个过程称为暗适应。在暗适应过程中,由于光线强度骤变,瞳孔迅速扩大以适应这种变化,视网膜也逐步提高自身灵敏度使分辨能力增强。因此,视觉从一瞬间的最低程度渐渐恢复到该光线强度下正常的视觉。亮适应正好与此相反,是从暗处到亮处视觉逐步适应的过程。亮适应过程所经历的时间要比暗适应短。这两种视觉效应与感官评定实验条件的选定和控制相关。

视觉感觉特征除上述外,还有日盲、夜盲等。

2.4.1.3 视觉与食品感官评定

视觉虽不像味觉和嗅觉那样对食品感官评定起决定性作用,但仍有重要影响。食品的颜色变化会影响其他感觉。实验证实,只有当食品处于正常颜色范围内才会使味觉和嗅觉在对该种食品的评定上正常发挥,否则这些感觉的灵敏度会下降,甚至不能正确感觉。颜色对分析评定食品具有下列作用:

(1)便于挑选食品和判断食品的质量。食品的颜色比另外一些因素,诸如形状、质构等对食品的接受性和食品质量影响更大、更直接。

(2)食品的颜色和接触食品时环境的颜色显著增加或降低对食品的食欲。

(3)食品的颜色也决定其是否受人欢迎。备受喜爱的食品常常是因为这种食品带有使人愉快的颜色。没有吸引力的食品,颜色不受欢迎是一个重要因素。

(4)通过各种经验的积累,可以掌握不同食品应该具有的颜色,并据此判断食品所应具有的特性。

以上作用说明,视觉在食品感官评定尤其是喜好性分析上占据重要地位。

2.4.2 听觉

听觉也是人类用作认识周围环境的重要感觉。听觉在食品感官评定中主要用于某些特定食品(如膨化食品)和食品的某些特性(如质构)的评析上。

2.4.2.1 听觉的感觉过程

听觉是耳朵接受外界声波刺激后而产生的一种感觉。人类的耳朵分为内耳和外耳,内耳、外耳之间通过耳道相连接。外耳由耳郭构成;内耳由耳膜、耳蜗、中耳、听觉神经和基膜等组成。外界的声波以振动的方式通过空气介质传送至外耳,再经耳道、耳膜、中耳、听小骨进入耳蜗,此时声波的振动已由耳膜转换成膜振动,这种振动在耳蜗内引起耳蜗液体相应运动进而导致耳蜗后基膜发生移动,基膜移动对听觉神经的刺激产生听觉脉冲信号,使这种信号传至大脑即感受到声音。

声波的振幅和频率是影响听觉的两个主要因素。声波振幅大小决定听觉所感受声音的强弱。振幅大则声音强,振幅小则声音弱。声波振幅通常用声压或声压级表示,即分贝(dB)。频率是指声波每秒振动的次数,它是决定音调的主要因素。正常人只能感受频率为 30～15 000 Hz 的声波;对其中 500～4 000 Hz 频率的声波最为敏感。频率变化时,所感受的音调相应变化。通常都把感受音调和音强的能力称为听力。和其他感觉一样,能产生听觉的最弱声信号定义为绝对听觉阈,而把辨别声信号变化的能力称为差别听觉阈。正常情况下,人耳的绝对听觉阈和差别听觉阈都很低,能够敏感地分辨出声音的变化及察觉出微弱的声音。

2.4.2.2 听觉和食品感官评定

听觉与食品感官评定有一定的联系。食品的质感特别是咀嚼食品时发出的声音,在决定食品质量和食品接受性方面起着重要作用。比如,焙烤制品中的酥脆薄饼、爆玉米花和某些膨化制品,在咀嚼时应该发出特有的声响,否则可认为质量已变化而拒绝接受这类产品。声音对食欲也有一定影响。

2.4.3 嗅觉

挥发性物质刺激鼻腔嗅觉神经,并在中枢神经引起的感觉就是嗅觉。嗅觉也是一种基本感觉。它比视觉原始,比味觉复杂。在人类没有进化到直立状态之前,原始人主要依靠嗅觉、味觉和触觉来判断周围环境。随着人类转变成直立姿态,视觉和听觉成为最重要的感觉,而嗅觉等退至次要地位。尽管现在嗅觉已不是最重要的感觉,但嗅觉的敏感性还是比味觉敏感性高很多。最敏感的气味物质——甲基硫醇在 $1\ m^3$ 空气中有 $4\times10^{-5}\ mg$(约为 $1.41\times10^{-10}\ mol/L$)就能感觉到;而最敏感的呈味物质——马钱子碱的苦味,也要达到 $1.6\times10^{-6}\ mol/L$ 才能感觉到。嗅觉感官能够感受到的乙醇溶液的浓度要比味觉感官所能感受到的浓度低 24 000 倍。

食品除含有各种味道外,还含有各种不同气味。食品的味道和气味共同组成食品的风味特性,影响人类对食品的接受性和喜好性,同时对内分泌亦有影响。因此,嗅觉与食品有着密切的关系,是进行感官评定时所使用的重要感官之一。

2.4.3.1 嗅觉器官的特征

嗅黏膜是人的鼻腔前庭部分的一块嗅觉上皮区。只有很小比例的空气可传播物质能流经鼻腔,真正到达这一感觉器官附近。许多嗅细胞和其周围的支持细胞、分泌粒在上面密集排列形成嗅黏膜。由嗅纤毛、嗅小胞、细胞树突和嗅细胞体等组成的嗅细胞是嗅感器官,人类鼻腔每侧约有 2 000 万个嗅细胞。支持细胞上面的分泌粒分泌出的嗅黏液,形成约 100 μm 厚的液层覆盖在嗅黏膜表面,有保护嗅纤毛、嗅细胞组织以及溶解食品成分的功能。嗅纤毛是嗅细胞上面生长的纤毛,不仅在黏液表面生长,也可在液面上横向延伸,并处于自发运动状态,有捕捉挥发性嗅感分子的作用。

感觉气味的途径是,人在正常呼吸时,挥发性嗅感分子随空气流入鼻腔,嗅感物质分子应先溶于嗅黏液中与嗅纤毛相遇而被吸附到嗅细胞上。溶解在嗅黏膜中的嗅感物质分子与嗅细胞感受器膜上的分子相互作用,生成一种特殊的复合物,再以特殊的离子传导机制穿过嗅细胞膜,将信息转换成电信号脉冲。经与嗅细胞相连的三叉神经的感觉神经末梢,将嗅黏膜或鼻腔表面感受到的各种刺激信息传递到大脑。

2.4.3.2 嗅觉的特征

人的嗅觉相当敏锐,可感觉到一些浓度很低的嗅感物质,这点超过化学分析中仪器方法测量的灵敏度。我们可以检测许多重要的,在 10 亿分之几水平范围内的风味物质,如含硫化合物。

嗅觉在人所能体验和了解的性质范围上相当广泛。实验证明,人所能标志的比较熟悉的气味数量相当大,而且似乎没有上限。训练有素的专家能辨别 4 000 种以上不同的气味。但犬类嗅觉的灵敏性更加惊人,它比普通人的嗅觉灵敏约 100 万倍,连现代化的仪器也不能与之相比。

不同的人嗅觉差别很大,即使嗅觉敏锐的人也会因气味而异。通常认为女性的嗅觉比男性敏锐,但世界顶尖的调香师都是男性。对气味极端不敏感的嗅盲则是由遗传因素决定的。

持续的刺激易使嗅觉细胞产生疲劳而处于不灵敏状态,如人闻芬芳香水时间稍长就不觉其香,同样长时间处于恶臭气味中也能忍受。因一种气味的长期刺激可使嗅球中枢神经处于负反馈状态,感觉受到抑制,产生对其的适应。另外,注意力的分散会使人感觉不到气味,时间长些便对该气味形成习惯。由于疲劳、适应和习惯这 3 种现象是共同发挥作用的,因此很难彼此区别。

嗅感物质的阈值受身体状况、心理状态、实际经验等人的主观因素的影响尤为明显。当人的身体疲劳、营养不良、生病时可能会发生嗅觉减退或过敏现象,如人患萎缩性鼻炎时,嗅黏膜上缺乏黏液,嗅细胞不能正常工作造成嗅觉减退。心情好时,敏感性高,辨别能力强。

2.4.3.3 嗅觉机制

对嗅感过程的解释分为化学学说、振动学说和酶学说。

(1)化学学说 嗅感是气味分子微粒扩散进入鼻腔,与嗅细胞之间发生了化学反应或物理化学反应(如吸附与解吸等)的结果。此类学说中较著名的有立体结构理论、外形-功能团理论、渗透和穿刺理论。

1)立体结构理论 在嗅感都由有限的几种原臭组成的刺激基础上,通过比较每类原臭的气味分子外形,确定相同气味分子的外形有很大的共性,若分子的几何形状发生较大变化,嗅感也相应发生变化,即决定物质气味的主要因素是分子的几何形状,而与分子结构的细节无关。此外,有些原臭的气味取决于分子所带的电荷。

与气味分子(相当于"锁匙")相对应,在嗅黏膜上也存在有若干种形状各异的凹形嗅小胞(如同"锁眼"),某种气味的"锁匙"刺激,需要相应的"锁眼"——特异嗅细胞匹配,从而产生嗅感,因此亦称"锁和锁匙学说"。对于那些原臭之外的其他气味,则相当于几种原臭同时刺激了不同形状的嗅细胞后产生的复合气味。

该理论 1949 年由 Moncrieff 首先提出,后经 Amoore 补充发展而成,其关键性论据已经由一些特殊而又明确的实验验证。这一理论也曾在解释酶促反应机制、抗原与抗体的弹性反应、DNA 与 mRNA 的耦合作用等方面取得成功,是目前保留下来的学说之一。

2)外形-功能团理论 嗅觉器官没有特别的受体部位,嗅感分子与庞大数量的各种受体细胞膜的可逆性物理吸附和相互作用产生嗅觉,而具有受体功能的部位则位于细胞的外围膜上,其作用是使嗅细胞能够产生信息并传导到嗅觉体系中。嗅觉过程包含气味分子以杂乱的向位和构象接近嗅黏膜,分子被吸附于界面时两者形成一个过渡状态。该过渡状态能否形成取决于气味分子形状和体积及功能团的本质和位置这两种属性,显然,当空间障碍阻止分子的有关结构部位与受体部位的相互作用,或缺乏功能团,或有功能团但有空间障碍,将导致相互作用的效率最低,不会产生嗅感;相反,效率大产生的能量效应也大,易引起嗅细胞的激发。大多数极性分子可能是处于定向和有序状态,大多数非极性分子可能是混乱无章的状态。只有那些能形成定向和有序状态的分子,才能与嗅细胞作用。

这是另一个较为成功的嗅感学说,由 Beets 在 1957 年提出。

3)渗透和穿刺理论　嗅细胞被气味的刚性分子所渗透和极化,穿过定向双脂膜进行离子交换,产生神经脉冲传至大脑,产生了嗅觉。

(2)振动学说　认为嗅觉与嗅感物的气味固有的分子振动频率(远红外电磁波)有关,当嗅感分子的振动频率与受体膜分子的振动频率一致时,受体便接受气味信息,不同气味分子所产生的振动频率不同,从而形成不同的嗅感。

(3)酶学说　认为嗅感是因为气味分子刺激了嗅黏膜上的酶,使酶的催化能力、变构传递能力、酶蛋白的变性能力等发生变化而形成。不同气味分子对酶的影响不同,就产生不同的嗅觉。

应当指出,各种嗅感学说目前都不够完善,每一种学说都有自己的道理,但还没有一个学说能提出足够的证据来说服其他的学说,各自都存在一定的矛盾,有的尚需要实验验证。但相比之下,化学学说被更多人所接受。

2.4.3.4　食品的嗅觉识别

(1)嗅技术　嗅觉受体位于鼻腔最上端的嗅上皮内,在正常的呼吸中,吸入的空气并不倾向通过鼻上部,多通过下鼻道和中鼻道。带有气味物质的空气只能极少量而且缓慢地通入鼻腔嗅区,所以只能感到有轻微的气味。要使空气到达这个区域获得一个明显的嗅觉,把头部稍微低下对准被嗅物质,进行适当用力的吸气或煽动鼻翼做急促的呼吸,使气味物质自下而上地通入鼻腔,使空气易形成急驶的涡流。气体分子较多地接触嗅上皮,从而引起嗅觉的增强效应。

这样一个嗅过程就是所谓的嗅技术。注意:嗅技术并不适应所有气味物质,如一些能引起痛感的含辛辣成分的气体物质。因此,使用嗅技术要非常小心。通常对同一气味物质使用嗅技术不超过 3 次,否则会引起"适应",使嗅敏度下降。

(2)气味识别

1)范氏试验　一种气体物质不送入口中而在舌上被感觉出的技术,就是范氏试验。首先,用手捏住鼻孔通过张口呼吸,然后把一个盛有气味物质的小瓶放在张开的口旁(注意:瓶颈靠近口但不能咀嚼),迅速地吸入一口气并立即拿走小瓶,闭口,放开鼻孔使气流通过鼻孔流出(口仍闭着)从而在舌上感觉到该物质。

2)气味识别　各种气味就像学习语言那样可以被记忆。人们时时刻刻都可以感觉到气味的存在,但由于无意识或习惯性也就并不察觉它们。因此要记忆气味就必须设计专门的实验,有意识地加强训练这种记忆,以便能够识别各种气味,详细描述其特征。

训练实验通常是选用一些纯气味物(如十八醛、对丙烯基茴香醚、肉桂油、丁香等)单独或者混合用纯乙醇作为溶剂稀释成 10 g/mL 或 1 g/mL 的溶液(当样品具有强烈辣味时,可制成水溶液),装入试管中或用纯净无味的白滤纸制备尝味条(长 150 mm、宽 10 mm),借用范氏试验训练气味记忆。

（3）香识别

1）啜食技术　因为吞咽大量样品不卫生,品茗专家和鉴评专家发明了一项专门技术——啜食技术,来代替吞咽的感觉动作,使香气和空气一起流过后鼻部被压入嗅味区域。品茗专家和咖啡品尝专家使用匙把样品送入口内并用力地吸气,使液体杂乱地吸向咽壁(就像吞咽时一样),气体成分通过鼻后部到达嗅味区。吞咽变得不必要,样品可以被吐出。品酒专家随着酒被送入张开的口中,轻轻地吸气进行咀嚼。酒香比茶香和咖啡香具有更多挥发成分,因此品酒专家的啜食技术更应谨慎。

2）香的识别　香识别训练首先应注意色彩的影响,通常多采用红光以消除色彩的干扰。训练用的样品要有典型,可选各类食品中最具典型香的食品进行。果蔬汁最好用原汁,糖果蜜饯类要用纸包原块,面包要用整块,肉类应该采用原汤,乳类应注意异味区别的训练。训练方法用啜食技术,并注意必须先嗅后尝,以确保准确性。

2.4.4　味觉

味觉是人的基本感觉之一,对人类的进化和发展起着重要的作用。味觉一直是人类对食物进行辨别、挑选和决定是否予以接受的主要因素之一。同时,由于食品本身所具有的风味对相应味觉的刺激,使得人类在进食的时候产生相应的精神享受。味觉在食品感官评定上占有重要地位。

2.4.4.1　味觉的生理与机制

（1）味觉器官特征　呈味物质溶液对口腔内的味感受体形成的刺激,神经感觉系统收集和传递信息到大脑的味觉中枢,经大脑的神经中枢系统分析处理,使人产生味感。

1）味感受体　人对味的感觉主要依靠口腔内的味蕾,以及自由神经末梢。人的味蕾大部分都分布在舌头表面的乳突中,小部分分布在软腭、咽喉和会咽等处,特别是舌黏膜皱褶处的乳突侧面最为稠密。人舌的表面是不光滑的,乳头覆盖在极细的突起部位上。医学上根据乳头的形状将其分类为丝状乳头、茸状乳头、叶状乳头和有廓乳头。丝状乳头最小、数量最多,主要分布在舌前 2/3 处,因无味蕾而没有味感。茸状乳头、有廓乳头及叶状乳头上有味蕾。茸状乳头呈蘑菇状,主要分布在舌尖和舌侧部。成人的叶状乳头不太发达,主要分布在舌的后部。有廓乳头是最大的乳头,直径 1.0 ~ 1.5 mm,高约 2 mm,呈"V"字形分布在舌根部位。胎儿几个月就有味蕾,10 个月时支配味觉的神经纤维生长完全,因此新生儿能辨别咸味、甜味、苦味、酸味。味蕾在哺乳期最多,甚至在脸颊、上腭咽头、喉头的黏膜上也有分布,以后就逐渐减少、退化,成年后味蕾的分布范围和数量都减少,只在舌尖和舌侧的舌乳头和有廓乳头上,因而舌中部对味较迟钝。不同年龄,有廓乳头上味蕾的数量不同。20 岁时的味蕾最多,随着年龄增大而味蕾数减少。味蕾的分布区域,随着年龄增大逐渐集中在舌尖、舌缘等部位的有廓乳头上,一个乳头中的味蕾数也随着年龄增长而减少。同时,老年人的唾液分泌也会减少,所以老人的味觉能力一般都明显衰退,一般是从 50 岁开始出现迅速衰退的现象。味蕾数与年龄关系如下:

年龄	0 ~ 11 个月	1 ~ 3 岁	4 ~ 20 岁	30 ~ 45 岁	50 ~ 70 岁	74 ~ 85 岁
味蕾数	241	242	252	200	214	88

味蕾通常由 40 ~ 150 个香蕉形的味细胞,板样排列成桶状组成,内表面为凹凸不平

的神经元突触,10~14 d 由上皮细胞变为味细胞。味细胞表面的蛋白质、脂质及少量的糖类、核酸和无机离子,分别接受不同的味感物质,蛋白质是甜味物质的受体,脂质是苦味和咸味物质的受体,有人认为苦味物质的受体可能与蛋白质相关。

2)味觉神经　无髓神经纤维的棒状尾部与味细胞相连。把味的刺激传入脑的神经有很多,不同的部位信息传递的神经不同。舌前的 2/3 区域是鼓索神经,舌后部 1/3 是舌咽神经,面部神经的分支叫大浅岩样神经,负责传递来自上腭部的信息,另外,咽喉部感受的刺激由迷走神经负责,因而,它们在各自位置上支配着所属的味蕾。实验证明,不同的味感物质在味蕾上有不同的结合部位,尤其是甜味、苦味和鲜味物质,其分子结构有严格的空间专一性,即舌头上不同的部位有不同的敏感性。一般来说,人的舌前部对甜味最敏感,舌尖和边缘对咸味较为敏感,而靠腮两边对酸味敏感,舌根部则对苦味最为敏感,但因人会有差异。

各个味细胞反应的味觉,由神经纤维分别通过延髓、中脑、视床等神经核送入中枢,来自味觉神经的信号先进入延髓的弧束核中,由此发出味觉第 2 次神经元,反方向交叉上行进入视床,来自视床的味觉第 3 次神经元进入大脑皮质的味觉区域。

延髓、中脑、视床等神经核还掌管反射活动,决定唾液的分泌和吐出等动作,即使没有大脑的指令,也会由延髓等的反射而引起相应的反应。

大脑皮质中的味觉中枢,是非常重要的部位,如果因手术、患病或其他原因受到破坏,将导致味觉的全部丧失。

3)口腔唾液腺　唾液对味感关系极大。味感物质须溶于水才能进入刺激味细胞,口腔内腮腺、颌下腺、舌下腺和无数小唾液腺分泌的唾液是食物的天然溶剂。唾液分泌的数量和成分,受食物种类的影响。唾液的清洗作用,有利于味蕾准确地辨别各种味道。

食物在舌头和硬腭间被研磨最易使味蕾兴奋,因为味觉通过神经几乎以极限速度传递信息。人的味觉感受到滋味仅需 1.6~4.0 ms,比触觉(2.4~8.9 ms)、听觉(1.27~21.5 ms)和视觉(13~46 ms)都快得多。自由神经末梢是一种囊包着的末梢,分布在整个口腔内,也是一种能识别不同化学物质的微接受器。

(2)味觉机制　关于味觉机制的研究尚处于探索阶段。当前已有定味基和助味基理论、生物酶理论、物理吸附理论、化学反应理论等,多数依据化学感觉这一方面。

现在普遍接受的机制是,呈味物质分别以质子键、盐键、氢键和范德瓦耳斯力(范德华力)形成 4 类不同化学键结构,对应酸、咸、甜、苦 4 种基本味。在味细胞膜表层,呈味物质与味受体发生一种松弛、可逆的结合反应过程,刺激物与受体彼此诱导相互适应,通过改变彼此构象实现相互匹配契合,进而产生适当的键合作用,形成高能量的激发态,此激发态是亚稳态,有释放能量的趋势,从而产生特殊的味感信号。不同的呈味物质的激发态不同,产生的刺激信号也不同。由于甜受体穴位是由按一定顺序排列的氨基酸组成的蛋白体,若刺激物极性基的排列次序与受体的极性不能互补,则将受到排斥,就不可能有甜感;换句话说,甜味物质的结构是很严格的。由表蛋白结合的多烯磷脂组成的苦味受体,对刺激物的极性和可极化性同样也有相应的要求。因受体与磷脂头部的亲水基团有关,对咸味剂和酸味剂的结构限制较小。在 20 世纪 80 年代初期,中国学者曾广植在总结前人研究成果的基础上,提出了味细胞膜的板块振动模型。对受体的实际构象和刺激物受体构象的不同变化,曾广植提出构型相同或互补的脂质和蛋白质按结构匹配结为板块,形成一个动态的多相膜模型,如与体蛋白或表蛋白结合成脂质块,或以晶态、似晶态组成各种胶体脂质块。板块可以阳离子桥相连,也可在有表面张力的双层液晶脂质中自由漂动,其分子间的相互作用与单层单尾脂膜相比,多了一种键合形式,即在脂质的头部除一般盐键外还有亲水键键合,其颈部有氢键键合,其烃链的 C_9 前段还有一种新型的,两个烃链向两侧形成疏水键键合,在其后 C_9 段则有范德华力的排斥作用。必需脂肪酸和胆固醇都是形成脂质块的主要组分,两者在生物膜中发挥相反而相辅的调节作用。无机离子也影响胶体脂质块的存在,以及板块的数量、大小。

对于味感的高速传导,曾广植认为在呈味物质与味受体的结合之初就已有味感,并引起受体构象的改变,通过量子交换,受体所处板块的振动受到激发,跃迁至某特殊频率的低频振动,再通过其他相似板块的共振传导,成为神经系统能接受的信息。由于使相同的受体板块产生相同的振动频率范围,不同结构的呈味物质可以产生相同味感。味细胞膜的板块振动模型对于一些味感现象做出了满意的解释。

1)镁离子、钙离子产生苦味,是它们在溶液中水合程度远高于钠离子,从而破坏了味细胞膜上蛋白质-脂质间的相互作用,导致苦味受体构象的改变。

2)神秘果能使酸变甜和朝鲜蓟使水变甜,则是因为它们不能全部进入甜味受体,但能使味细胞膜发生局部相变而处于激发态,酸和水的作用只是触发味受体改变构象和启动低频信息。而一些呈味物质产生后味,是因为它们能进入并激发多种味受体。

3)味盲是一种先天性变异。甜味盲者的甜味受体是封闭的,甜味剂只能通过激发其他受体而产生味感;因为少数几种苦味剂难于打开苦味受体口上的金属离子桥键,所以苦味盲者感受不到它们的苦味。

2.4.4.2　食品的味觉识别

(1)4 种基本味的识别　制备甜(蔗糖)、咸(氯化钠)、酸(柠檬酸)和苦(咖啡碱)4种呈味物质的 2 个或 3 个不同浓度的水溶液。按规定号码排列顺序(表 2.4)。然后,依次品尝各样品的味道。品尝时应注意品味技巧:样品应一点一点地啜入口内,并使其滑动接触舌的各个部位。样品不得吞咽,在品尝 2 个的中间应用 35 ℃的温水漱口去沫。

表 2.4　4 种基本味的识别

样品	基本味觉	呈味物质	试验溶液/(g/L)	样品	基本味觉	呈味物质	试验溶液/(g/L)
A	酸	柠檬酸	0.2	F	甜	蔗糖	6.0
B	甜	蔗糖	4.0	G	苦	咖啡碱	0.3
C	酸	柠檬酸	0.3	H		水	
D	苦	咖啡碱	0.2	J	咸	NaCl	1.5
E	咸	NaCl	0.8	K	酸	柠檬酸	4.0

(2)4 种基本味的察觉阈实验　味觉识别是味觉的定性认识,阈值实验才是味觉的定量认识。

制备呈味物质(蔗糖、氯化钠、柠檬酸或咖啡碱)的一系列浓度的水溶液(表 2.5)。然后,按浓度增加的顺序依次品尝,以确定这种味道的察觉阈。

表2.5　4种基本味的察觉阈　　　　　　　　　　　　　g/L

编号	蔗糖（甜）	NaCl（咸）	柠檬酸（酸）	咖啡碱（苦）
1	0.1	0	0	0
2	0.5	0.2	0.05	0.03
3	1.0	0.4	0.10	0.04
4	2.0	0.6	0.13	0.05
5	3.0	0.3	0.15	0.06
6	<u>4.0</u>	1.0	<u>0.18</u>	0.08
7	5.0	1.3	0.20	<u>0.10</u>
8	6.0	<u>1.5</u>	0.25	0.15
9	6.0	1.8	0.30	0.20
10	10.0	2.0	0.35	0.30

注：下画线为平均阈值

2.4.5　触觉

食品的触觉是口部和手与食品接触时产生的感觉，通过对食品的形变所加力产生刺激的反应表现出来。表现为咬断、咀嚼、品味、吞咽的反应。

2.4.5.1　触觉感官特性

（1）大小和形状　口腔能够感受到食品组成的大小和形状。Tyle（1993）评定了悬浮颗粒的大小、形状和硬度对糖浆沙粒性口部知觉的影响。研究发现：柔软的、圆的，或者相对较硬的、扁的颗粒，大小到约80 μm，人们都感觉不到有沙粒。然而，当硬的、有棱角的颗粒为11～22 μm时，人们就能感觉到口中有沙粒。

（2）口感　口感特征表现为触觉，通常其动态变化要比大多数其他口部触觉的质地特征更少。原始的质地剖面法只有单一与口感相关的特征——"黏度"。Szczesniak（1979）将口感分为11类：关于黏度的（稀的、稠的），关于软组织表面相关感觉的（光滑的、有果肉浆的），与CO_2饱和相关的（刺痛的、泡沫的、起泡性的），与主体相关的（水质的、重的、轻的），与化学相关的（收敛的、麻木的、冷的），与口腔外部相关的（附着的、脂肪的、油脂的），与舌头运动的阻力相关的（黏糊糊的、黏性的、软弱的、浆状的），与嘴部的后感觉相关的（干净的、逗留的），与生理的后感觉相关的（充满的、渴望的），与温度相关的（热的、冷的），与湿润情况相关的（湿的、干的）。Jowitt定义了这些口感的许多术语。

（3）口腔中的相变化（溶化）　人们并没有对食品在口腔中的溶化行为以及与质地有关的变化进行扩展研究，由于在口腔中温度的增加，因此，许多食品在嘴中经历了一个相的变化过程，巧克力和冰激凌就是很好的例子。Hyde和Witherly（1995）提出了一个"冰激凌效应"。他们认为动态地对比是冰激凌和其他产品高度美味的原因所在。

Lawless（1996）研究了一个简单的可可黄油模型食品系统后，发现这个系统可以用于脂肪替代品的质地和溶化特性的研究。按描述分析和时间-强度测定到的评定溶化过程中的变化，与碳水化合物的多聚体对脂肪的替代水平有关。但是，Mela等人（1994）已经发现,评定人员不能利用在口腔中的溶化程度来准确地预测溶化范围是 17～41 ℃的水包油乳化液中的脂肪含量。

(4)手感 纤维或纸张的质地评定经常包括用手指对材料的触摸。这个领域中的许多工作都来于纺织品艺术。感官评定在这个领域和食品领域一样,具有潜在的应用价值。

Civille 和 Dus(1990)描述了与纤维和纸张相关的触觉性质,包括机械特性(强迫压缩、有弹力和坚硬)、几何特性(模糊的、有沙砾的)、湿度(油状的、湿润的)、耐热特性(温暖)以及非触觉性质(声音)。

2.4.5.2 触觉识别阈

对于食品质地的判断,主要靠口腔的触觉进行感觉。通常口腔的触觉可分为以舌头、口唇为主的皮肤触觉和牙齿触觉。皮肤触觉识别阈主要有两点识别阈、压觉阈、痛觉阈等。

(1)皮肤的识别阈 皮肤的触觉敏感程度,常用两点识别阈表示。所谓两点识别阈,就是对皮肤或黏膜表面 2 点同时进行接触刺激,当距离缩小到开始要辨认不出 2 点位置区别时的尺寸。即可以清楚分辨两点刺激的最小距离。显然这一距离越小,说明皮肤在该处的触觉最敏感。人的口腔及身体部位的两点识别阈如表 2.6 所示。

表 2.6　人的口腔黏膜及身体部位的两点识别阈

部位	纵向/mm	横向/mm	部位	纵向/mm	横向/mm
舌尖	0.80±0.55	0.68±0.38	颊黏膜	8.57±6.20	8.60±6.04
嘴唇	1.45±0.96	1.15±0.82	前额	12.50±4.26	9.10±2.73
上腭	2.40±1.31	2.24±1.14	前腕	19.00	42.00
舌表面	4.87±2.46	3.24±1.70	指尖	1.80	0.20
齿龈	4.13±1.90	4.20±2.00			

从表 2.6 可以看出,口腔前部感觉敏感。这也符合人的生理要求,因为这里是食品进入人体的第一关,需要敏感地判断这食物是否能吃? 需不需要咀嚼? 这也是口唇、舌尖的基本功能。感官品尝实验,这些部位都是非常重要的检查关口。

口腔中部因为承担着用力将食品压碎、嚼烂的任务,所以感觉迟钝一些。从生理上讲这也是合理的。口腔后部的软腭、咽喉部的黏膜感觉也比较敏锐,这是因为咀嚼过的食物,在这里是否应该吞咽,要由它们判断。

口腔皮肤的敏感程度也可用压觉阈值或痛觉阈值来分析。压觉阈值的测定是,用一根细毛,压迫某部位,把开始感到疼痛时的压强称作这一部位的压觉阈值。痛觉阈值是用微电流刺激某部位,当觉得有不快感时的电流值。这两种阈值都同两点识别阈一样,反映出口腔各部位的不同敏感程度。例如,口唇舌尖的压觉阈值只有 10～30 kPa,而两腮黏膜在 120 kPa 左右。

(2)牙齿的感知功能 在多数情况下,对食品质地的判断是通过牙齿咀嚼过程感知的。因此,认识牙齿的感知机制,对研究食品的质地有重要意义。牙齿表面的珐琅质并没有感觉神经,但牙根周围包着具有很好弹性和伸缩性的齿龈膜,它被镶在牙床骨上。用牙齿咀嚼食品时,感觉是通过齿龈膜中的神经感知。因此,安装假牙的人,由于没有齿龈膜,所以比正常人的牙齿感觉迟钝得多。

(3)颗粒大小和形状的判断　在食品质地的感官评定中,试样组织颗粒的大小、分布、形状及均匀程度,也是很重要的感知项目。例如,某些食品从健康角度需要添加一些钙粉或纤维素成分。然而,这些成分如果颗粒较大又会造成粗糙的口感。为了解决这一问题,就需要把这些颗粒的大小粉碎到口腔的感知阈以下。口腔对食品颗粒大小的判断,比用手摸复杂得多。在感知食品颗粒大小时,参与的口腔器官有:口唇与口唇、口唇与牙齿、牙齿与牙齿、牙齿与舌头、牙齿与颊、舌与口唇、舌与腭、舌与齿龈等。通过这些器官的张合、移动而感知。在与食品接触中,各器官组织的感觉阈值不同,接受食品刺激的方式也不同。所以,很难把对颗粒尺寸的判断归结于某一部位的感知机构。一般在考虑颗粒大小的识别阈时,需要从两方面分析:一是口腔可感知颗粒的最小尺寸;二是对不同大小颗粒的分辨能力。以金属箔做的口腔识别阈实验表明,对感觉敏锐的人,可以感到牙间咬有金属箔的最小厚度为 $20\sim30$ μm。但有些感觉迟钝的人,这一厚度要增加到 100 μm。对不同粗细的条状物料,口腔的识别阈为 $0.2\sim2$ mm。门齿附近比较敏感。有人用三角形、五角形、方形、长方形、圆形、椭圆形、十字形等小颗粒物料,对人口腔的形状感知能力做了测试,发现人口腔的形状识别能力较差。通常三角形和圆形尚能区分,多角形之间的区别往往分不清。

(4)口腔对食品中异物的识别能力　口腔识别食品中异物的能力很高。例如,吃饭时,食物中混有毛发、线头、灰尘等很小异物,往往都能感觉得到。那么一些果酱糕点类食品中,由于加工工艺的不当,产生的糖结晶或其他正常添加物的颗粒,就可能作为异物被感知,而影响对美味的评定。因此,异物的识别阈对感官评定也很重要。Manly 曾对10 人评审组做了这样的异物识别阈实验。在布丁中混入碳酸钙粉末,当添加量增加到 2.9% 时,才有 100% 的评审成员感觉到了异物的存在。对安装假牙的人,这一比例要增加到 9% 以上。

Dwall 把不同直径的钢粉,分别混入花生、干酪和爆玉米花中去,让 10 人评审组用牙齿去感知。实验发现钢粉末直径的感知阈约为 50 μm,且与混入食物的种类无关。以上说明,对异物的感知与其浓度和尺寸大小都有一定关系。总之,人对食品的感觉机制十分复杂,它不仅与味觉、口腔触觉有关,还和人的心理、习惯、唾液分泌,以及口腔振动、听觉有关。深入了解感觉的机制,对设计感官评定实验和分析食品质地品质都有很大帮助。

2.4.6　三叉神经感觉

除了味觉和嗅觉系统具有化学感觉外,鼻腔和口腔中以及整个身体还有一种更为普遍的化学敏感性。比如角膜对于化学刺激就很敏感,切洋葱时容易使人流泪就是证明。这种普遍的化学反应就是由三叉神经来调节的。

某些刺激物(如氨水、生姜、山葵、洋葱、辣椒、胡椒粉、薄荷醇等)会刺激三叉神经末端,使人在眼、鼻、嘴的黏膜处产生辣、热、冷、苦等感觉。人们一般很难从嗅觉或味觉中区分三叉神经感觉,在测定嗅觉实验中常会与三叉神经感觉混淆。三叉神经对于较温和的刺激物的反应(如糖果和小吃中蔗糖和盐浓度较高而引起的嘴部灼热感、胡椒粉或辣椒引起的热辣感)有助于人们对一种产品的接受。

对大部分混合物来说,三叉神经感觉到的刺激物的浓度数量级比刺激嗅觉或味觉受体的物质浓度更高。

2.4.7 感官的相互作用

各种感官感觉不仅受直接刺激该感官所引起的反应,而且感官感觉之间还有相互作用。食品整体风味感觉中味觉与嗅觉相互影响较为复杂。烹饪技术认为风味感觉是味觉与嗅觉印象的结合,并伴随着质地和温度效应,甚至也受外观的影响。但在心理物理学实验室的控制条件下,将蔗糖和柠檬醛简单混合,表现出几乎完全相加的效应,对各自的强度评分很少或没有影响。但如果限定为口腔中被感知的非挥发性物质所产生的感觉,是否与主要表现为嗅觉的香气和挥发性风味物质有相互影响。

从心理物理学文献中得到一个重要的观察结果,感官强度是叠加的。设计关于产品风味强度总体印象的味觉和嗅觉刺激的总和效应时,几乎没有证据表明这两种模式间有相互影响。

人们会将一些挥发性物质的感觉误认为是"味觉"。

令人难受的味觉一般抑制挥发性风味,而令人愉快的味觉则使其增强。这一结果提出了几种可能性。一种解释是将这一作用看作是一种简单的光环效应。按照这一原理,光环效应意味着一种突出的、令人愉快的风味物质含量的增加会提高对其他愉快风味物质的得分。相反,令人讨厌的风味成分的增加会降低对愉快特性的强度得分。换句话说,一般的快感反应对于品质评分会产生相关性,甚至是那些生理学上没有关系的反应。这一原理的一个推论是评定员一般不可能在简单的强度判断中将快感反应的影响排除在外,特别是在评定真正的食品时。虽然在心理物理学环境中可能会采取一种非常独立的和分析的态度,但这在评定食品时却困难得多,特别是对于没有经验的评定员和消费者,食品仅仅是情绪刺激物。

口味和风味间的相互影响会随它们的不同组合而改变。这种相互影响可能取决于特定的风味物质和口味物质的结合,该模式由于这种情况而具有潜在的复杂性。相互间的影响会随对受试者的指令而改变。给予受试者的指令可能对于感官评分有深刻影响,就像在许多感官方法中发生的一样。受试者接受指令所做出的反应也会明显影响口味和气味的相互作用。

另两类相互影响的形式在食品中很重要:一是化学刺激与风味的相互影响;二是视觉外观的变化对风味评分的影响。然而,任何比较过跑气汽水和含碳酸气汽水的人都会认识到二氧化碳所赋予的麻刺感会改变一种产品的风味均衡,通常当碳酸化作用不存在时对产品风味会有损害。跑气的汽水通常太甜,脱气的香槟酒通常是很乏味的葡萄酒味。

任何位于鼻中或口中的风味化学物质可能有多重感官效应。食品的视觉和触觉印象对于正确评定和接受很关键。声音同样影响食品的整体感觉。咀嚼食物时,产生的声音与食物是如何的松脆有紧密的关系。

总之,人类的各种感官是相互作用、相互影响的。在食品感官鉴评实施过程中,应该重视它们之间的相互影响对鉴评结果所产生的影响,以获得更加准确的鉴评结果。

2.5　感官评定类型和特点

食品感官评定综合地利用了味觉、嗅觉、视觉、触觉、感觉对食品的品质,包括外观结构和内在质量做出评判。感官评定一般分为分析型和嗜好型两大类型,其作用各不同,例如在产品规划、市场调查、方案设计时需要进行嗜好型分析,而在研制、生产、管理阶段则需要进行分析型分析。

食品的质量特性有固有质量特性和感觉质量特性两种类型,前者不受人的主观影响而存在,例如食品的色、香、味、形、质是食品本身所固有的,与人的主观因素无关,对食品固有质量特性的分析称为分析型检查;后者则受人的感知程度与主观因素的影响,例如,食品的色泽是否悦目,香气是否诱人,滋味是否可口,形状是否美观,质构是否良好等则是依赖人的心理、生理的综合感觉去判别的,对食品感觉质量特性的分析称为嗜好型检查。

2.5.1　分析型感官评定

分析型感官评定是以人的感官作为仪器,对食品质量特性进行分析,质量检查、产品评优都属于这一类型。为了降低个人感觉之间差异的影响,提高实验的精确度,在进行此类型的感官评定实验时必须注意以下 3 点。

(1)评定基准的标准化　在用感官测定物品的质量特性时,对于每一测定评定项目都需要有明确具体的评定尺度和评定基准物,基准品和评定尺度必须具有连贯性和稳定性。如果评定员采用各自的评定基准和尺度,结果将难以统一和比较。

(2)实验条件的规范化　在感官评定实验中,分析结果很容易受环境的影响,因此实验条件应该规范化,以防止实验结果因受环境条件的影响而出现大的波动。

(3)评定员的选定　参加分析型感官评定实验的评定员需要具有恰当的天赋条件,并经一定的培训,具有一定的水平。

2.5.2　嗜好型感官评定

嗜好型感官评定与分析型正好相反,不需要统一的评定标准和条件,而是依赖人们生理和心理上的综合感觉做出的判断。人的感觉程度和主观判断起着决定性作用,分析的结果受到生活习惯、审美观点等多方面因素的影响,因此结果往往是因人因时因地而异。例如一种风味食品在具有不同饮食习惯的群体中进行调查,所获得的结论肯定有差异,这种差异并不能说明群体之间的好与坏,只是说明不同群体的不同饮食习惯,或者说是某个群体的嗜好。所以,嗜好型感官评定完全是一种主观的行为。

2.5.3　食品感官评定的特点

(1)简单、迅速、费用低　人的触觉简单反应时间仅为 90 ~ 220 ms,听觉为 120 ~ 180 ms,视觉为 150 ~ 220 ms,嗅觉为 310 ~ 390 ms,温度觉为 280 ~ 600 ms,味觉为 450 ~

1 080 ms,痛觉为 130 ~ 890 ms,因此,使用感官来分析十分迅速,而且不需要使用昂贵的仪器和化学试剂,分析费用低廉。

(2)食品感观分析结果不易量化　食品的感官质量标准大都是非量化的标准,一般包括预先制备的基准样品、文字说明、图片、录音、味和嗅的配方以及某种风味特征等。

(3)感官评定误差影响因素众多　感官评定的工作条件、方法、环境以及样品的抽取与制备等都对感官评定有影响。在感官评定人员方面,籍贯、性别、年龄、习惯、性格、嗜好、阅历、文化程度以及心理、生理健康状况等都可成为影响因素,因此,对于同一食品,不同的人会有不同的评定,甚至有截然相反的看法,而且这种误差不易校正。

2.5.4　食品感官评定结果的表达

感官评定结果有绝对判断结果、顺序判断结果和比较判断结果 3 种表达方法。绝对判断是把每个被检产品与标准或标样对照,做出合格或不合格判断,或为产品定等级,但不对被检产品之间从好到坏或从坏到好地排出顺序或名次。比较判断是将被检产品两两相比较,做出评定。

感官评定结果的表达分为定性与定量两种方式。定性评定是对被检查产品的质量情况做出评定,但不论如何描述都不可能对感官质量做出十分确切的表达,只能给人一个模糊的概念,由人们各自去意会。通常描述采用 5 个等级,例如甜味可描述为微甜、比较甜、很甜、非常甜、最甜;对风味、质构也可表示为很不喜欢、不喜欢、一般、喜欢、很喜欢等。

定量评定则是对质量优劣程度用数据做出表达,使人们对产品质量的优劣程度得到一个清晰的"量"的了解,定量表达方式有下列几种。

(1)"0,1"表达　将产品与标准样品做对照,只要被检产品偏离此样品的要求或状态即判该为不合格品的,以"0"表示,判断为合格的,以"1"表示。

(2)定等　将检查结果和质量标准对照,按产品实际质量达到、接近或离开标准的程度,被检产品接近或符合哪一个标样就判断它具有哪一个标样的质量,以"1","2","3",…表示。

(3)评分　通常将产品质量超过或全部达到标准而无缺陷者定为 100 分(或 10 分),完全丧失使用价值者为 0 分,产品质量介于 0 与 100 分之间的,其符合或远离标准的程度给予一定的分数,基本符合标准者一般评分为 60 分。

2.6　电子鼻及其在食品行业中的应用

2.6.1　电子鼻检测原理

气味的成因和构成非常复杂,再加上物质本身的化学和物理性质,对气味进行系统性的检测比较难以实现。而采用传感矩阵的电子鼻系统可以模拟人类的嗅觉对气味进行感知。利用传感器矩阵做检测是根据样品与传感器产生的物理变化(如电阻量)而进行数据处理,基本检测系统由多个属同一类族的传感器构成,称为"传感器矩阵",常用的为金属氧化物传感器(metal oxide sensor,MOS)与电化学传感器。金属氧化物传感器由对气体敏感的半导体材料构成,传感器的选择性与掺杂物的性质和浓度有关。当气味接触传感器时,电阻值便下降。因对气味有独特的选择性,根据检测要求,可在数十款金属氧化物传感器(SnO_2,ZnO,WO_3等)中选择合适的元件以达到高分辨率。此类传感器的敏感性和选择性达$10^6 \sim 10^9$级。由于在同一个仪器里装置多类不同的矩阵技术,使检测更能模拟人类嗅觉神经细胞,根据气味标志和利用化学计量统计学软件对不同气味进行快速评定。在建立数据库的基础上,对每一样品进行数据计算和识别,可得到样品的"气味指纹图"和"气味标记"。电子鼻采用了人工智能技术,实现了用仪器"嗅觉"对产品进行客观分析。由于这种智能传感器矩阵系统中配有不同类型传感器,使它能更充分模拟复杂的鼻子,也可通过它得到某产品实实在在的身份证明(指纹图),从而辅助专家快速地进行系统化、科学化的气味监测、评定、判断和分析。

2.6.2 电子鼻在食品行业中的应用

2.6.2.1 果蔬成熟度检测

果蔬通过呼吸作用进行新陈代谢而变熟,在不同的成熟阶段,其散发的气味不同,可以通过闻其气味来评定其品质,然而人的鼻子灵敏度不高,只能感受出1 000 种独特的气味,特别是在区分相似的气味时,辨别力受到限制。利用电子鼻对果蔬气味进行识辨和分析,通过气味检测得到的数据信号与产品各种成熟度指标建立关系,从而能够达到在线检测生长中的水果或蔬菜所散发的气味,实现对成熟度、新鲜度的检测和判别。

Benady 等发明了一种水果成熟度传感器,根据其挥发的气味或是没有气味的电子感应进行区分。传感器中利用了安置在水果表面的气味探测半导体,收集成熟水果散发出来的气味,随着气味的积累,引起传感器传导率的改变,然后通过计算机数据系统进行计算。该传感器在实验室测试时,判断水果成熟度的准确率在90%以上。

2.6.2.2 肉品检测

电子鼻在肉品检测中是一种非常有发展前景的分析手段,它是通过对肉类食品挥发性物质分析,达到分析检测的目的。在肉类工业中,电子鼻系统可以应用于肉品新鲜度检测、生产线上连续检测、判断发酵肉制品成熟度等诸多方面。

(1)肉品新鲜度检测 肉品营养丰富,是微生物繁殖的天然培养基,容易受微生物污染而引起腐败变质。1998 年 Arnold 等通过电子鼻分析了肉制品加工过程中微生物种类和数量的变化,从而判断肉制品的新鲜程度。2004 年 Rajamaki 等利用电子鼻系统分析了包装猪肉的品质,利用金属氧化物半导体作为气敏传感器阵列,采用主成分分析、局部最小方差和人工神经网络分析方法对包装猪肉的品质进行分析和评定,同时以传统的感官评定、微生物检测以及气相色谱加以验证,结果表明,电子鼻检测的灵敏度高,结果真实可靠。滕炯华等利用德国 JENASENSORC 公司 GGS 系列气体传感器作为气敏传感器,用样条回归模型对传感器响应进行模式识别,检测了牛肉的新鲜度。孙钟雷根据猪肉的气味特征,以遗传优化的组合 BP 神经网络为模式识别方法,建立了一套用于分析猪肉新鲜度的电子鼻系统,经过验证,该系统对猪肉新鲜度的识别率达95%。

(2)生产线上连续检测 肉品在加工过程中容易被污染,因此需要对加工过程进行监控,以保证产品的质量。目前,肉品厂在加工过程中的检测方式采用的多是定点、定时抽样检测,这种方法耗时长,用人多,成本高。利用电子鼻系统对肉品加工过程进行连续检测,快速准确,该法为肉品制造商提供了一条经济适用的途径。2005年Hansen等人利用由6个金属氧化物传感器组成传感器阵列的电子鼻系统,通过在线分析肉制品加工过程中挥发性气体成分的变化,对肉品的质量进行了评定,同时对环境条件进行监控,最终对产品的质量进行预测和评定。这种检测方法方便快捷,能够对产品进行连续检测,避免了传统方法的缺点,更为重要的是,该法能够在肉品出现问题的早期就被检测到,避免原料的浪费,减少经济损失。

(3)判断发酵肉制品成熟度 传统发酵肉制品的制作过程需要经过较长时间才能成熟,形成独特风味和口感。因此,在生产过程中判断发酵肉制品成熟度显得尤为重要。通常情况下,对发酵肉制品成熟度的判断由经验丰富的专家来判定,这种方法容易受到专家主观因素、身体状况和环境条件的影响,客观性不够。而利用电子鼻技术能够检测发酵肉制品的类型,分析其不同的成熟期,检测结果真实可靠。2003年,意大利的Taurino等人用电子鼻技术分析了意大利干制腊肠在不同储存期挥发性成分的构成,从而判断腊肠的新鲜程度,同时他们将微生物分析方法与电子鼻技术相结合,利用微生物分析方法评定样品的准确性来判断腊肠的不同成熟期,使检测结果更为准确。Santos等人用电子鼻技术分析了伊比利亚火腿中一些特殊挥发物质,并对其进行含量的测定。通过主成分分析和人工神经网络数据分析技术的配合使用,判断了伊比利亚火腿制作过程中原料的种类和成熟时间,从而排除了不合格及假冒的产品。

2.6.2.3 酒类评定

电子鼻系统可根据酒类挥发的气味对其进行评定,进而对其分类与分级,在品牌的鉴定、异味检测、新产品的研发、原料检验、蒸馏酒品质鉴定、制酒过程管理的监控方面有广泛的应用前景。2000年Guadar rama等对2种西班牙红葡萄酒和1种白葡萄酒进行检测和区分。他们还对纯水和稀释的酒精样品进行检测以增加对比性。他们的电子鼻系统采用6个导电高分子传感器阵列,数据采集采用test point TM软件,模式识别技术采用主成分分析法(PCA),在matlab v4.2上进行,同时他们对这些样品进行气相色谱分析。结果表明,该电子鼻系统可以完全区分5种测试样品,测试结果和气相色谱分析的结果一致。2004年S.Buratti将电子鼻和电子舌相结合,分析了4种意大利的Barbera红酒,实验的第1步是用传统的化学方法分析这些红酒,得到pH值、酒精含量等数据。然后用电子鼻和电子舌分别检测,用主成分分析(PCA)、线性评定分析(LDA)和基于分类回归树(CART)3种方法分析数据,在这一实验中,LDA方法取得了最好的结果。结果显示,这种创新的方法完全可以区分用同种葡萄酿造的不同红酒。2007年Wies Cynkar等人利用质谱电子鼻技术对澳大利亚赤霞珠和西拉2种葡萄酒生产过程中Brettanomyces酵母引起的异常发酵进行快速检测,避免了原有检测方法分析时间长、资金消耗大及滞后性等缺点,也避免了由于异常发酵导致的损失,保证了葡萄酒的质量,为企业生产优质的葡萄酒提供了技术支持。2000年,史志存等参考气相色谱仪的结构,构造了一个简单的电子鼻系统,对不同品牌的白酒做了测试分析,系统流程为:压缩空气→流量计→样品注入→传感器室→测试系统。他们利用该系统对3种浓香型白酒、1种清香型白酒和1种酱香型白酒进行分析,实验结果表明,使用该实验系统可以准确识别不同香型和同种香型、不同品牌的白酒,采用PCA方法,对测试样本的识别率能达到100%,同时,与色谱法等分析化学方法相比,该系统具有速度快与操作简单等优点。

2.6.2.4　在乳酪和牛奶中的应用

目前,国外在乳酪和牛奶方面研究的有英国切达干酪的风味评定,瑞士多空干酪的性质鉴定,法国 Camenrbert 村产的软质乳酪判别,辨别各种不同种类牛奶和奶油,以及过程中监控牛奶的生产等。

奶制品生产中最重要的是进行牛奶的质量控制,所以,牛奶的挥发性成分分析已经成为取得牛奶信息和辨别不同种牛奶的最具有潜力的工具,主要是在不同的热处理的过程中。2001 年,意大利的 Capone 等人用电子鼻识别两种不同的牛奶,一种是巴氏杀菌过的,另一种是经过超高温瞬时杀菌处理过的。用 5 个不同的 SnO_2 组成的传感器阵列,通过溶胶-凝胶技术识别两种牛奶的处理过程以及跟踪牛奶腐败的动力学过程,反应器响应得到的数据通过原理成分分析,可以得知其品质优劣和整个腐败过程,并且在奶制品生产工业上已经开始应用这种仪器去做质控分析。实验中,传感器有好的可重复性,并且其响应时间很短,为 2 ~ 3 min。电子鼻应用在奶制品中最大的优势就是可以进行在线控制,这是任何其他方法所不能比拟的。

2.6.2.5　茶叶审评

茶叶的挥发物中包含了多种的化合物,这些化合物在很大程度上反映了茶叶本身的品质,而香气是决定茶叶品质的重要因子之一,历来受到茶叶研究者的重视。茶叶的香气含量低、组成复杂、易挥发、不稳定,在提取过程中易发生氧化、聚合、缩合、基因转移等反应,因此对香气成分的提取比较困难,需要采取特殊的分离提取技术。而利用电子鼻技术对茶叶香气的分析,可以省去香气物质的提取过程,分析快速准确。2003 年 R. Dutta 等人利用电子鼻技术对 5 种不同加工工艺的茶叶进行分析和评定,他们采用的电子鼻系统是由费加罗公司生产的 4 个涂锡的金属氧化物传感器组成,数据采集和储存用 LsbV IEW 软件,数据处理用 PCA、模糊 C 平均值(FCM, Fuzzy C-Means)和人工神经网络等方法。为了更好地得到挥发性化合物,他们将 10 mg 的茶叶样品放入装有 200 mL,60 ℃ 热水的容器中,用电子鼻检测其顶部空间的空气样品。分析结果显示,该电子鼻系统能够 100% 地区分 5 种不同加工工艺的茶叶。2004 年 Nabarun Bhattacharyya 等用金属氧化物狐狸 2000 型电子鼻探测红茶的香气,通过实验,表明应用电子鼻探测的香气可以对无性系茶树品种进行分类。同年,Seiji Katayama 等人应用电子鼻技术探测绿茶的香气,结果表明,该技术完全可以把不太大地区和不同品种的绿茶品种区分开来,即可以通过对香气的分析来区分生长在不同地区的绿茶品种。国内有关电子鼻系统应用于茶叶方面的研究不多,2007 年于慧春等将电子鼻技术用于茶叶品质的检测,解决了对茶叶的品质等级及储藏时间进行评定和预测时特征值提取及模式识别的问题。以 5 组不同等级的茶叶、茶水、茶底为研究对象,采用主成分及遗传算法的方法提取相应主成分分量及最优特征组合,构成模式识别的输入,采用线性判别分析和 BP 神经网络的方法进行模式识别分析,对茶叶的不同等级和储藏时间进行判别分析和预测。结果显示,采用线性判别分析干茶叶的响应信号,两种特征值提取方法得到的向量对茶叶的不同储藏时间的分析结果较好,对茶水的响应信号分析对茶叶等级的判断结果较好。

2.6.2.6　香精识别

在香精生产中,香气是评定其内在质量的主要指标之一,传统方法是采用专家评定和化学分析相结合,专家评定的主观性太强,化学分析消耗时间长,并且得到的结果是一些数字化的东西,不直观。据报道,2000 年 Neotronics 科学有限公司开发的电子鼻对 Bell-Aire 香精公司提供的 13 种无标签样品进行检测分析,其检测结果与评香专家的报告几乎完全一致。2005 年黄勇强等人建立了一套用于香精测试的电子鼻系统测试装置,该装置的测试传感器阵列由 5 个日本费加罗(Figro)公司生产的厚膜金属氧化锡传感器(TGS813,TGS880,TGS800,TGS822,TGS825)组成,模拟人的嗅觉系统,能够快速准确的区分 3 种不同的香精(苹果香精、芳樟醇、丁酸乙酯),从主成分分析法分析结果可以看到,不同香精之间区分较明显,神经网络的识别正确率为 97.2%。2007 年陈晓明等人利用法国 Alpha MOS 公司生产的 FOX 4000 电子鼻系统,检测了仅知生产日期的天然苹果香精样品,并对所获得的数据进行主成分分析及判别因子分析,发现产品的生产日期与产品的质量有着密切的联系,在生产工艺基本稳定的前提下,可以认为不同时期的原料对产品的质量有着直接的影响。并通过电子鼻系统初步筛选出一些具有特殊性的样品,将它们作为建立天然苹果香精质量检测标准的必测样品,对以后的天然苹果香精质量的研究有着重要的指导作用。

除上述在食品工业中的应用外,电子鼻还有许多潜在的应用领域,如环境检测、医疗卫生、药品工业、安全保障、公安与军事等。然而,受敏感膜材料、制造工艺、数据处理方法等方面的限制,现今电子鼻的应用范围与人们的期望还存在距离。但随着生物芯片和生物信息学的发展、生物计算机的出现、生物与仿生材料研究的进步、微细加工技术的提高和纳米技术的应用,电子鼻的功能将逐步增强,它将会具有更高级的智能进行分析判断,会逐步从实验室走向实用,具有广阔的发展前景。

2.7 电子舌技术在食品领域中的应用

2.7.1 电子舌的原理

电子舌技术的发展与材料科学、计算机科学、仿生学、化学、生物学、数学的发展都密切相关。近些年,纳米材料技术和计算机科学的快速发展也促进了电子舌技术的发展。

膜电位分析味觉传感器的基本原理是在无电流通过的情况下测量膜两端电极的电势,通过分析此电势差来研究样品的特性。这种传感器的主要特点是操作简便、快速,能在有色或混浊试液中进行分析,适用于酒类检测系统。因为膜电极直接给出的是电位信号,较易实现连续测定与自动检测。其最大的优点是选择性高,缺点是检测的范围受到限制,如某些膜电极只能对特定的离子和成分有响应,另外,这种感应器对电子元件的噪声很敏感,因此,对电子设备和检测仪器有较高的要求。

伏安分析味觉传感器的原理是被测溶液中几乎所有的组分在外加电压下都会产生电流。有人使用 6 种金属(金、铱、铂、钯、铼和铑)分别制成工作电极并嵌入一个中间带有参比电极(Ag/AgCl)的陶制圆盘上,圆盘装在一根起着辅助电极作用的不锈钢管中。对其施以脉冲电压可以用来评定不同的果汁和牛乳。这种味觉传感器的优点是它具有很高的灵敏度,适应性强,操作简单。同时,还可以选用不同形式的电压(如周期性、直流或脉冲)以满足其选择性。

SH-SAW 的味觉传感器原理：水平弹性表面波的传播是通过压电效应产生的原子运动和电势维持的，水平弹性波在被测液体中传播时，一方面产生机械作用，它可以用来探测流体的力学特性，例如黏性和密度；另一方面，对液体产生电效应（也就是声电学效应），它影响了水平弹性表面波的传播速率和衰减率。所以，它可以用来探测液体的电学特性，例如介电常数和传导率。计算机采集到这些信号的变化后，对其进行处理，与待测液的物理化学特性建立联系，从而对其进行评定。

2.7.2 电子舌技术在食品领域的应用

2.7.2.1 茶叶品质评定

我国是消费茶叶和生产茶叶的大国，茶叶品质的评定和等级的区分往往通过人的感官来评断。人的感觉器官的灵敏度易受外界因素的干扰而改变，从而影响评定的准确性。人工模拟味觉对茶叶进行评定越来越引起研究人员的重视。Larisa Lvova 等用电位分析的电子舌对茶叶滋味进行分析评定。对立顿红茶、4 种韩国产的绿茶和咖啡的研究表明，采用 PCA 分析方法的电子舌技术可以很好地区分红茶、绿茶和咖啡，并且也能很好地区分不同品种的绿茶。他们还研究了采用主成分回归法（PCR）和偏最小二乘法（PLS）分析的电子舌技术在定量分析代表绿茶滋味的主要成分含量上的分析能力。电子舌可以很好地预测咖啡碱（代表了苦味）、单宁酸（代表了苦味和涩味）、蔗糖和葡萄糖（代表了甜味）、L-精氨酸和茶氨酸（代表了由酸到甜的变化范围）的含量和儿茶素的总含量。

2.7.2.2 饮料的辨别

目前使用电子舌技术能容易地区分不同的饮料，如咖啡、矿泉水和果蔬汁。因为味觉传感器能同时对咖啡中许多不同的化学物质做出响应，并经过特定的模式识别得到对样品的综合评定，所以它能评定不同的咖啡。滕炯华等研究的电子舌由多个性能彼此重叠的味觉传感器阵列和基于 BP 算法的神经网络模式识别工具组成，它能够识别出 4 种浓度为 100% 的苹果汁、菠萝汁、橙汁和紫葡萄汁。其研究表明，电子舌识别的电信号与味觉有关的化学物质成分具有相关性，可以实现在线检测。F. Winquist 研究了一种基于注射流动分析技术（FIA）的伏安分析电子舌，电子舌不断地通过细胞把参比溶液抽进来，待测液被注入流动相，通过测量脉冲高度来获得响应，用主成分分析表明电极漂移可以很大程度的降低，并且这种装置可以用来区分不同的苹果汁。

2.7.2.3 在酒类识别中的应用

俄罗斯的 Legin 长期从事电子舌在酒类辨别和质量评定方法的研究，利用由 30 个传感器阵列组成的电子舌检测不同的矿泉水和葡萄酒，能可靠地区分所有的样品。重复性好，两周后再次测量结果无明显的改变。再对 33 种品牌的啤酒进行测试，电子舌采集到的信息可以清楚地反映各种啤酒的味觉特征。这些样品并不需要经过预处理，因此这种技术能满足生产过程在线检测的要求。2005 年他又研究了基于伏安电化学传感器的电子舌来区分伏特加酒、酒精和白兰地酒。这种电子舌系统可以很好地检测伏特加酒中是否有污染物存在，并可以判断其含量是否超过国家安全标准，它还可以辨别来自同一个厂家，不同的纯度、不同添加物的 10 种规格的伏特加酒，可以区分人工合成的酒精和谷物酿造的酒精，以及它们的不同等级。此外，他还用这种电子舌对几种不同的白兰地酒，包括新酿造的和陈年的酒,用不同蒸馏方法生产的酒,甚至用不同的橡木酒桶装的酒进行了区分。可见,电子舌检测是一种很有应用前景的快速评定酒品质的分析方法。

米酒品质好坏评定主要基于口感、香气和颜色3个因素,而对于口感的评定是二者中最难做到的。Satoru liyama 等利用味觉传感器和葡萄糖传感器对日本米酒的品质进行了检测,该味觉传感器阵列由8个类脂膜电极组成。利用主成分分析法进行模式识别和降维,最后显示出二维的信号图,分别代表了滴定酸度和糖度含量,电子舌的信号输出值与滴定酸度、糖度之间具有很大的相关性。

2.7.2.4 在乳品工业中的应用

来源不同的原料乳具有不同的品质,所以要把它们区分开来。F. Winquist 的研究表明利用伏安分析的电子舌可以对进厂的原料乳进行监控。这些原料乳来自不同的农场或农户,在运输过程中需要放在一个储藏罐中,个别原料乳的污染,会导致大规模的原料乳污染。因此,检测不合格原料乳是一个重要环节。不合格的原料乳包括发酸的、咸味过浓、有腥臭味、有杂质的、氧化的、腐臭的和存在化学残留的原料乳等。此外,不同饲料喂养的奶牛产的奶也有差别,原料乳品质的变化还具有季节性。电子舌可以用来快速检测所有不同来源的原料乳和不合格原料乳,这是一种非常有意义的安全检测手段。

2.7.2.5 植物油的识别

所有的植物油都含有一些具有氧化还原活性的物质,如维生素 E、多酚化合物、类胡萝卜素等,它们具有对感官刺激敏感的特点和抗氧化特性。因此,这些存在于植物油中的化合物可以用电化学的方法进行分析。用电化学传感器阵列直接来分析油类还存在一定难度,因为油品的导电率很低、黏度大、溶解度低。为了避免这些问题,西班牙的 C. Apetrei 等最近在研究中,提出了一种新的方法来区分油类的不同来源和品质,把要分析的植物油作为涂层涂在改进的碳层电极上,这种电极放在不同的电解水溶液中可产生电化学反应。当这电极浸在不同的电解质溶液(包括 pH=4 的磷酸盐缓冲溶液、硫酸、盐酸、氯化钾、氯化镁、高氯锂化物、高氯酸钾和 0.1 mol/L 的氢氧化钠溶液)中时可获得电势信号,电势受到电极所浸放的溶液的 pH 值和电解溶液产生的离子的强烈影响。因此,我们可以利用输入变量的主成分分析不同品种的油所产生的特征信号,以此来评定不同的植物油。实验对6种油包括玉米油、葵花籽油、精炼橄榄油和3种不同质量轻榨的优质橄榄油进行了评定。研究表明,这种方法可以区分这些不同的植物油。

2.7.2.6 在生物发酵方面的应用

C. Soderstrom 等研究了一种基于脉冲伏安分析的具有广泛选择性和灵敏度的电子舌来辨别6种不同的微生物:1种酵母菌,2种细菌,3种霉菌,实验记录了微生物生长从导入期到稳定期的整个生长阶段。电极传感器阵列被浸放在麦芽提取物的培养基中,电压的变化来产生不同振幅的脉冲电流,通过矩阵的方法来采集样本中电流变化的数据。用主成分分析(PCA)的方法和聚类分析(SIMCA)方法来处理电子舌采集到的数据。主成分分析(PCA)被用在导入期、对数期和稳定期的数据处理,该方法在导入期没有明显的区别,而在后来的各生长阶段有明显的区别。用聚类分析(SIMCA)方法能够对未知菌种进行比较好的分类。此外,C. Soderstrom 等研究的 Linkoping 电子舌能用于评定不同种类的微生物,还可以预测不同微生物的不同成长阶段,判断微生物生长过程中是否有污染物、判断两种菌的混合阶段等。

Claire Turner 等研究的电子舌由带有模式识别工具的 21 个电位传感器组成,它用来离线检测埃希菌(Escherichia coli)的发酵过程,并和发酵液的光学密度(即单位体积的微生物浓度)、醋酸浓度建立关联,这些指标在发酵过程是需要监控的。单位体积的微生物浓度对于分析发酵阶段、生长情况、生长速度,以及判断最佳的收获时间是非常重要的。当葡萄糖过剩时,会产生醋酸,醋酸是生产工程中有害的副产品,它可以导致所要得到的产品产量下降,随着其浓度增加,它将会降低微生物的生长速度。电子舌能够监控发酵过程中间成分的变化,也能够检测发酵过程有机酸(特别是醋酸)的增加。大量的食品、药品、工业产品是通过发酵过程生产的,虽然现有设备可以监控葡萄糖,进行常规检测如控制温度、pH 值和溶解氧等,但是发酵过程的监控相对而言还是比较原始的。电子舌技术在发酵监控方面更加全面,其应用前景广阔。

2.7.2.7　在食品安全中的应用

食品安全越来越引起人们的重视,用高灵敏度的味觉传感器来快速地对食品安全性进行评定,已经成为国内外研究的热点。电子舌生物传感器可以用来检测食品和农产品中的重金属污染和农药残留。造成农产品污染的重金属种类繁多,主要是 Hg,Cu,Zn,Pb,Cd 和 Ni 等。Ramanathan 等利用 *lacZ* 基因和 *arsD* 基因在重组大肠杆菌中的融合表达制成高灵敏度的生物传感器,对亚锑盐的检出限为 1×10^{-15} mol/L;利用重金属可以替代叶绿素分子中的 Mg^{2+},并引起 pH 值变化的特点,Giardi 等发明了基于光合系统 Ⅱ(PS Ⅱ)的生物传感器,将藻类细胞固定在 2% 的琼脂中,通过检测 pH 值的变化来测定重金属铬和镉的量;而通过固定技术将叶绿素体包埋在光交联的苯乙烯基吡啶聚乙烯醇中,用氧电极测定氧气量,可以 μg/L 质量浓度水平下检测到 Hg、Pb、Cd、Ni、Zn、Cu 等离子的存在。

在国内,电子舌技术的研究尚处在起步阶段,因此,还需要进行深入的研究。电子舌不仅在食品领域,在环境监控及生物医学检测等方面也有应用。现在该技术还有很多不成熟的地方,其中最大的难点是高灵敏度和持久性的味觉传感器的研制。电子舌技术与计算机科学、材料学、信号处理科学等息息相关,这些学科的发展必将促进电子舌技术的进步,电子舌技术在工业生产应用中的潜能有待进一步发掘,它在食品领域的应用也会更加广泛。

⇨ 思考与练习

1. 人类的感觉是什么?分为哪几种类型?
2. 什么是绝对阈、差别阈和刺激阈?
3. 影响感官评定的因素有哪些?
4. 视觉的生理特征是什么?视觉是怎么形成的?
5. 嗅感器官的特征是什么?什么是嗅技术?
6. 味觉器官的特征是什么?怎么识别 4 种基本味?

第3章　感官评定条件的控制

食品感官评定是以人的主观感觉为基础,对食品各种客观属性进行评定的实验方法,所以其结果要受到客观和主观条件的影响。食品感官评定的客观条件包括外部环境条件和样品的制备,而主观条件则主要指参与感官评定实验人员的基本条件和素质。因此,对于食品感官评定实验,外部环境条件、样品的制备和参与实验的评定人员是实验得以顺利进行并获得理想结果的3个必备要素。本章将分别讨论上述3个要素的控制原则与方法。

3.1　感官评定环境的控制

感官评定通常在感官评定实验室中进行,因此,这里所说的感官评定环境主要是指感官评定实验室。感官评定实验室是进行样品制备、感官评定、结果分析与讨论等重要活动的场所,其环境与设施直接影响到感官评定结果的真实性和可靠性,所以要对其进行合理设计与控制。

3.1.1　食品感官评定实验室应达到的要求

3.1.1.1　一般要求

感官评定实验室一般要求舒适、宁静,避免各种可能引起评定员身体和心理变化的干扰因素,以防评定员精力分散、误判和感官疲劳等。首先,感官评定实验室应建立在环境清净、交通便利、远离噪声和空气污染的地区。此外,在设计感官评定实验室时,还要考虑温度、湿度、气味、气压、采光、色彩等室内环境因素。

3.1.1.2　功能要求

食品感官评定实验室一般由两个基本部分组成:检验区和样品制备区。若条件允许,还应设置一些附属部分,如办公室、休息室、更衣室、盥洗室等。

检验区是感官评定人员进行感官评定的场所,专业的检验区应包括评定区、讨论区以及评定员的等候区等。最简易的检验区可以是一间大房子,里面有可供评定员独立品评样品的、隔开的、互不干扰的隔档。其中评定区是感官评定实验室的中心区,通常由多个隔开的隔档构成,隔档的数目视感官评定的规模需求而定。若除了做一般食品的感官评定之外,还考虑检验一些日化用品,如剃须膏、肥皂、除污剂、清洁剂等,则还需建立特殊的评定室。

样品制备区是准备检验样品的场所。制备区一般应靠近检验区,但又要避免评定人员进入检验区时经过制备区看到或嗅到样品,也要防止制备样品时样品的气味传入检验区。

办公室是进行感官评定辅助工作的场所,应靠近检验区并与之隔开。办公室应有适当的空间,以供管理人员进行检验计划、表格设计与处理、检验结果统计分析、书写检验报告等工作,在需要时还能举行会议讨论检验结果。

休息室是供评定人员在样品评定前等候和多次评定中间休息的地方,也可作为宣布一些规定或传达有关通知的场所,必要时还可兼作集体讨论室。

3.1.1.3 检验区内的环境要求

(1)温度和湿度 温度和湿度对感官评定人员的味觉、嗅觉等感官感觉有一定影响。当处于不适当的温度和湿度环境中时,或多或少会抑制感官感觉能力的发挥,如果条件相当恶劣,甚至会引起一些生理上的不良反应。一般来说,检验区室温保持在 20 ~ 25 ℃,相对湿度保持在 50% ~60% 较为适宜,这可以通过安装空气调节装置来实现。

(2)空气纯净度 感官评定检验区的环境必须是无味的。由于食品本身往往带有挥发性气味,加上实验人员的活动,检验区内易产生和存在异味。因此,检验区应安装带有过滤装置的空调和合适的换气设备来净化空气,换气速度以 30 s 左右置换一次室内空气为宜。检验区的建筑材料、内部设施和清洁器具均应无臭,不吸附、不散发气味。此外,为防止外界气味扩散进入检验区,最好能在检验区内形成一个微小的正压。

(3)照明与采光 照明条件对感官评定特别是颜色检验非常重要。检验区的照明要有足够的亮度,并且应是可调控的、无影的和均匀的。一般使用混合照明,主要使用荧光灯。检验台面上的照度应有 300 ~ 500 lx,分析样品外观或色泽的实验需要的照度为 1 000 lx。利用自然光采光时,应适当采用窗帘和百叶窗来调节光线。在做消费者检验时,照明条件应与消费者家中的相似。

(4)色彩 检验区内的色彩要适应人的视觉特点,明朗开阔,有助于消除疲劳,可避免使人产生郁闷情绪。检验区的墙壁、地板和内部设施的颜色应为柔和的中性色,并且不能影响检验样品的色泽。推荐使用乳白色或中性浅灰色。

(5)噪声 噪声会影响人的听力,使人体血压升高、呼吸困难、唾液分泌减退,产生不快感、焦躁感、注意力下降、工作效率降低等症状。在检验期间感官评定实验室的噪声应控制在 40 dB 以下,推荐采用隔离声源、吸音处理、遮音处理、防振处理等方法减小噪声。

3.1.2 食品感官评定实验室的设计

3.1.2.1 平面布置

食品感官评定实验室各个区的布置常有如图 3.1 ~ 图 3.4 所示的不同类型。共同的基本要求是:检验区应紧靠制备区,但两区应隔开且以不同的路径进入,制备好的样品只能通过检验隔档上带活动门的窗口送入到检验工作台。

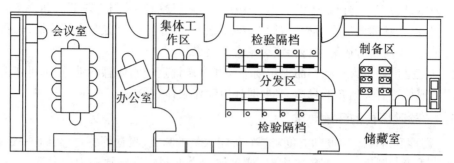

图 3.1 感官评定实验室平面图示例 1

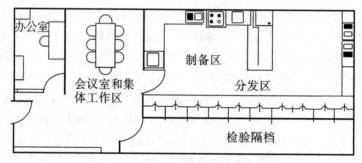

图 3.2 感官评定实验室平面图示例 2

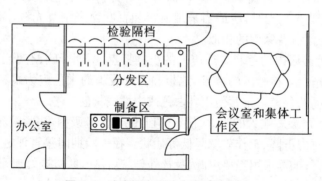

图 3.3 感官评定实验室平面图示例 3

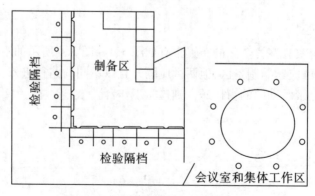

图 3.4 感官评定实验室平面图示例 4

3.1.2.2 检验隔档

（1）数目　检验隔档是评定员进行独立品评的场所,每个评定员占用一个隔档,隔档的数目应根据检验区空间的大小和经常进行的检验类型而定,一般为 5～10 个,但不得少于 3 个。

（2）设置　检验隔档一般要求使用固定的专用隔档,常用的专用隔档有如图 3.5 和图 3.6 两种形式。如果实验室条件有限,也可使用简易隔档,见图 3.7 和图 3.8。专用隔档一般是沿着检验区和制备区的隔墙设立的,因此应在隔档与制备区的隔墙上开一窗口以传递样品(见图 3.5 和图 3.6)。传递样品的窗口应能快速地紧密关闭,常见的窗口类型有滑门型和面包盒型两种(见图 3.9 中 a 和 b)。

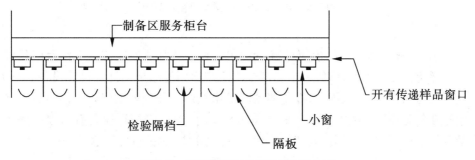

图 3.5　用墙隔离开的检验隔档和柜台

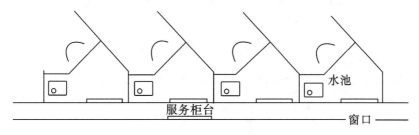

图 3.6　人字型检验隔档

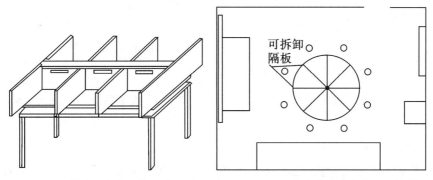

图 3.7　带有可拆卸隔板的桌子　　图 3.8　用于个人检验或集体工作的带
　　　　　　　　　　　　　　　　　　　　　　有可拆卸隔板的桌子

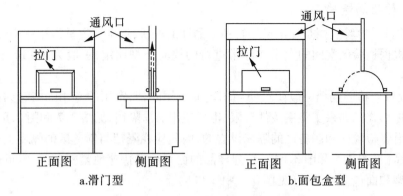

图 3.9 两种常用的传递样品窗口类型

（3）内部设施 每个隔档内应设有一工作台和一把舒适的座椅。工作台应足够大，要能放下评定样品和器皿、回答表格和笔或用于传递回答结果的计算机等设备。座椅下应安装橡皮滑轮，或将座位固定，以防移动时发出响声。隔档内最好设有信号系统，使评定员做好准备和检验结束可通知检验主持人。此外，检验隔档还应备有水池或痰盂，并备有带盖的漱口杯和漱口剂。安装的水池，应控制水温、水的气味和水的响声。

（4）尺寸 隔档的尺寸应保证评定员舒适地、互不干扰地进行评定，又要节省空间。推荐隔档工作区长 900 mm，工作台宽 600 mm，工作台高 720 ~ 760 mm，座高 427 mm，两隔板之间距离为 900 mm，参见图 3.10。

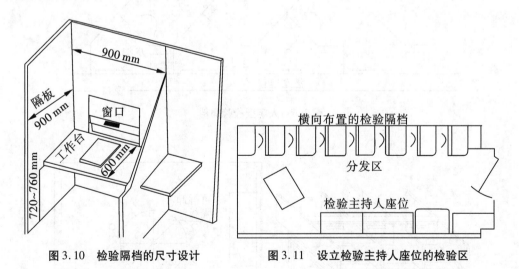

图 3.10 检验隔档的尺寸设计　　　　图 3.11 设立检验主持人座位的检验区

3.1.2.3　检验主持人座位

有些检验可能需要检验主持人现场观察和监督，此时可在检验区设立座位供检验主持人就座，如图 3.11 所示。

3.1.2.4　集体工作区

集体工作区是评定员集体工作的场所，主要用于评定员之间的讨论，也可用于评定员的培训、授课等。集体工作区一般设在检验区内,也可设在单独房间内(见图 3.1 和图 3.2)。集体工作区内应设有一张大型桌子及 5～10 把舒适的椅子(见图 3.1～图 3.4)。桌子应足够宽大以能放下每位评定员的检验用具及样品。集体工作区还应配有黑板及图表用以记录讨论要点。

3.1.2.5　样品制备区

制备区应紧靠检验区,内部布局应合理,并留有余地,应具有良好的通风性能,能快速排除异味。

3.1.3　实验的设施和要求

前面已经谈到检验区的设计和设施要求,这里主要讨论制备区的设施和要求。

3.1.3.1　常用设施和用具

样品制备区配备的设施与被评定的产品有关,一般应配备有:工作台,水池,用于样品烹调和保存的必要电器设备(如电炉、燃气炉、微波炉、恒温箱、冰箱、冷冻机等),必要的清洁设备(如洗碗机等)。此外,还应有用于制备样品的必要设备(如厨具、容器、天平等),仓储设施和办公辅助设施等。

用于制备和保存样品的器具应由无味、无吸附性、易清洗的惰性材料制成。

3.1.3.2　样品制备区工作人员

样品制备区工作人员应是经过一定培训,具有常规化学实验室工作能力、熟悉食品感官评定有关要求和规定的人员。

3.2　感官评定样品的控制

样品是感官评定的受体,样品制备的方式及制备好的样品呈送给评定人员的方式,都会对检验的结果有重要影响,在实验中均需合理进行控制。

3.2.1　样品制备的要求

3.2.1.1　均一性

均一性是指同组中每份样品除待评特性外的其他特性应完全相同。包括每份样品的量、颜色、外观、形态、温度等。在样品制备中要达到均一性的目的,除精心选择适当的制备方式以减少出现特性差异的机会外,还可选择一定的方法来掩盖样品间的某些明显的差别。例如,当仅仅品评某样品的风味时,就可使用无味的色素物质掩盖样品间的色差,使检验人员在品评样品风味时,不受样品颜色差异的干扰。

3.2.1.2　样品量

这里所说的样品量包括样品的个数以及每个样品的分量。由于物理、心理等因素,提供给评定员的样品个数和分量对他们的判断会产生很大影响。因此,实验中要根据样品品质、实验目的,提供恰当的样品个数和样品分量给评定员。

感官评定人员理论上可以一次评定多个样品,但实际能够检验的样品个数,还取决于下列情况。

（1）评定人员的主观因素　评定人员对被检验样品特性和实验方法的熟悉程度，以及对实验的兴趣和认识都会影响其所能正常评定的样品个数。如果对样品特性和实验方法了解不够，或实验难度较大，则可能会造成拖延实验时间，以致减少评定样品个数。

（2）样品特性　具有强烈气味或味道的样品，会造成评定人员的感官疲劳。通常样品特性强度越高，能够正常评定的样品个数就越少。

考虑到各种因素的影响，在大多数食品感官评定实验中，每组实验的样品数在 4～8 个，每评定一组样品后，应间歇一段时间再评。

每个样品的分量应随实验方法和样品种类的不同而有所差别。通常，对于差别实验，每个样品的分量控制在液体和半固体 30 mL 左右，固体 30～40 g 为宜；嗜好性实验的样品分量可相应的比差别实验多 1 倍；描述性实验的样品分量可依实际情况而定，但应提供足够评定的分量。

3.2.1.3　样品的温度

恒定和适当的样品温度才可能获得稳定可靠的评定结果。样品温度的控制应以最容易感受所检验特性为原则，通常是将样品温度保持在该产品日常食用的温度范围，过冷或过热的样品都会造成感官不适和感觉迟钝影响评定结果，表 3.1 列出了几种样品的最佳呈送温度。此外，温度的变化易造成气味物质的挥发性、食品的质构以及其他一些物理特性（如松脆性、黏稠性）的变化而影响检验结果，因此，在实验中，应事先制备好样品保存在恒温箱内，然后统一呈送，保证样品温度恒定和一致。

表 3.1　几种样品在感官评定时最佳呈送温度

样　品	最佳温度/℃	样　品	最佳温度/℃
啤酒	11～15	食用油	55
白葡萄酒	13～16	肉饼、热蔬菜	60～65
红葡萄酒、餐味葡萄酒	18～20	汤	68
乳制品	15	面包、糖果、鲜水果、咸肉	室温
冷冻橙汁	10～13		

3.2.1.4　器皿

呈送样品的器皿以素色、无气味、清洗方便的玻璃或陶瓷器皿比较适宜。同一实验批次的器皿，外形、颜色和大小应一致。实验器皿和用具的清洗应选择无味清洗剂洗涤。器皿和用具的储藏柜应无味，避免相互污染。

3.2.2　样品的编码与呈送

3.2.2.1　样品的编码

所有呈送给评定人员的样品都应编码。编码的方法推荐采用随机的 3 位数字编码（附表3），以防产生记号效应。在同批感官实验中，呈送给每位评定员的样品，其编号最好互不相同。同一种样品应有几个号码,以保证不同评定员拿到的样品编号不重复。在进行连续多次实验时,必须避免使用重复编号数,否则会使评定员联想起以前同样编号的样品,干扰评定结果。

3.2.2.2　样品的呈送

样品呈送的顺序首先要坚持"平衡"原则,即每一个样品出现在某个特定位置上的次数一样。比如,我们要对 3 个样品 A,B,C 进行评定,下面就是这 3 种样品的所有可能的排列顺序:

$$ABC—ACB—BCA—BAC—CBA—CAB$$

所以这个实验需要评定人员的数量就应该是 6 的倍数,这样才能使这 6 种组合被呈送给品评人员的机会相同。

在"平衡"原则的基础上,样品的呈送还应是随机的,即哪一个评定员品尝哪一种样品是随机的。评定员品尝样品的顺序是随机的,哪一个评定员品尝哪一种顺序也是随机的。

样品的呈送与实验设计有关,常用的设计方法有完全随机设计(CRD,completely randomized design)、完全随机分块设计(RCBD,randomized completely block design)、均衡非完全分块设计(BIBD,balanced incomplete block design)等,读者可参阅有关实验设计方面的参考书。

3.2.3　不能直接感官评定的样品的制备

有些实验样品由于食品风味浓郁或物理状态(黏度、颜色、粉状度等)等原因而不能直接进行感官评定,如香精、调味料、糖浆等。因此,须根据检验目的进行适当稀释,或与化学组分确定的某一物质进行混合,或将样品添加到中性的食品载体中,再按照常规食品样品的制备方法进行制备。

3.2.3.1　为评估样品本身的性质

若是为了评估不能直接感官评定的样品本身的性质,通常可采用以下两种方法制备样品。

(1)与化学组分确定的物质混合　将均匀定量的样品用一种化学组分确定的物质(如水、乳糖、糊精等)稀释或在这些物质中分散样品。每一个实验系列的每个样品使用相同的稀释倍数或分散比例,同时在配制时应避免改变样品的所测特性。

(2)添加到中性的食品载体中　将样品定量地混入选用的载体中或放在载体(如牛奶、油、面条、大米饭、馒头、菜泥、面包、乳化剂和奶油等)上面,然后按照直接感官评定样品的制备方法操作。在选择样品和载体混合的比例时,应避免二者之间的拮抗或协同效应。在同一检验系列中,被评估的每种样品应使用相同的样品/载体比例。

3.2.3.2　为评估食物制品中样品的影响

本法适用于评定将样品加到需要它的食物制品(载体)中的一类样品,如香精、香料等。一般情况下,使用的是一个较复杂的食物制品(载体),将样品混于其中时,样品将会与其他风味竞争。

在同一检验系列中评估的每个样品使用相同的样品/载体比例。

制备样品的温度应与评定时的正常温度相同(例如冰激凌处于冰冻状态)。同一检验系列的样品温度也应相同。

几种不能直接感官评定食品的制备方法见表3.2。

表3.2 不能直接感官评定食品的制备方法

样品	实验方法	器皿	数量及载体	温度
果冻片	P	小盘	夹于1/4 三明治中	室温
油脂	P	小盘	一个炸面包圈或3~4个炸点心	烤热或油炸
果酱	D,P	小杯和塑料匙	30 g 夹于淡饼干中	室温
糖浆	D,P	小杯	30 g 夹于威化饼干中	32 ℃
色拉调料	D	小杯和塑料匙	30 g 混于蔬菜中	60~65 ℃
奶油沙司	D,P	小杯	30 g 混于蔬菜中	室温
卤汁	D	小杯	30 g 混于土豆泥中	60~65 ℃
	DA	150 mL 带盖杯	60 g 混于土豆泥中	65 ℃
酒精	D	带盖小杯	4 份酒精加1 份水混合	室温
热咖啡	P	陶瓷杯	60 g 加入适量奶、糖	65~71 ℃

3.3 感官评定人员的控制

在感官评定实验中,不仅要控制好环境和样品等客观条件,而且要对参与感官评定的人员因素进行严格控制。参加感官评定人员的感官灵敏性和稳定性直接影响最终结果的趋向性和有效性。由于个体感官灵敏性差异较大,而且有许多因素会影响到感官灵敏性的正常发挥。因此,食品感官评定人员需要经过严格的选拔和培训,才能获得稳定可靠的实验结果。

3.3.1 感官评定员的类型

直接参与感官评定的人员,称为感官评定员。根据参与感官评定实验的经验及训练层次的不同,通常可以将感官评定员分成以下5类。

3.3.1.1 消费者型

这是食品感官评定员中代表性最广泛的一类。通常这一类型的评定人员由各个阶层的食品消费者的代表组成。消费者型感官评定员仅仅从自身的主观愿望出发,评定是否喜欢或接受所实验的产品及喜爱或接受的程度,而不对产品的具体属性或属性间的差别做出评定。

3.3.1.2 无经验型

这也是一类只对产品的喜爱和接受程度进行评定的食品感官评定人员,但这一类人员不及消费者型代表性强。一般是在实验室小范围内进行感官评定,由与所实验产品的有关人员组成,无须经过特定的筛选和训练程序,根据情况轮流参加感官评定实验。

3.3.1.3 有经验型

通过感官评定员筛选实验并具有一定分辨差别能力的感官评定实验人员,可以称为有经验型感官评定员。他们可专业从事差别类实验,但要经常参加有关的差别实验,以保持分辨差别的能力。

3.3.1.4 训练型

这是从有经验型食品感官评定员中经过进一步筛选和训练而获得的食品感官评定人员。通常他们都具有描述产品感官品质特性及特性差别的能力,专门从事对产品品质特性的评定。

3.3.1.5 专家型

这是食品感官评定员中层次最高的一类,他们专门从事产品质量控制、评估产品特定属性与记忆中该属性标准之间的差别、评选优质产品等工作。此类食品感官评定人员数量最少而且不容易培养。品酒师、品茶师等属于这一类人员。他们不仅需要积累多年专业工作经验和感官评定经历,而且在特性感觉上具有一定的天赋,在特征表述上具有突出的能力。

由于各种因素的限制,通常建立在感官实验室基础上的感官评定员组织都不包括专家型和消费者型,只考虑上述其他3类人员。

3.3.2 感官评定员的初选

除了消费者型评定员,并不是所有的候选人员都满足感官评定实验的要求。因此,为了淘汰那些明显不适宜做感官评定员的候选人员,需要对候选人员进行初选。初选合格者(称为候选评定员)才能进入后续的筛选与培训阶段。

3.3.2.1 候选评定员的基本要求

尽管不同类型的感官评定实验方法对评定人员要求不完全相同,但下列几个因素在挑选各类型感官评定人员时都是必须考虑的。

(1)兴趣 兴趣是调动一个人主观能动性的基础,也是挑选候选评定员的前提条件。只有对感官评定有兴趣的人,才能认真学习感官评定相关知识,才能按照实验要求的基本操作进行品评,才会在感官评定实验中集中注意力,并圆满完成实验所规定的任务。

(2)健康状况 感官评定实验候选人应是身体健康、感觉正常、无过敏症、无服用影响感官灵敏度药物的人员。身体不适如感冒或过度疲劳的人,暂时不能参加感官评定实验。

(3)表达能力 感官评定实验所需的语言表达及叙述能力与实验方法相关。差别实验重点要求参加实验者的分辨能力,而描述性实验则重点要求感官评定人员叙述和定义出产品的各种特性,因此,对于这类实验需要良好的语言表达能力。

(4)可用性 感官评定实验要求参加实验的人员每次都必须按时出席。实验人员迟到或缺席不仅会浪费别人的时间,而且会破坏实验的完整性而对结果产生影响,同时也会造成实验样品的损失。

(5)对试样的态度 作为感官评定实验的候选人必须能客观地对待所有的实验样品,即在感官评定中根据要求去除对样品的好恶,以避免因对样品偏爱或厌恶造成评定偏差。

除上述几个方面外,诸如职业、教育程度、工作经历、感官评定经验、年龄、性别等因素,在挑选人员时也应充分考虑。

3.3.2.2　初选的方法和程序

初选一般包括报名、填问卷表和面试等阶段。为了了解候选人员的相关信息,确定符合要求的候选评定员,感官评定实验组织者通常可以通过发放问卷或面谈的方式获得相关信息。

问卷要精心设计,不但要包含候选人员选择时所应该考虑的各种因素,而且要能够通过答卷人的回答获得准确信息。调查问卷的设计一般要满足以下几方面的要求。

(1)问卷应能提供尽量多的信息。

(2)问卷应能满足组织者的需求。

(3)问卷应能初步识别合格与不合格人选。

(4)问卷应通俗易懂、容易理解。

(5)问卷应容易回答。

面谈是一种双向交流。通过面谈,感官评定实验组织者可收集询问单中没有反映出的问题,从而可获得更多的信息。面谈中,候选人员可以询问相关问题,而组织者也可以向候选人员谈谈感官评定程序及要求等有关信息。为了使面谈更富有成效,应注意以下几点:

(1)组织者应具有感官评定的丰富知识和经验。

(2)面谈之前,组织者应准备好所有要询问的问题要点。

(3)面谈应在轻松融洽的气氛下进行。

(4)组织者应认真听取并做详细记录。

(5)面谈中提出问题的顺序应遵循一定的逻辑性,避免随意发问。

常用的感官评定员筛选调查问卷举例如下。

例3.1　食品风味评定员筛选调查问卷

个人情况:

年龄:_____　性别:_____　姓名:_____　电话:_____

地址:_____

你从何处听说我们这个项目?_____

时间:

(1)一般来说,一周中你哪一天有空余的时间?_____

(2)从×月×日到×月×日,你是否要外出,如果外出,需要多长时间?

_____

健康状况:

(1)你是否有下列情况?

假牙_____,糖尿病_____,口腔或牙龈疾病_____,食物过敏_____,低血糖_____,高血压_____

(2)你是否在服用对感官有影响的药物,尤其对味觉和嗅觉?_____

饮食习惯:

(1)你目前是否在限制饮食?如果有,限制的是哪种食物?_____

　(2)你每月有几次在外就餐? _____

　(3)你每月吃速冻食品有几次? _____

　(4)你每个月吃几次快餐? _____

　(5)你最喜爱的食物是什么? _____

　(6)你最不喜欢的食物是什么? _____

　(7)你不能吃什么食物? _____

　(8)你不愿意吃什么食物? _____

　(9)你认为你的味觉和嗅觉辨别能力如何?

	嗅觉	味觉
高于平均水平	_____	_____
平均水平	_____	_____
低于平均水平	_____	_____

　(10)你目前的家庭成员中有人在食品公司工作吗? _____

　(11)你目前的家庭成员中有人在广告公司或市场研究机构工作吗? _____

风味小测验:

　(1)如果一种配方需要香草味物质,而手头又没有,你会用什么代替? _____

　(2)还有哪些食物吃起来像奶酪? _____

　(3)为什么往肉汁里加咖啡会使其风味更好? _____

　(4)你怎样描述风味和香味之间的区别? _____

　(5)你怎样描述风味和质地之间的区别? _____

　(6)用于描述啤酒的最适合的词语(一个或两个字): _____

　(7)请对食醋的风味进行描述: _____

　(8)请对可乐的风味进行描述: _____

　(9)请对某种火腿的风味进行描述: _____

　(10)请对苏打饼干的风味进行描述: _____

例 3.2　香味评定定员筛选问卷调查表

个人情况:

　年龄:_____　性别:_____　姓名:_____　电话:_____

　地址: _____

　你从何处听说我们这个项目? _____

时间:

　(1)一般来说,一周中你哪一天有空余的时间? _____

　(2)从×月×日到×月×日,你是否要外出,如果外出,需要多长时间?

　_____

健康状况:

　(1)你是否有下列情况?

　假牙_____,糖尿病_____,口腔或牙龈疾病_____,食物过敏
_____,低血糖_____,高血压_____

　(2)你是否在服用对感官,尤其对嗅觉有影响的药物? _____

日常生活习惯:

(1)你是否喜欢使用香水? 如果用,是什么品牌?_____

(2)你喜欢带香味还是不带香味的物品? 如香皂等:_____

陈述理由:_____

(3)请列出你喜爱的香味产品及其品牌:_____

(4)请列出你不喜爱的香味产品及其品牌:_____

(5)你最讨厌哪些气味?_____

陈述理由:_____

(6)你最喜欢哪些气味或者香气?_____

(7)你认为你的辨别气味的能力如何?

高于平均水平_____   平均水平_____   低于平均水平_____

(8)你目前的家庭成员中有在香精、食品公司工作吗?_____

(9)你目前的家庭成员中有在广告公司或市场研究机构工作吗?_____

(10)评定人员在评定期间不能用香水,在评定小组成员集合之前 1 h 不能吸烟,如果你被选为评定人员,你愿意遵守以上规定吗?_____

香气知识测验:

(1)如果某种香水类型是"果香",你还可以用什么词汇来描述它?_____

(2)哪些产品具有植物气味?_____

(3)哪些产品有甜味?_____

(4)哪些气味与"干净""新鲜"有关?_____

(5)你怎样描述水果味和柠檬味之间的不同?_____

(6)你用哪些词语来描述男士香水和女士香水的不同?_____

(7)哪些词语可以用来描述一篮子刚洗过的衣服的气味?_____

(8)请描述一下面包坊里的气味:_____

(9)请你描述一下某种品牌的洗涤剂气味:_____

(10)请你描述一下某种品牌的香皂气味:_____

(11)请你描述一下地下室的气味:_____

(12)请你描述一下某食品店的气味:_____

(13)请你描述一下香精开发实验室的气味:_____

3.3.3 候选评定员的筛选

食品感官评定人员的筛选工作要在初选出候选评定员后再进行。筛选就是通过一定的筛选实验方法评估候选人员是否具有感官评定能力,诸如普通的感官分辨能力,分辨和再现实验结果的能力,适当的感官评定人员行为(合作性、主动性和准时性),等等。根据筛选实验的结果获知每个参加筛选实验的候选评定员是否符合感官评定实验的要求。不符合要求的,则被淘汰;符合要求的,将作为优选评定员参加后续的培训实验。

筛选实验通常包括感官功能的测试(基本味道或气味识别实验)、感官灵敏度的测试(三点检验、排序实验等)以及描述和表达感官反应能力的测试。

在感官评定人员的筛选中,感官评定实验的组织者起决定性的作用。他们不但要收集有关信息,设计整体实验方案,组织具体实施,而且要对筛选实验取得进展的标准和选择人员所需要的有效数据做出正确判断。只有这样,才能达到筛选的目的。此外,在筛选的过程中,还应注意下列具体问题。

(1)最好使用与正式感官评定实验相类似的实验材料。这样既可以使参加筛选实验的人员预先熟悉今后正式实验中样品的特性,也可减少由于样品间差异而造成的人员选择不当。

(2)在筛选过程中,要根据各次实验的结果随时调整实验的难度。难易程度的设定取决于参加筛选实验人员感官识别或者差别判断能力,一般以大多数人员能够识别或分辨,而少数人员不能正确识别或分辨为宜。

(3)参加筛选实验的人数要多于预定参加实际感官评定实验的人数。

(4)多次筛选时,在每一步筛选中随时淘汰不适合的人选,连续进行直至挑选出人数适宜的优选评定员。

3.3.3.1　感官功能的测试

感官评定员应具有正常的感官功能,每个候选评定员都要经过各有关感官功能的检验,以确定其感官功能是否有缺陷(如视觉缺陷、嗅觉缺失、味觉缺失等)。此过程可采用相应的敏感性检验来完成,如对候选评定员进行基本味道识别能力的测定,具体步骤如下。

按表3.3进行制备4种基本味道的储备液,然后分别按几何系列或算术系列制备稀释溶液,见表3.4和表3.5。选用几何系列 G_i 稀释溶液或算术系列 A_i 稀释溶液,分别放置在9个已编号的容器内,每种味道的溶液分别置于1~3个容器中,另有一容器盛水,评定员按随机提供的顺序分别取约15 mL溶液,品尝后按表3.6填写。

表 3.3　4 种基本味液储备液

基本味道	参 比 物 质		质量浓度/(g/L)
酸	DL 酒石酸(结晶)	$M=150.1$	2
	柠檬酸(一水化合物结晶)	$M=210.1$	1
甜	蔗糖	$M=34.23$	32
苦	盐酸奎宁(二水化合物)	$M=196.9$	0.020
	咖啡因(一水化合物结晶)	$M=212.12$	0.200
咸	无水氯化钠	$M=58.46$	6

表 3.4 4 种基本味液几何系列稀释液

稀释液	成分		试验溶液质量浓度/(g/L)					
	储备液/mL	水/mL	酸		甜	苦		咸
			酒石酸	柠檬酸	蔗糖	盐酸奎宁	咖啡因	氯化钠
G₆	500		1	0.5	16	0.010	0.100	3
G₅	250		0.5	0.25	8	0.005	0.050	1.5
G₄	125	稀释至 1 000	0.25	0.125	4	0.002 5	0.025	0.75
G₃	62		0.12	0.062	2	0.001 2	0.012	0.37
G₂	31		0.06	0.030	1	0.000 6	0.006	0.18
G₁	16		0.03	0.015	0.5	0.000 3	0.003	0.09

表 3.5 4 种基本味液算术系列稀释液

稀释液	成分		试验溶液质量浓度/(g/L)					
	储备液/mL	水/mL	酸		甜	苦		咸
			酒石酸	柠檬酸	蔗糖	盐酸奎宁	咖啡因	氯化钠
A₉	250		0.50	0.250	8.0	0.005 0	0.050	1.50
A₈	225		0.45	0.225	7.2	0.004 5	0.045	1.35
A₇	200		0.40	0.200	6.4	0.004 0	0.040	1.20
A₆	175		0.35	0.175	5.6	0.003 5	0.035	1.05
A₅	150	稀释至 1 000	0.30	0.150	4.8	0.003 0	0.030	0.90
A₄	125		0.25	0.125	4.0	0.002 5	0.025	0.75
A₃	100		0.20	0.100	3.2	0.002 0	0.020	0.60
A₂	75		0.15	0.075	2.4	0.001 5	0.015	0.45
A₁	50		0.10	0.050	1.6	0.001 0	0.010	0.30

表 3.6 4 种基本味道识别能力测定记录表

姓名：_____			年　月　日	
容器编号	未知样	酸	甜	苦	咸

3.3.3.2　感官灵敏度的测试

感官评定员不仅应能够区别不同产品之间的性质差异,而且应能够区别相同产品某项性能的强弱差别。因此,确定候选者具有正常的感官功能后,还应对其进行感官灵敏度的测试。感官灵敏度的测试常有如下几种方法。

(1)匹配检验　用来评判评定员区别或者描述几种具有不同感官特性的材料样品(感官强度都在阈值以上)的能力。实验方法是给评定员第 1 组 4~6 个样品,让他们熟悉这些样品,然后再给他们第 2 组 8～10 个样品(与第 1 组样品是一样的,只是编码不同),让候选者从第 2 组样品中挑选出和第 1 组相似或者相同的样品。实验结束后,计算匹配正确率,滋味匹配正确率低于 75% 和气味的对应物选择正确率低于 60% 的候选人将不能参加实验,同时还要求对样品产生的感觉做出正确描述。做匹配检验用的滋味和气味样品分别列举如表 3.7 和表 3.8 所示。气味匹配检验问答卷见图 3.12。

表 3.7　味道匹配检验常用样品举例

味道	材料	室温下水溶液质量浓度/(g/L)
酸	酒石酸或柠檬酸(一水化合物结晶)	1
甜	蔗糖	16
苦	咖啡因	0.5
咸	氯化钠	5
涩	鞣酸[①]	1
	或栎精	0.5
	或硫酸铝钾(明矾)	0.5
金属味	水合硫酸亚铁[②]($FeSO_4 \cdot 7H_2O$)	0.01

注:①该物质不易溶于水;②该物质的水溶液有颜色,最好在彩灯下用密闭不透明的容器提供这种溶液

表 3.8　气味匹配检验常用样品举例[①]

样品	气味描述	样品	气味描述
薄荷油	薄荷	香草提取物	香草
杏仁提取物	杏仁	月桂醛	月桂
橘子皮油	橘子皮	丁子香酚	丁香
顺-3-己烯醇	青草	甲基水杨酸盐	冬青

注:①将能够吸附香气的纸浸入香气原料,在通风橱类风干 30 min,放入带盖的广口瓶拧紧

气味匹配检验问答卷

评价员:　　　　　　　　实验日期:

指令:用鼻子闻第 1 组风味物质,每闻过 1 个样品之后,要稍做休息。然后闻第 2 组物质,比较两组风味物质,将第 2 组物质编号写在与其相似的第 1 组物质编号的后面。

第 1 组	第 2 组	风味物质[A]
068	＿＿＿＿＿	＿＿＿＿＿
712	＿＿＿＿＿	＿＿＿＿＿
813	＿＿＿＿＿	＿＿＿＿＿
564	＿＿＿＿＿	＿＿＿＿＿
234	＿＿＿＿＿	＿＿＿＿＿
675	＿＿＿＿＿	＿＿＿＿＿

A 请从下列物质中选择符合第 1 组、第 2 组风味的物质,依此决定候选人能否参加后面的区别检验。

| 冬青 | 姜 | 青草 | 茉莉 | 月桂 | 丁香 |
| 薄荷 | 橘子 | 花香 | 香草 | 杏仁 | 茴香 |

图 3.12　气味匹配检验问答卷

（2）区别检验　用来区别候选人区分同一类型产品的某种差异的能力。可以用三点检验或二-三点检验来完成。样品之间的差异可以是同一类产品的不同成分或者不同加工工艺。常用的检验物质如表3.9所示。检验结束后,对结果进行统计分析。三点检验中,正确识别率低于60%则被淘汰;二-三点检验中,识别率低于75%则被淘汰。

表3.9　区别检验建议使用的物质及其质量浓度

材料	室温下水溶液质量浓度	材料	室温下水溶液质量浓度
咖啡因	0.27 g/L	蔗糖	12 g/L
柠檬酸	0.60 g/L	顺-3-己烯醇	0.4 mg/L
氯化钠	2 g/L		

（3）排序和分级检验　用来确定候选人员区别不同水平的某种感官特性的能力,或者判定样品性质强度的能力。在每次检验中将4个具有不同特性强度的样品以随机的顺序提供给候选评定员。要求他们以强度递增的顺序将样品排序。应以相同的顺序向所有候选评定员提供样品以保证候选评定员排序结果的可比性而避免由于提供顺序的不同而造成的影响。检验中常用的样品如表3.10所示。检验结束后,对数据进行分析。只接纳正确排序和只将相邻位置颠倒的候选人。

表3.10　排序/分级检验常用样品举例

项目		样品
味道辨别	酸	(柠檬酸/水)/(g/L)：　0.25　0.5　1.0　1.5
	甜	(蔗糖/水)/(g/L)：　　10　20　50　100
	苦	(咖啡因/水)/(g/L)：　0.3　0.6　1.3　2.6
	咸	(氯化钠/水)/(g/L)：　1.0　2.0　5.0　10
气味辨别	丁香味	(丁子香酚/水)/(g/L)：　0.03　0.1　0.3　1.0
质地辨别	要求有代表性的产品	豆腐、豆腐干,质地从硬到软
颜色辨别	布或颜色标度等	布,颜色从强到弱(如从暗红到浅红)

3.3.3.3　描述能力的测试

对于参加描述分析实验的评定人员来说,只有分辨产品之间差别的能力是不够的,他们还应具有对于关键感官性质进行定性和定量描述的能力,包括对感官性质及其强度进行区别的能力;对感官性质进行描述的能力,包括用语言来描述性质和用标尺来描述强度;抽象归纳的能力。描述能力的测试一般可以分两步进行。

（1）区别能力测试　可以用三点检验或二-三点检验,样品之间的差异可以是温度、成分、包装或加工过程,样品按照差异的被识别程度由易到难的顺序呈送。三点检验中,正确识别率在50% ~70%;二-三点检验中,识别率为60% ~80%为合格。

（2）描述能力测试　呈送给参试人员一系列差别明显的样品,要求参试人员对其进行描述。参试人员要能够用自己的语言对样品进行描述,这些词语包括化学名词、普通名词或者其他有关词语等。这些人必须能够用这些词语描述出 80% 的刺激感应,对剩下的那些应能够用比较一般的、不具有特殊性的词语进行描述,比如甜、咸、酸、涩、一种辣的调料、一种浅黄色的调料等。此实验可通过气味描述和质地描述实验来完成。

1)气味描述检验　此实验用来检验候选人描述气味刺激的能力。向候选人提供 5 ~ 10 种不同的嗅觉刺激物。这些刺激样品最好与最终评定的产品相联系,还应包括比较容易识别的某些样品和一些不常见的样品。刺激物的刺激强度应大于识别阈值,但不能比实际产品中的含量高出太多。具体的做法参见 GB/T 14195—1993。

表 3.11 列举了用于气味描述检验常用的材料。

当检验结束后,即可对结果进行分析评定。一般可按照以下的标度给候选人打分:

描述准确的	5 分
仅能在讨论后才能较好描述的	4 分
联想到产品的	2 ~ 3 分
描述不出的	1 分

应根据所使用的不同材料规定出合格的操作水平。气味描述检验候选人其得分应该达到满分的 65%,否则不宜做这类检验。

2)质地描述检验　该测试是检验候选评定员描述不同质地特性的能力。以随机的顺序向候选评定员提供一系列样品,并要求描述这些样品的质地特征。固态样品应加工成大小不同的形状,液体样品应置于不透明的容器内提供。常用材料见表 3.12。检验结束后按气味描述检验同样的标度给候选评定员的操作打分,得分低于满分的 65% 的人不适合做这类检验。

表 3.11　气味描述检验常用的材料示例

材料	由气味引起的通常联想物的名称	材料	由气味引起的通常联想物的名称
苯甲醛	苦杏仁	茴香脑	茴香
辛烯-3-醇	蘑菇	香兰醛	香草素
乙酸苯-2-乙酯	花卉	β-紫罗酮	紫罗兰、悬钩子
二烯丙基硫醚	大蒜	丁酸	发哈的黄油
樟脑	樟脑丸	乙酸	醋
薄荷醇	薄荷	乙酸异戊酯	水果
丁子香酚	丁香	二甲基噻吩	烤洋葱

表 3.12　质地描述检验常用的材料示例

材料	由产品引起的对质地的联想	材料	由产品引起的对质地的联想
橙子	多汁的	奶油冰激凌	软的,奶油状的,光滑的
油炸土豆片	脆的,有嘎吱响声的	藕粉糊	胶水般,软的,糊状的,胶状的
梨	多汁的,颗粒感的	胡萝卜	硬的,有嘎吱响声的
结晶糖块	结晶的,硬而粗糙的	炖牛肉	明胶状的,弹性的,纤维质的
栗子泥	面团状的,粉质的		

3.3.4　感官评定员的培训

即使是通过筛选的优选感官评定员,他们在感官反应能力上也天然存在着不稳定性和相互差异,不通过培训难以给出稳定可靠的评定结果。同时大量的研究结果表明,通过培训得到启迪后,多数评定员都可以对某种食物或者制品具有一定稳定的区分辨别能力和描述其特点的能力。因此,要想得到稳定可靠的实验结果,对感官评定员的培训是必不可少的。

3.3.4.1　培训目的与要求

培训的目的是向候选评定员提供感官评定基本方法及有关产品的基本知识,提高他们察觉、识别和描述感官刺激的能力,使最终产生的评定员小组能作为特殊的"分析仪器"产生可靠的评定结果。具体来说,通过培训可达到如下目的。

(1)提高和稳定感官评定员的感官灵敏度　经过培训,可以增加感官评定员在各种感官实验中运用感官的能力,减少各种因素对感官灵敏度的影响。

(2)降低感官评定员之间及感官评定结果之间的偏差　通过特定的训练,可以保证所有感官评定人员对所要评定的特性、评定标准、评定系统、感官刺激量和强度间关系等有一致的认识。特别是在用描述性词语作为分度值的评分实验中,训练的效果更加明显。通过训练可以统一评定人员对评分系统所用描述性词语所代表的分度值的认识,减少感官评定员之间在评分上的差别及误差方差。

(3)降低外界因素对评定结果的影响　经过训练后,感官评定人员能增强抵抗外界干扰的能力,将注意力集中于感官评定中。

感官评定组织者在培训中不仅要选择适当的感官评定实验以达到培训的目的,也要从基本感官知识和实验技能两方面对感官评定人员进行培训,包括向训练的人员讲解感官评定的基本概念、感官评定程序和感官评定基本用语的定义和内涵等。

感官评定组织者在实施培训过程中,要注意以下几个问题。

(1)参加训练的感官评定人员应比实际需要的人数多,一般参加培训的人数应是实际需要的评定员人数的 1.5 ~ 2 倍。以防止因疾病、度假或因工作繁忙造成人员调配困难。

(2)训练期间应随时了解感官评定人员训练的效果,以决定何时停止训练,何时开始实际的感官评定工作。

（3）训练期间,应让每个参加人员至少主持一次感官评定工作,使每个感官评定人员都熟悉感官实验的整个程序和进行实验所应遵循的原则。

（4）在训练中应强调,除嗜好感官实验外,评定员在品评过程中不能掺杂个人情绪,要客观评定样品;独立评定时不能相互谈话和讨论结果。

（5）在训练期间应严格要求感官评定人员在实验前不接触或避免使用有气味化妆品及洗涤剂,避免味感受器官受到强烈刺激,如喝咖啡、嚼口香糖、吸烟等。在实验前30 min 不要接触食物或者香味物质;如果在实验中有过敏现象发生,应如实通知评定小组负责人;如果有感冒等疾病,则不应该参加实验。

（6）培训期间,要注意提高评定员对将要从事的感官评定工作及培训重要性的认识,以保持其参加培训的积极性。

（7）已经接受过培训的感官评定人员,若一段时间内未参加感官评定工作,要重新接受简单训练之后才能再参加感官评定工作。

3.3.4.2　培训内容

对优选评定员进行的培训,包括有感官评定技术的培训、感官评定方法的培训及产品知识的培训。

（1）感官评定技术的培训　感官评定技术的培训又包括认识感官特性的培训、接受感官刺激的培训和使用感官评定设备的培训。认识感官特性的培训是要使评定员能认识并熟悉各有关感官特性,如颜色、质地、气味、味道、声响等;而接受感官刺激的培训是培训候选评定员正确接受感官刺激的方法,例如在评定气味时,应浅吸而不应该深吸,并且吸的次数不要太多,以免嗅觉混乱和疲劳。对液体和固态样品,当用嘴评定时应事先告诉评定员可吃多少,样品在嘴中停留的大约时间,咀嚼的次数以及是否可以咽下。另外要告知如何适当地漱口以及两次评定之间的时间间隔以保证感觉的恢复,但要避免间隔时间过长以免失去区别能力;使用感官评定设备的培训是培训评定员正确并熟练使用有关感官评定设备。

（2）感官评定方法的培训　感官评定方法的培训主要包括差别检验方法培训、使用标度培训、设计和使用描述词培训。

1）差别检验方法培训　差别检验方法培训是要使候选评定员熟练掌握差别检验的各种方法,包括成对比较检验、三点检验、二–三点检验等。在培训过程中样品的制备应体现由易到难、循序渐进的原则。如进行滋味和气味的差别检验方法的培训时,刺激物最初可由水溶液给出,在有一定经验后可用实际的食品或饮料代替,也可以使用几种成分按不同比例混合的样品。在评定味道和气味差别时变换与样品滋味和气味无关的样品外观有助于增加评定的客观性。用于培训和检验的样品应具有市场产品的代表性。也应尽可能与最终评定的产品相关联。表 3.13 列举了培训阶段中常用的样品。

表 3.13 差别检验方法培训常用材料及质量浓度示例

序号	材料	质量浓度/(g/L)
1	蔗糖	16
2	酒石酸或柠檬酸	1
3	咖啡因	0.5
4	氯化钠	5
5	鞣酸	1
6	糖精钠	0.1
7	硫酸奎宁	0.2
8	葡萄柚汁	
9	苹果汁	
10	黑刺李汁	
11	冷茶	
12	蔗糖溶液	10,5,1,0.1
13	4 种浓度蔗糖溶液(见第 12 条)分别添加硫酸奎宁(见第 7 条)和黑刺李汁(见第 10 条)	
14	己醇	0.015
15	乙酸苯甲酯	0.01
16	酒石酸加己六醇	分别为 0.3,0.03 或分别为 0.7,0.015
17	黄色的橙汁饮料:橙色的橙味饮料:黄色的柠檬味饮料	
18	(连续品尝)咖啡因、酒石酸、蔗糖	分别为 0.8,0.4,5
19	(连续品尝)咖啡因、蔗糖、咖啡因、蔗糖	分别为 0.8,5,1.6,1.5

2)使用标度培训 通过按样品的单一特性强度将样品排序的过程给评定员介绍名义标度、顺序标度、等距离标度和比率标度的概念和使用方法。在培训中要强调"描述"和"标度"在描述分析当中同样重要。让品评人员既注重感官特征,又要注重这些特性的强度,让他们清楚地知道描述分析是使用词汇和数字对产品进行定义和度量的过程。在培训中,最初使用的基液是水,然后引入实际的食品和饮料以及混合物。表 3.14 为味道和气味培训阶段所使用的材料举例。

表3.14　标度培训常用材料示例

序号	材料	质量浓度/(g/L)			
1	柠檬酸	0.4	0.2	0.1	0.05
2	丁子香酚	1	0.3	0.1	0.03
3	咖啡因	0.15	0.22	0.34	0.51
4	酒石酸	0.05	0.15	0.4	0.7
5	乙酸乙酯	0.5×10^{-3}	5×10^{-3}	0.02	0.05
6	不同硬度的豆腐干				
7	果胶冻				
8	柠檬汁及其稀释液	0.010		0.050	
9	布(辨色)	颜色强度从强到弱(如从暗红到浅红)			

3)设计和使用描述词培训　通过提供一系列简单样品并要求制定出描述其感官特性的术语或词语,特别是那些能将样品区别的术语或词语。向品评人员介绍这些描述性的词语,包括外观、风味、口感和质地方面的词语,并与事先准备好的与这些词汇相对应的一系列参照物对比,要尽可能多地反映样品之间的差异。此外,向品评人员介绍一些感官特性在人体上产生感应的化学和物理原理,从而使品评人员有丰富的知识背景,让他们适应各种不同类型产品的感官特性。培训常用的材料示例见表3.15。

表3.15　培训常用的材料示例

序号	材料	序号	材料
1	市售的水果汁产品及混合水果汁	3	豆腐干
2	面包	4	搅碎的水果或蔬菜

(3)产品知识的培训　通过讲解或到工厂参观向评定员提供所需评定产品的基本知识。内容包括:商品学知识,特别是原料、配料和成品的一般的和特殊的质量特征的知识;有关技术,特别是会改变产品质量特性的加工和储藏技术。

3.3.4.3　考核与再培训

进行了一个阶段的培训后,需要对评定员进行考核以确定优选评定员的资格,从事特定检验的评定小组成员就从具有优选评定员资格的人员中产生。考核主要是检验候选人操作的正确性、稳定性和一致性。正确性,即考察每个候选评定员是否能够正确地评定样品。例如是否能正确区别、正确分类、正确排序、正确评分等。稳定性,即考察每个候选评定员对同一组样品先后评定的再现度。一致性,即考察各候选评定员之间是否掌握统一标准做出一致的评定。

不同类型的感官评定评定实验要求评定员具有不同的能力,对于差别检验评定员要求其具有以下能力:区别不同产品之间性质差异的能力;区别相同产品某项性质强度的大小的能力。对于描述分析实验要求评定员具有以下能力:对感官性质及其强度进行区别的能力;对感官性质进行描述的能力,包括用语言来描述性质和用标尺描述强度;抽象归纳的能力。被选择作为适合一种目的的评定员不必要求他也能适合于其他目的,不适合某种目的的评定员也不一定不适合于从事其他目的的评定实验。

(1)差别检验评定员的考核   采用三点检验法考核评定员的区别能力。应使用实际将要评定的材料样品。提供 3 个一组共 10 组样品,让候选评定员将每组样品区别开来,根据正确区别的组数判断候选评定员的区别能力。经过一定时间间隔,再重复进行上述实验,比较两次正确区别的组数,根据两次正确区别的样品组数的变化情况判断该候选评定员的操作稳定性。用同一系列样品组对不同的候选评定员分别进行该实验,根据各候选评定员的正确区别的样品组数判断该批候选评定员差别检验的一致性。

(2)分类检验评定员的考核   对分类检验评定员的考核包括分类正确性考核、分类稳定性考核以及分类一致性考核。

1)分类正确性考核   分类正确性考核的方法是让候选评定员分别评定一组包括感官指标合格与不合格的 p 个样品。合格用数字 0 表示,不合格用数字 1 表示。根据对样品合格与否的分类,考核候选评定员分类的正确性。

2)分类稳定性考核   稳定性的考核方法是经过一段时间,对同一样品组让某一候选评定员重复进行上述实验,然后进行 Mcnemar 检验以考核候选评定员的分类稳定性。具体做法如下:

①对所评定的样品按前后两次检查结果分为(0,0),(1,1),(0,1),(1,0)四类。统计结果为(0,1)的个数记作 m;结果为(1,0)的个数记为 n。

②计算概率:

$$P = \sum_{k=0}^{\min(m,n)} C_{m+n}^{k} \left(\frac{1}{2}\right)^{m+n} \tag{4.1}$$

式中 $\min(m,n)$ 为 m 与 n 中的最小者;C_{m+n}^{k} 表示 $m+n$ 个元素中 k 个元素的组合。

③若所得概率 P 小于指定的显著性水平 α,则认为该候选评定员缺乏判别能力,必须更换或再培训。若所得的概率大于指定的显著性水平 α,则认为该候选评定员通过了这次检验。

3)分类一致性考核   为了评定 q 个候选评定员对 p 种样品的分类评定是否一致,可使用 Cochran 的 Q 检验,具体做法如下:

①对 q 个候选评定员分别进行上述正确性考核的检验,将结果记录如表 3.16 如下。

表 3.16　结果记录表

评定员	样品						和
	1	2	3	…	$p-1$	p	
1							T_1
2							T_2
⋮							⋮
$q-1$							T_{q-1}
q							T_q
和	L_1	L_2	L_3	…	L_{p-1}	L_p	

②计算 Q 值

$$Q = \frac{q(q-1)\left[\sum_{j=1}^{q} T_j^2 - \left(\sum_{j=1}^{q} T_j\right)^2 / q\right]}{q\sum_{i=1}^{p} L_i - \sum_{i=1}^{p} L_i^2} \tag{4.2}$$

③将统计量 Q 值与自由度为 $q-1$ 的 χ^2 分布数值(附录 1)比较,若 Q 值大于或等于相应的 χ^2 值则认为这批候选评定员的分类评定显著不一致。如 Q 值小于相应的 χ^2 值则认为这批候选评定员通过了分类一致性检验。

(3)排序检验评定员的考核

1)排序正确性考核　排序正确性考核的方法是将一系列特性强度已知的样品提供给候选评定员排序,根据候选评定员排序错误的次数,考核其排序的正确性。

2)排序稳定性考核　稳定性的考核方法是用 Spearman 秩相关检验,具体做法如下。

①让同一候选评定员在不同的时间对同一系列的 p 个样品排序,将排序结果记录如表 3.17 所示。

表 3.17　排序结果记录表

次数	样品秩数			
	1	2	…	p
第 1 次	r_{11}	r_{12}	…	r_{1p}
第 2 次	r_{21}	r_{22}	…	r_{2p}
两次秩次差	d_1	d_2	…	d_p

②计算秩相关系数

$$\rho = 1 - \frac{6(d_1^2 + d_2^2 + \cdots + d_p^2)}{p(p^2 - 1)} \tag{4.3}$$

③根据指定的显著性水平 α 值所对应的临界值表找出相应的临界值 ρ_α(查 Spearman

秩相关检验临界值表)。

若 $\rho<\rho_\alpha$ 则认为该候选评定员缺乏稳定的判断能力。

若 $\rho\geqslant\rho_\alpha$ 则认为该候选评定员通过了稳定性考核。

3)排序一致性考核　排序一致性考核可采用 Friedman 检验,具体做法如下:

①将 q 个评定员对 p 个样品的评定结果记录如表 3.18。

表 3.18　评定结果记录表

样品	评定员秩数			
	1	2	$\cdots$	p
1	r_{11}	r_{12}	$\cdots$	r_{1p}
2	r_{21}	r_{22}	$\cdots$	r_{2p}
$\vdots$	$\vdots$	$\vdots$		$\vdots$
q	r_{q1}	r_{q2}	$\cdots$	r_{qp}
秩和	R_1	R_2	$\cdots$	R_p

②计算 F 值

$$F = \frac{12}{qp(p+1)}(R_1^2 + R_2^2 + \cdots + R_p^2) - 3q(p+1) \qquad (4.4)$$

③查相应的 Friedman 表,找出对应于 p,q 的值 $F_{p,q}(\alpha)$。

若 $F<F_{p,q}(\alpha)$,则说明他们没有通过排序一致性检验。当评定的样品数 p 或评定员数 q 超过 Friedman 表中 p,q 值时,临界值可取自由度为 $p-1$ 的表中相应的值。

若 $F\geqslant F_{p,q}(\alpha)$,则可得出各候选评定员基本上一致的结论。说明他们通过了排序一致性考核。

(4)评分检验的评定员的考核

1)评分区别能力的考核　评分区别能力的考核可以对每个评定员评定结果做方差分析,具体做法如下:

①让每个候选评定员给 p 组样品评分,每组由 3 个同样样品组成,各组样品不相同。应按随机次序分发样品。必要时可分几次评定。评分记录如表 3.19 所示。

表 3.19　评分记录表

样品组	评价员								总平均
	i			j			q		
	分数	平均		分数	平均		分数	平均	
1	r_{111}			r_{1j1}			r_{1q1}		
	r_{112}	$\bar{r}_{11}.$		r_{1j2}	$\bar{r}_{1j}.$		r_{1q2}	$\bar{r}_{1q}.$	$\bar{r}_{1}..$
	r_{113}			r_{1j3}			r_{1q3}		

续表 3.19

样品组	评价员								总平均
	i			j			q		
	分数	平均		分数	平均		分数	平均	
2	r_{211} r_{212} r_{213}	$\bar{r}_{21\cdot}$		r_{2j1} r_{2j2} r_{2j3}	$\bar{r}_{2j\cdot}$		r_{2q1} r_{2q2} r_{2q3}	$\bar{r}_{2q\cdot}$	$\bar{r}_{2\cdot\cdot}$
⋮	⋮								
i	r_{i11} r_{i12} r_{i13}	$\bar{r}_{i1\cdot}$		r_{ij1} r_{ij2} r_{ij3}	$\bar{r}_{ij\cdot}$		r_{iq1} r_{iq2} r_{iq3}	$\bar{r}_{iq\cdot}$	$\bar{r}_{i\cdot\cdot}$
⋮	⋮								
p	r_{p111} r_{p112} r_{p113}	$\bar{r}_{p1\cdot}$		r_{pj1} r_{pj2} r_{pj3}	$\bar{r}_{pj\cdot}$		r_{pq1} r_{pq2} r_{pq3}	$\bar{r}_{pq\cdot}$	$\bar{r}_{p\cdot\cdot}$
平均	$\bar{r}_{\cdot1\cdot}$			$\bar{r}_{\cdot j\cdot}$					$\bar{r}_{\cdot\cdot}$

②根据表 3.19 中的值,对 q 个评定员分别计算得到表 3.20 中的值。

③查 F 分布表(附录 2),找出对应于自由度为 $(\upsilon_1\upsilon_2)$ 显著性水平为 α 的 $F_\alpha = (\upsilon_1 \upsilon_2)$。

若 $F < F_\alpha = (\upsilon_1\upsilon_2)$ 则认为候选评定员对样品的评定缺乏区别能力。

若 $F > F_\alpha = (\upsilon_1\upsilon_2)$ 则认为该候选评定员对样品具有一定的区别能力。

表 3.20　结果计算值

自由度 υ	平方和 SS	均方 MS	F
样品之间 $\upsilon_1 = p-1$	$SS_1 = 3\sum\limits_{i=1}^{p}(\bar{r}_{ij\cdot} - \bar{r}_{\cdot j\cdot})^2$	$MS_1 = SS_1/\upsilon_1$	
残差 $\upsilon_2 = p(3-1)$	$SS_2 = \sum\limits_{i=1}^{p}\sum\limits_{k=1}^{3}(r_{ijk} - \bar{r}_{ij\cdot})^2$	$MS_2 = SS_2/\upsilon_2$	$F = MS_1/MS_2$
总和 $\upsilon_3 = 3p-1$	$SS_3 = \sum\limits_{i=1}^{p}\sum\limits_{k=1}^{3}(r_{ijk} - \bar{r}_{\cdot j\cdot})^2$	$MS_3 = SS_3/\upsilon_3$	

注: $\bar{r}_{ij\cdot} = \dfrac{\sum\limits_{k=1}^{3} r_{ijk}}{3}$, $\bar{r}_{\cdot j\cdot} = \dfrac{\sum\limits_{i=1}^{p}\sum\limits_{k=1}^{3} r_{ijk}}{3p}$。

2)评分稳定性的考核　评分稳定性的考核可计算 $\sqrt{MS_2}$ 值,根据 $\sqrt{MS_2}$ 值的大小判断该候选评定员稳定性程度,其值越大说明其评分稳定性越差。式中 MS_2 的计算可参考表3.20 中的公式。

3)评分一致性的考核 评分一致性的考核可对全部评定结果作两种方式分组的方差分析,具体做法如下:

①将 q 个评定员的评定结果汇集如表3.19 所示,然后计算表3.20 和表3.21 中的值。

表3.21 结果计算

自由度 υ	平方和 SS	均方 MS	F
样品之间 $\upsilon_4 = p-1$	$SS_4 = 3p \sum\limits_{i=1}^{p} (\bar{r}_{i..} - \bar{r}_{...})^2$	$MS_4 = SS_4/\upsilon_4$	
评定员之间 $\upsilon_5 = q-1$	$SS_5 = 3p \sum\limits_{j=1}^{q} (\bar{r}_{.j.} - \bar{r}_{...})^2$	$MS_5 = SS_5/\upsilon_5$	$F_2 = MS_5/MS_7$
交互作用 $\upsilon_6 = (p-1)(q-1)$	$SS_6 = 3 \sum\limits_{i=1}^{p} \sum\limits_{j=1}^{q} (\bar{r}_{ij.} - \bar{r}_{ij.})^2 - SS_4 - SS_5$	$MS_6 = SS_6/\upsilon_6$	$F_2 = MS_5/MS_7$
残差 $\upsilon_7 = pq(3-1)$	$SS_7 = \sum\limits_{i=1}^{p} \sum\limits_{j=1}^{q} \sum\limits_{k=1}^{3} (\bar{r}_{ijk} - \bar{r}_{ij.})^2$	$MS_7 = SS_7/\upsilon_7$	
总和 $\upsilon_8 = pq-1$	$SS_8 = \sum\limits_{i=1}^{p} \sum\limits_{j=1}^{q} \sum\limits_{k=1}^{3} (\bar{r}_{ijk} - \bar{r}_{...})^2$	$MS_8 = SS_8/\upsilon_8$	

注: $\bar{r}_{i..} = \dfrac{\sum\limits_{j=1}^{q}\sum\limits_{k=1}^{3} r_{ijk}}{3q}$, $\bar{r}_{.j.} = \dfrac{\sum\limits_{i=1}^{p}\sum\limits_{k=1}^{3} r_{ijk}}{3p}$, $\bar{r}_{ij.} = \dfrac{\sum\limits_{k=1}^{3} r_{ijk}}{3}$, $\bar{r}_{...} = \dfrac{\sum\limits_{i=1}^{p}\sum\limits_{j=1}^{q}\sum\limits_{k=1}^{3} r_{ijk}}{3pq}$ 。

②做方差齐次性检验

计算
$$C = \frac{MS_{2max}}{\sum\limits_{i=1}^{q} MS_{2i}} \tag{4.5}$$

式中 MS_{2max} 表示诸 MS_2 中最大值。将 C 值和相应临界值 C_α (见方差齐次性检验临界值表)比较。

若 $C \geqslant C_\alpha$,说明具有 MS_{2max} 的评定员的评定变异性明显大于其他评定员,则剔除该评定员的全部评定结果,重复进行方差齐次检验,直到通过了该检验为止。

③查 F 分布表(附录2)找出相应于自由度为 $(\upsilon_6\upsilon_7)$ 的 F 值 $F_\alpha(\upsilon_6\upsilon_7)$ 。

若 $F_1 \geqslant F_\alpha(\upsilon_6\upsilon_7)$,则说明交换作用显著,这批候选评定员没有通过评分一致性考核。

④若 $F_1 < F_\alpha(\upsilon_6\upsilon_7)$,则进一步查 F 表,找出相应于自由度为 $(\upsilon_5\upsilon_7)$ 的 F 值 $F_\alpha(\upsilon_5\upsilon_7)$ 。

若 $F_2 \geqslant F_\alpha(\upsilon_5\upsilon_7)$,则说明候选评定员之间有显著性差异,也没有通过评分一致性考核。

若 $F_2 < F_\alpha(\upsilon_5\upsilon_7)$,则这批候选评定员通过了评分一致性检验。

(5)定性描述检验的评定员的考核 定性描述检验的评定员的考核主要在培训过程中考查和挑选,也可以提供对照样品以及一系列描述词,让候选评定员识别与描述。若不能正确地识别和描述70%以上的标准样品,则不能通过该项考核。

(6)定量描述检验的评定员的考核 对定量描述检验的评定员的描述能力的考核可

以按照定性描述检验的评定员的考核方法,而对于定量描述能力的考核则可以采用提供 3 个一组共 6 组不同的样品。使用评分检验的评定员的考核方法来考核候选评定员的定量描述的区别能力、稳定性和一致性。

已经接受过培训的优选评定员若一段时间内未参加感官评定工作其评定水平可能会下降,因此对其操作水平应定期检查和考核,达不到规定要求的应重新培训。

3.4　感官评定的组织与管理

一次卓有成效的感官评定不仅需要有前文所述的主客观条件的保障,而且要在科学合理的组织和管理下进行。食品感官评定应在专人组织指导下按照一定的程序进行。组织者必须具有较高的感官识别能力和专业知识水平,熟悉多种实验方法,并能根据实际情况合理地选择实验方法和设计实验方案。根据实验目的的不同,组织者可组织不同的感官评定小组。通常感官评定小组有生产厂家组织、实验室组织、协作会议组织及地区性和全国性产品评优组织等多种形式。

3.4.1　感官评定程序的流程

一个完整的感官评定项目的总实施流程如图 3.13 所示。

图 3.13　建立与实施一个感官评定项目的流程

图 3.13 中问题的确定是第一步,是进行后续步骤的前提和依据,比如方法的选择、评定小组的建立和实验设计都要根据所要解决的问题(检验的目的)来确定。不同的检验目的需用相应的实验方法,才能获得预期结果,因此方法选择合理与否,对感官评定的结果也至关重要。建立评定小组则包括小组成员的初选、筛选与培训等相关步骤,还包括评定小组的维持与更新。实验设计主要是指如何将多个样品均衡分配给每个/每组评定员进行评定。检验建立是指样品的制备方法与呈送时的具体操作条件。投票表决主要是针对前期也完成的步骤征求相关人员的意见和建议,若大多数人认为前述步骤合理,则可进入下一步骤;若不合理,则应返回到相应的前述步骤重新开始实验流程。

在感官评定的总实施流程图中,各个步骤都可以进一步分解成分支程序,这些分支程序与图 3.13 所示的总流程构成了感官评定项目的实施流程树。现将图 3.13 中各主要步骤的分支程序分析如下。

3.4.1.1　方法选择

感官评定方法的选择主要取决于项目所要解决的问题(检验目的)。一般来说感官评定的目的无外乎 3 种,即评估分析对象的消费者可接受性、判断样品间是否有差异或分析样品间差异的本质。上述 3 种目的,也构成了整个感官评定的应用范畴。不同的目的,需要用对应的不同方法解决,因此,在要解决的问题确定之后,即可依此按一定程序进行方法的选择。图 3.14 是依据项目目标和要求选择感官评定方法的流程。

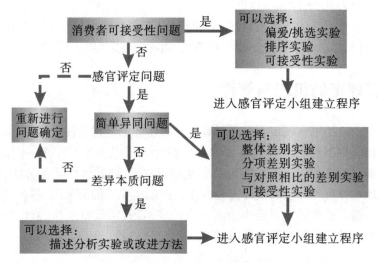

图 3.14 依据项目目标和要求选择感官评定方法的流程

3.4.1.2 感官评定小组的建立和维持

在确定感官评定方法之后,就要根据评定方法建立感官评定小组。图 3.15 是感官评定小组建立和维持的流程,图中的各主要环节在 3.3 中都有详细的论述。其中对候选评定员进行的分析技术和分析方法的培训,可以与待测样品结合起来进行,这样既熟悉了分析技术与方法,也熟悉了待测样品。另外,为了保证正式实验中数据的可靠性,在项目实施的同时还应对每个评定员进行再考核,再考核合格的,保留其评定数据,再考核不合格的,舍弃其评定数据,同时要重新选拔培训新的评定员替换不合格的评定员,以保证后续评定工作的顺利进行。

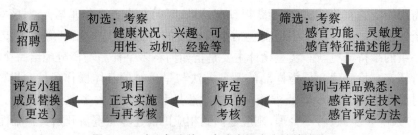

图 3.15 建立与实施一个感官评定实验的流程

3.4.1.3 实验设计

当要确定对评定小组的要求时,就要同时确定实验设计。实验设计时,通常要考虑的核心问题是确定观察的次数(或称为参加人数,重复观察数),比如:是否要求所有评定小组成员对所有产品进行评定? 是否需要或希望对重复样进行多次小组会议评定? 如何将处理的变量和每个变量的具体水平分配到评定小组的各个成员或小组中? 在确定上述问题时,应重点考虑检验的强度及灵敏度,在提供最佳的检验灵敏度与强度的同时,还要兼顾检验时间和材料的限制。感官评定的实验设计流程见图3.16。

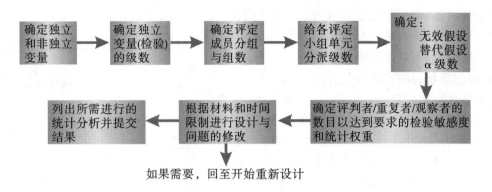

图 3.16 感官评定实验设计流程

图 3.16 中各步骤所要确定的内容将在很大程度上决定统计分析的性质,因此,需要在实验实施前考虑完善,以保证其结果能够解决最初确定的问题,如果设计比较复杂或者涉及许多独立变量,则有必要有统计专家参与。

3.4.1.4 检验建立

实验设计之后则需要确定检验建立的相关问题,如样品编号的分配、操作条件确定、样品处理以及对灯光等具体检验必需的设备的调节等问题。在此阶段,除了拟定实验准备指导意见,给实验准备技术人员提供参考外,缩减其成员也十分重要。此外,设备安排、供应措施、评定小组成员奖励机制和雇佣额外或临时人员等后勤工作都是此阶段需要考虑的细节问题。图 3.17 列出了检验建立的全部流程。

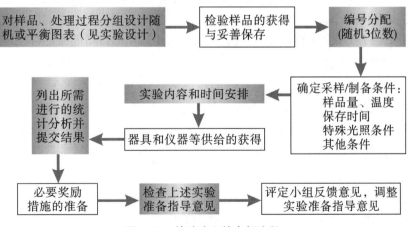

图 3.17 检验建立的全部流程

3.4.1.5 测量标度/标准的确定

作为设定问题的一部分,必须对每个问题的测量标准或标度加以选择。一般来说,简单的分类测量标准对消费者而言是容易理解的,当刺激较强或引起强烈情感反应(比如很苦的感觉)时,开放式标准如大致估计则比较有效。此外,还要考虑类项或刻度标尺所需的对照样的使用以及最终基准词语的选择。对单项限选问题,则要检查选项是否互相排斥和互补,换言之,选项要覆盖所有的可能性并互相无重叠。此时,还需建立一个表格将选项进行数字化编码。开放式问题答案选项的编码可能要花费一些时间斟酌确定,对于相同含义的回答应保证同一编码,一般可以通过预检验的结果大概确定在开放式调查中出现的答案范围,然后再确定各答案的编码。此外,在此阶段检查评定员对每个项目的理解程度也很重要。上述步骤可总结为图3.18 所示的流程。

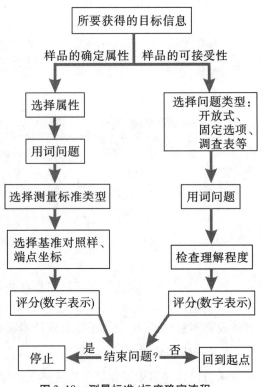

图 3.18 测量标准/标度确定流程

3.4.2 感官评定中的经验法则

3.4.2.1 中心原则

感官评定的所有实施方案都是围绕研究的对象和目的这个中心来制定的,研究的对象和目的决定了感官评定方法的选择,也决定了对感官评定员的要求,比如,熟练的评定小组应请来进行可接受性判断,而消费者评定小组不适于进行精确描述检验。

3.4.2.2 感官知觉的相互影响

不同味觉之间、不同嗅觉之间、不同的味觉与嗅觉之间,都会产生一定的干扰效应。如不同的感官成分混合时,在一定范围内所产生的感官特征会部分地相互抑制。许多人会混淆味觉和嗅觉,未经训练的检验者会将口中挥发物的嗅觉误认为是味觉。消费者对滋味和香味的反应常常是一种整体感觉,而训练有素的专业人员才能进行进一步分析。

3.4.2.3 区别检验

当检验对象与参照物相似时,一般认为二-三点检验比三点检验更敏感。

当评定小组考察具体属性时,必选更敏感的检验方法,比如成对比较检验。相反,比较总体差别的综合检验(如三点检验)会过低估计差别程度,因为检验样本往往会忽视关键属性。

如果存在疲劳的问题,则可以减少检验样本量。如果不存在疲劳问题,比如当二重标准检验可以完全为评定小组描述样品性质时,则比使用单个参照物的检验(如二-三点检验)或无参照物的检验(如三点检验)敏感性更高。

3.4.2.4　衡量标度

评判感官差异的方法的选择取决于其绝对级别:间接衡量(即通过区别检验)被用于估计较小差别的感官数值,较大的差别则宜用直接评定法。

属性越简单则标度越精确。标度并非划分序列,大多数商品判断的排序(或评分)考虑到许多性质,通常是缺点,并倾向于将它们组合起来而且常常是概括性的。

人是很好的感官相对评定"仪器",而对绝对评定而言则很差。这表明所有标度必须由对照样通过仪器来确定,而这些标样的感官值是可比的。

可以用非标记的检验栏标度来替代数字分类标度以避免数字引起的偏见,在这些标度中,与选择媒介无关,就像在线条标尺上做记号一样的数字或标记,但是这些标度应当给予最终的文字标记,从而对参比样的一般框架设定评定的尺度。

类项标度相比线性标度对产品的判断作用基本相同,可能会造成一些过高估计。

3.4.2.5　描述技巧与术语

简单、基础性的术语比由许多单个属性组成的复杂术语更精确,对于组合性术语评定小组难以对其中的各属性因子进行权衡,从而容易产生误差。

评定小组应当对实际评定中会遇到的产品属性进行筛选和定义。无论是以文字形式还是由参比样标准得到的物理形式的术语,都需定义清楚。

在重点评定实施之前,检验小组应当获得一致意见,其中包括术语的定义以及用于强度判断的参比样的框架。

描述标度的最低要求必须是感官可行的,例如,如果一些产品完全没有某种属性则应在级别低的一段注明"全无"。

描述分析必须通过重复样品来进行,以提供统计强度和检验评定小组行为的个体差异。

3.4.2.6　可接受性检验

一般用术语"可接受"或"可接受性"来表示喜欢与讨厌的程度,如同用典型的数字标度评估一样。"偏爱"从另一方面而言是指在产品中进行挑选,而"排序"是用多重样品进行偏爱检验的形式,排序并不表示评估。

普遍认为,偏爱检验比可接受性分级更敏感。而可接受性实验数据所包含的信息更丰富,且偏爱检验本身常常根据可接受性分级实验得出结论。

对称的 9 点快感标度很有效、灵敏,且是衡量可接受性的良好评定工具。

3.4.2.7　消费者检验与调查问卷设计

参与消费者可接受性检验的人员应是所研究产品的真实消费者,观察项目为使用频率。为了避免受试者被问到一些没有考虑过的属性而产生偏见,应首先询问一些总体意见的问题,然后再针对具体属性进行调查,其顺序是由概括性问题到具体问题。

调查时应询问受试者比较了解的问题(他们会知无不言),要保持提问的简单与直接。采用无限制性问题时应注意其局限性:这类问题有利于言语表达自由的、反应性强的评定小组,但在编码的转译与总结方面受到限制。

对于被测产品,感官测试只要给予一定的概念性信息以保证产品使用正确以及表达正确的分类就足够了。

3.4.2.8　仪器感官校正

在下列情形时,应由仪器替代人工判断:

(1)校正曲线已建立。

(2)重复、疲劳或危险的评定工作。

(3)从商业角度看数据结论不是至关重要的。

校正只在产品检验范围内具有良好线性,因此,即使产品不工业生产或销售,值也必须包括在设计中。不具备清楚界限的较宽范围就不能很好估计属性的功能。

校正只在所用方法误差置信范围内具有良好线性,因此,良好的感官技术才能获得相关性良好的仪器数据,相反,较差的或有缺陷的技术会妨碍良好仪器相关性的获得。

3.4.3　工业生产和学术研究中的感官评定

感官评定主要应用于工业生产和学术研究等领域中。工业生产中感官评定的主要目的是为了改进生产工艺,提高产品质量或监管原材料及半成品质量。而学术研究中的感官评定的目的在于开发、研制新产品以及发展方法理论和提供新的观点。感官评定在上述两个领域中的应用时,所涉及的具体问题都是相当丰富的,这里仅对这两个领域中感官评定工作所面临的主要困难做简要分析,希望能够提醒组织实施的相关人员尽量避免这些困难。

3.4.3.1　工业生产中的感官评定

工业生产中的感官评定会面临以下三方面的挑战与困难。首先是时间的问题,商家总是愿意看到自己的产品尽快投放市场以获得更高的利润,而不愿意给足够的时间进行感官测评,从而导致产品尚未成熟,存在失败的风险。感官专家可以对这种轻率行为提出劝告,但往往还是无法完全改变这种短期观点与决策。

另一方面的困难主要是由于检验的积压而带来的时间的压力,商家所要求实施的检验都会被按获利多少排队或者向后推迟,这可能会对那些急于知道结果和想将其产品或原始产品改进的顾客造成伤害。

第三个挑战在工业生产检验中普遍存在,即一些检验程序难以标准化并确定稳固地位。如果检验结果以一致的形式递交或提供的话,顾客和管理者才能理解并帮助他们提高认识。然而,在产品开发或改进的具体实践中,为了争取时间或节约成本等考虑,常会要求使用新方法或至少对现有方法进行修改,导致结果的波动甚至错误。这样,不同评定小组之间的校准和交叉确证就变得很困难了。

一个工业生产感官从业人员,为了克服上述困难与挑战,要做到以下几点:首先,成为一名问题解决者与好的聆听者,当顾客或研究伙伴根据所提供的信息类型对感官评定术语或感官评定方法分类不十分熟悉的话,感官专业人员必须担当向导,不是采用教条方式的指导方法与手段,而是采用聆听与劝导的技巧;其次,感官项目的每月或阶段报告必须严格完成而不是应付了事;最后,更重要的是,经营者、产品开发者和市场人员都必须看到感官评定所带来的有效信息。

3.4.3.2　学术研究中的感官评定

学术感官科学包括教学、研究和技术传播 3 项基本活动。技术传播是通过学术期刊、商业杂志以及专业会议进行的,也包括参与标准实施、指导书和具体技术规范的研究与制订工作。感官评定在学术领域中也有不同的问题与挑战。

首先,感官科学的教学活动方面,专业开设较少,缺乏有工业生产经验和较高理论水平的新一代教师。

学术感官研究者面临的第二个挑战是研究资金的缺乏。国际上感官研究的焦点是与可靠性(精确性)、有效性和经济性相关的方法学问题,这使得感官科学研究难以获得资助。政府资助机构会发现关于感官方法研究的请求同"基础"研究一样多得无法承受。或为吸引工业界的支持而不得不用具体产品问题研究来掩饰方法学或理论研究的目的。但是,国外一些大的研究机构可以有效地获得财团领导下的企业的支持,财团的所有成员平等享有研究成果,而按研究机构的要求给予捐赠,这种模式应进一步探讨。在国内,无论是政府还是企业,对感官科学研究的重视程度远远不够,极少有相关的项目资助,同时,国内从事感官科学研究的研究者也为数极少,难以形成较强的学科力量。

感官科学的未来取决于训练有素的感官科学工作者群体,他们不仅是专业从业人员,而且担负着该领域持续发展的使命。因此,上述两个方面的问题需要受到科研管理部门和科研人员的重视,希望能够培养产生一批具有较高水平的感官科学工作者。

思考与练习

1. 食品感官评定实验室通常应包含哪几个部分? 各部分的平面位置一般应如何排布?

2. 样品检验区内的环境应如何控制? 样品制备区应满足哪些要求?

3. 试述食品感官评定时对样品制备的要求,样品制备时有哪些外部影响因素? 如何控制? 不能直接感官评定的样品如何制备?

4. 根据经验及训练层次的不同,通常可以将感官评定员分成哪几类? 各应具备哪些条件?

5. 候选评定员应具备哪些基本要求? 感官评定员初选的方法和程序如何?

6. 候选评定员的筛选一般应通过哪些方面的测试筛选?

7. 感官评定员的培训内容有哪些? 如何进行考核?

8. 感官评定项目的总体实施程序的流程如何? 各主要阶段的实施流程如何?

9. 感官评定中的经验法则有哪些?

第4章 感官评定方法的分类及标度

由于人们对食品的嗜好千差万别,即使是同一个人,也因其心理状态、生理状态及环境的变化,对同一种食品的嗜好表现通常也是不一样的。因此,即使是专家所评定的结果,也不一定能代表大多数人的嗜好。可见,食品的感官评定绝不是简单的品尝,对于试样、评判员和环境等很多方面均具有严格的规定,根据测试目的和要求的不同,要采用不同的感官评定方法加以实施,这对于评定食品质量、预测产品质量以及对产品质量的控制等方面具有重要意义。

4.1 感官评定方法的分类

4.1.1 感官评定的定义及目的

食品的感官评定,是在心理学、生理学和统计学的基础上发展起来的一种检验方法。它是借助人的感觉器官的功能如视觉、嗅觉、味觉和触觉等的感觉来检查食品的色泽、香味、味道和形状,最后以文字、符号或数据的形式做出判评。

食品的感官评定,是食品分析检测的需要,同时对于评定食品质量、预测产品质量以及对产品质量的控制等方面具有重要意义。

首先,对于食品的固有质量特性,既可采用感官评定法,又可采用检测仪器来测定。近年来由于仪器分析技术的发展,食品固有质量特性的分析正在逐步被现代测量仪器所取代,如分光光度计、色差计等测定食品的色泽。但是这些技术尚不能完全取代食品的感官评定,主要是因为仪器分析比感官评定复杂、缓慢、费用高;采用仪器分析先要把与食品香气、滋味有关的化合物分离出来,但在分离过程中,这些化合物往往发生分解,或产生另外的化合物,而且一种风味中的化合物之间还可能在分离过程中产生拮抗作用和协同作用等等,这些都给仪器分析带来了不易克服的困难;另外,食品中与色、香、味有关的化学成分往往是浓度很低的复杂混合物,对一些物质,现代分析仪器尚不能测定,或现代仪器的灵敏度还不及人的感觉器官,因此,食品感官评定是食品分析的需要。

其次,食品质量的优劣最直接地表现在它的感官性状上,通过感官指标来鉴定食品的优劣和真伪,不仅简单易行,而且灵敏度高,直观准确,可以克服化学分析和仪器分析方法的许多不足。人的感官是十分有效而敏感的综合检验器,也是一种选择食品的最原始方法,消费者经常凭借食品的感官特性鉴别来做出对某种食品是否可接受的最终判断。如果人体的感官器官正常,又熟悉有关食品质量的基本知识,掌握了各类食品质量感官评定的基本方法就能在生活和工作中,正确选购食品或食品原料,并辨别出其质量的优劣。食品质量感官评定能否真实、准确地反映客观事物的本质,除了与人体感觉器官的健全程度和灵敏程度有关外,还与人们对客观事物的认识能力有直接的关系。只有当人体的感觉器官正常,又熟悉有关食品质量的基本常识时,才能比较准确地鉴别出食品质量的优劣。因此,通晓各类食品质量感官鉴别方法,为人们在日常生活中选购食品或食品原料、依法保护自己的正常权益不受侵犯提供了必要的客观依据。

再次,在食品生产过程中,还可以利用感官评定的方法从食品制造工艺的原材料或中间产品的感官特性来预测产品的质量,为加工工艺的合理选择,正确操作,优化控制提供有关的数据,以控制和预测产品的质量和顾客对产品的满意程度,因此,感官评定对产品质量的预测和控制也具有重要的作用和意义。

食品质量感观评定可在专门的感观分析实验室进行,也可在评比、鉴定会现场,甚至购物现场进行。由于它的简单易行,可靠性高,实用性强,目前已被国际上普遍承认和采用,并已日益广泛地应用于食品质量检查、原材料选购、工艺条件改变、食品的贮藏和保鲜、新产品开发、市场调查等许多方面。

然而,由于人们对食品的嗜好千差万别,即使是同一个人,也因其心理状态、生理状态及环境的变化,对同一种食品的嗜好表现通常也是不一样的。因此,即使是专家所评定的结果,也不一定能代表大多数人的嗜好。食品感官评定主要是研究怎样从大多数食用者当中选择必要的人选(称评判员),在一定的条件下对试样加以品评,并将结果填写在问答票(评分单)中,然后对他们的回答结果进行统计分析来客观地评定食品的质量。可见,食品的感官评定绝不是简单的品尝,对于试样、评判员、环境等很多方面均具有严格的规定,根据测试目的和要求的不同,要采用不同的感官评定方法加以实施。

4.1.2　感官评定方法分类

食品感官评定,一般分为具有不同作用的两个类型,分别为分析型感官评定和嗜好型感官评定。

4.1.2.1　**感官评定的方法**

(1)分析型感官评定　是把人的感觉器官作为一种测量分析仪器,来测定物品的质量特性或评定物品之间的差异等。例如质量检查、产品评优等都属于这种类型。

分析型感官评定是通过感觉器官的感觉对食品的可接受性做出判断。因为感官评定不仅能直接对食品的感官性状做出判断,而且可察觉是否存在异常现象,并据此提出必要的理化检测和微生物检验项目,便于食品质量的检测和控制。因此,为了降低个人感觉之间差异的影响,提高检测的重现性,以获得高精度的测定结果,必须注意评定基准的标准化、实验条件的规范化和评定员的素质选定。

1)评定基准的标准化　在感官测定食品的质量特性时,对每一测定项目,都必须有明确、具体的评定尺度及评定基准物,也就是说评定基准应统一、标准化,以防评定员采用各自的评定基准和尺度,使结果难以统一和比较。对同一类食品进行感官评定时,其基准及评定尺度,必须具有连贯性及稳定性。因此制作标准样品是评定基准标准化的最有效的方法。

2)实验条件的规范化　感官评定中,分析结果很容易受环境及实验条件的影响,故实验条件应规范化,如必须有合适的感官实验室、有适宜的光照等。以防实验结果受环境、条件的影响而出现大的波动。

3)评定员的素质　从事感官评定的评定员,必须有良好的生理及心理条件,并经过适当的训练,感官感觉敏锐等。

综上所述,分析型感官评定是评定员对物品的客观评定,其分析结果不受人的主观意志干扰。

(2)嗜好型感官评定 嗜好型感官评定是以样品为工具,来了解人的感官反应及倾向。这种检验必须用人的感官来进行,完全以人为测定器,调查、研究质量特性对人的感觉、嗜好状态的影响程序。这种检验的主要问题是如何能客观地评定不同检验人员的感觉状态及嗜好的分布倾向。

嗜好型感官评定不像分析型那样需要统一的评定标准和条件,而是依赖人们生理和心理上的综合感觉。即人的感觉程度和主观判断起着决定性作用,分析的结果受到生活环境、生活习惯、审美观点等多方面的因素影响,因此其结果往往是因人因时因地而不同。例如,一种辣味食品在具有不同饮食习惯的群体中进行调查,所获得的结论肯定是有差异的,但这种差异并非说明群体之间的好坏,只是说明不同群体的不同饮食习惯,或者说,某个群体更偏爱于某种口味的食品。因此,嗜好型感官评定完全是一种主观的行为。

在食品的研制、生产、管理和流通等环节中,可根据不同的要求,选择不同的感官评定类型。

4.1.2.2 常用的感官评定实验方法

根据感官评定工作的目的和要求的不同,常用的感官评定实验有以下几种方法。

(1)差别实验 差别实验要求品评员评定两个或两个以上的样品中是否存在感官差异(或偏爱其一)。它是感官评定中经常使用的方法之一。这种方法是让品评员回答两种样品之间是否存在不同,一般不允许"无差异"的回答,即品评员未能觉察出样品之间的差异。差别实验的结果分析是以每一类别的评定员数量为基础的。例如有多少人回答样品 A,多少人回答样品 B,多少人回答正确。结果的解释基于频率和比率的统计学原理,根据能够正确挑选出产品差别的品评员的比率来推算出两种产品间是否存在差异。

差别实验包括以下几种具体实验方法。

1)成对比较检验法 以随机顺序同时出示两个样品给评定员,要求评定员对这两个样品进行比较,判定整个样品或者某些特征强度顺序的一种评定方法称为成对比较检验法或者两点检验法。成对比较实验有两种形式,一种叫差别成对比较(双边检验),也叫简单差别实验和异同实验,另一种叫定向成对比较法(单边检验)。决定采取哪种形式的检验,取决于研究的目的。如果感官评定员已经知道两种产品在某一特定感官属性上存在差别,那么就应采用定向成对比较实验。如果感官评定员不知道样品间何种感官属性不同,那么就应采用差别成对比较实验。

2)二-三点检验法 二-三点检验法由 Peryam 和 Swartz 于 1950 年提出的方法。先提供给评定员一个对照样品,然后提供两个样品,其中一个与对照样品相同或者相似。要求评定员在熟悉对照样品后,从后者提供的两个样品中挑选出与对照样品相同的样品,这种方法,也被称为一-二点检验法。二-三点实验的目的是区别两个同类样品是否存在感官差异,但不能被检验指明差异的方向,即感官评定员只能知道样品可觉察到差别,而不知道样品在何种性质上存在差别。

3)三点检验法 三点检验是差别检验当中最常用的一种方法,是由美国的 Bengtson

及其同事首先提出的。在检验中,同时提供三个编码样品,其中有两个是相同的,另外一个样品与其他两个样品不同,要求品评员挑选出其中不同于其他两个样品的检验方法,也称为三角实验法。三点检验法可使感官专业人员确定两个样品间是否有可觉察的差别,但不能表明差别的方向。

三点检验法常被应用在以下几个方面:①确定产品的差异是否来自成分、工艺、包装和储存期的改变;②确定两种产品之间是否存在整体差异;③筛选和培训检验人员,以锻炼其发现产品差别的能力。

4)"A"-"非 A"检验法　在感官评定人员先熟悉样品"A"以后,再将一系列样品呈送给这些检验人员,样品中有"A",也有"非 A"。要求参评人员对每个样品做出判断,哪些是"A",哪些是非"A"。这种检验方法被称为"A"-"非 A"检验法。这种是与否的检验法,也称为单项刺激检验。此实验适用于确定原料、加工、处理、包装和储藏等各环节的不同所造成的两种产品之间存在的细微的感官差别,特别适用于检验具有不同外观或后味样品的差异检验,也适用于确定鉴评员对产品某一种特性的灵敏性。

5)五中取二检验法　同时提供给评定员五个以随机顺序排列的样品,其中两个是同一类型,另三个是另一种类型。要求评定员将这些样品按类型分成两组的一种检验方法称为五中取二检验法。该方法在测定上更为经济,统计学上更具有可靠性,但在评定过程中容易出现感官疲劳。

6)选择实验法　从三个以上的样品中,选择出一个最喜欢或最不喜欢的样品的检验方法。它常用于嗜好性调查。

7)配偶实验法　把两组试样逐个取出各组的样品进行两两归类的方法叫作配偶实验法。

(2)排列实验

1)排序检验法　比较数个样品,按照其某项品质程度(如某特性的强度或嗜好程度等)的大小进行排序的方法,成为排序检验法。该法只排出样品的次序,表明样品之间的相对大小、强弱、好坏等,属于程度上的差异,而不评定样品间的差异大小。此法的优点是可利用同一样品,对其各类特征进行检验,排出优劣,且方法较简单,结果可靠,即使样品间差别很小,只要评定员很认真,或者具有一定的检验能力,都能在相当精确的程度上排出顺序。

当实验目的是就某一项性质对多个产品进行比较时,比如,甜度、新鲜程度等,使用排序检验法是进行这种比较的最简单的方法。排序法比任何其他方法更节省时间。它常被用在以下几个方面。

①确定由于不同原料、加工、处理、包装和储藏等各环节而造成的产品感官特性差异。

②当样品需要为下一步的实验预筛或预分类,即对样品进行更精细的感官评定之前,可应用此方法。

③对消费者或市场经营者订购的产品的可接受性调查。

④企业产品的精选过程。

⑤可用于品评员的选择和培训。

2)分类实验法　评定员品评样品后,划出样品应属的预先定义的类别,这种评定实验的方法称为分类实验法。它是先由专家根据某样品的一个或多个特征,确定出样品的质量或其他特征类别,再将样品归纳入相应类别的方法或等级的办法。此法是使样品按照已有的类别划分,可在任何一种检验方法的基础上进行。

(3)分级实验 是以某个级数值来描述食品的属性。在排列实验中,两个样品之间必须存在先后顺序,而在分级实验中,两个样品可能属于同一级数,也可能属于不同级数,而且它们之间的级数差别可大可小。排列实验和分级实验各有特点和针对性。

1)评分法 评分法是指按预先设定的评定基准,对试样的特性和嗜好程度以数字标度进行评定,然后换算成得分的一种评定方法。在评分法中,所有的数字标度为等距或比率标度,如 $1 \sim 10$,$-3 \sim 3$ 级(7级)等数值尺度。该方法不同于其他方法的是所谓的绝对性判断,即根据评定员各自的鉴评基准进行判断。它出现的粗糙评分现象也可由增加评定员人数的方法来克服。

由于此方法可同时评定一种或多种产品的一个或多个指标的强度及其差异,所以应用较为广泛。尤其用于评定新产品。

2)成对比较法 当试样数 n 很大时,一次把所有的试样进行比较是困难的。此时,一般采用将 n 个试样两个一组、两个一组地加以比较,根据其结果,最后对整体进行综合性的相对评定,判断全体的优劣,从而得出数个样品相对结果的评定方法,这种方法称为成对比较法。本法的优点很多,如在顺序法中出现样品的制备及实验实施过程中的困难等,大部分都可以得到解决,并且在实验时间上,长达数日进行也无妨。因此,本法是最近应用最广泛的方法之一。如舍菲(Scheffe)成对比较法,其特点是不仅回答了两个试样中"喜欢哪个",即排列两个试样的顺序,而且还要按设定的评定基准回答"喜欢到何种程度",即评定试样之间的差别程度(相对差)。

成对比较法可分为定向成对比较法(2-选项必选法)和差别成对比较法(简单差别检验或异同检验)。二者在适用条件及样品呈送顺序等方面都存在一定差别。

3)加权评分法 评分法,实际上没有考虑到食品各项指标的重要程度,从而对产品总体的评定结果造成一定程度的偏差。事实上,对同一种食品,由于各项指标对其质量的影响程度不同,它们之间的关系不完全是平权的,因此,需要考虑它的权重。所谓加权评分法是考虑各项指标对质量的权重后求平均分数或总分的方法。加权评分法一般以10分或100分为满分进行评定。加权平均法比评分法更加客观、公正,因此可以对产品的质量做出更加准确的评定结果。

4)模糊数学法 在加权评分法中,仅用一个平均数很难确切地表示某一指标应得的分数,这样使结果存在误差。如果评定的样品是两个或两个以上,最后的加权平均数出现相同而又需要排列出它们的各项时,现行的加权评分法就很难解决。如果采用模糊数学关系的方法来处理评定的结果,以上的问题不仅可以得到解决,而且它综合考虑到所有的因素,获得的是综合且较客观的结果。模糊数学法是在加权评分法的基础上,应用模糊数学中的模糊关系对食品感官评定的结果进行综合评判的方法。

5)阈值实验 阈值实验就是通过稀释样品确定感官分辨某一质量指标的最小值。

阈值实验主要用于味觉的测定,测定值有以下几种:

①刺激阈(RL) 能够分辨出感觉的最小刺激量称刺激阈。刺激阈分为:敏感阈、识别阈和极限阈。阈值大小取决于刺激的性质和评定员的敏感度,阈值大小也因测定方法

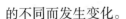

的不同而发生变化。

②分辨阈(DL) 感觉上能够分辨出刺激量的最小变化量称分辨阈。用 $\pm\Delta S$ 来表示刺激量的增加(上)或减少(下),上下分辨阈的绝对值的平均值称平均分辨阈。

③主观等价值(DSE) 对某些感官特性而言,有时两个刺激产生相同的感觉效果,我们称之为等价刺激。例如:10%的葡萄糖与6.3%的蔗糖的刺激等价。

(4)分析或描述实验 分析或描述实验可适用于一个或多个样品,以便同时定性和定量地表示一个或多个感官指标,如外观、嗅闻的气味特性、口中的风味特性(味觉、嗅觉及口腔的冷、热、收敛等知觉和余味)、组织特性和几何特性等。因此,它要求评定员除具备感知食品品质特性和次序的能力外,还要求具备描述食品品质特性的专有名词的定义及其在食品中的实质含义的能力,以及总体印象或总体风味特性和总体差异分析能力。

1)简单描述实验 要求评定员对样品特征的某个指标或各个指标进行定性描述,尽量完整地描述出样品的品质。描述的方式通常有自由式描述和界定式描述,前者由评定员自由选择自己认为合适的词汇,对样品的特性进行描述,而后者则是首先提供指标检查表,或是评定某类产品时的一组专用术语,由评定员选用其中合适的指标或术语对产品的特性进行描述。

2)定量描述和感官剖面检验法 要求评定员尽量完整地对形成样品感官特征的各个指标强度进行描述的检验方法称为定量描述检验。这种检验可以使用简单描述实验所确定的术语词汇中选择的词汇,描述样品整个感官印象的定量分析。这种方法可单独或结合地用于品评气味、风味、外观和质地。

4.1.3 感官评定的常用术语

在食品感官评定中,食品的各项感官特性是通过语言表达出来的,而语言本身受到本民族的历史和地域文化的影响,因此很难准确地把握不同国家和不同地区的词语含义。在本书中,我们借鉴 ISO(ISO 5492—1992 感官评定-词汇)以及中华人民共和国国家标准(GB/T 10221—1998 感官评定方法术语)的典型食品质构的评定术语来加以介绍。

4.1.3.1 一般性术语

感官评定(sensory analysis):用感觉器官检查产品的感官特性。

感官的(sensory):与使用感觉器官有关的。

感官(特性)的(organoleptic):与用感觉器官感知的产品特性有关的。

感觉(sensation):感官刺激引起的主观反应。

评定员(assessor):参加感官评定的人员。

优选评定员(selected assessor):挑选出的具有较高感官评定能力的评定员。

专家(expert):根据自己的知识或经验,在相关领域中有能力给出结论的评定员。在感官评定中,有两种类型的专家,即专家评定员和专业专家评定员。

专家评定员(expert assessor):具有高度的感官敏感性和丰富的感官评定方法经验,并能够对所涉及领域内的各种产品做出一致的、可重复的感官评定的优选评定员。

专业专家评定员(specialized expert assessor):具备产品生产和(或)加工、营销领域专业经验,能够对产品进行感官评定,并能评定或预测原材料、配方、加工、储藏、老熟等有关变化对产品影响的专家评定员。

评定小组(panel):参加感官评定的评定员组成的小组。

消费者(consumer):产品使用者。

品尝员(taster):主要用嘴评定食品感官特性的评定员、优选评定员或专家。

品尝(tasting):在嘴中对食品进行的感官评定。

特性(attribute):可感知的特征。

可接受性(acceptability):根据产品的感官特性,特定的个人或群体对某种产品愿意接受的状况。

接受(acceptance):特定的个人或群体对符合期望的某产品表示满意的行为。

偏爱(preference):(使)评定员感到一种产品优于其他产品的情绪状态或反应。

厌恶(aversion):由某种刺激引起的令人讨厌的感觉。

区别(discrimination):从两种或多种刺激中定性和(或)定量区分的行为。

食欲(appetite):对食用食物和(或)饮料的欲望所表现的生理状态。

开胃的(appetizing):描述产品能增进食欲。

可口性(palatability):令消费者喜爱食用的产品的综合特性。

快感的(hedonic):与喜欢或不喜欢有关的。

心理物理学(psychophysics):研究刺激和相应感官反应之间关系的学科。

嗅觉测量(olfactometry):评定员对嗅觉刺激反应的测量。

气味测定(odorimetry):对物质气味特性的测量。

嗅觉测量仪(olfactometer):在可再现条件下向评定员显示嗅觉刺激的仪器。

气味物质(odorante):能引起嗅觉的产品。

质量(quality):反映产品或服务满足明确和隐含需要的能力的特性总和。

质量要素(quality factor):为评定某产品整体质量所挑选的一个特性或特征。

产品(product):可通过感官评定进行评定的可食用或不可食用的物质。例如食品、化妆品、纺织品等。

4.1.3.2　与感觉有关的术语

感受器(receptor):能对某种刺激产生反应的感觉器官的特定部分。

刺激(stimulus):能激发感受器的因素。

知觉(perception):单一或多种感官刺激效应所形成的意识。

味道(taste):在某可溶物质刺激时味觉器官感知到的感觉;味觉的官能;引起味道感觉的产品的特性。

味觉的(gustatory):与味道感觉有关的。

味觉(gustation):味道感觉的官能。

嗅觉的(olfactory):与气味感觉有关的。

嗅(to smell):感觉或试图感受某种气味。

触觉(touch):触觉的官能;通过皮肤直接接触来识别产品特性形状。

视觉(vision):视觉的官能;由进入眼睛的光线产生的感官印象来辨别外部世界的差异。

敏感性(sensitivity):用感觉器官感受、识别和(或)定性或定量区别一种或多种刺激的能力。

强度(intensity):感知到的感觉的大小;引起这种感觉的刺激的大小。

动觉(kinaesthesis):由肌肉运动产生对样品的压力而引起的感觉(例如咬苹果、用手指检验奶酪等)。

感官适应(sensory adaptation):由于受连续的和(或)重复刺激而使感觉器官的敏感性暂时改变。

感官疲劳(sensory fatigue):敏感性降低的感官适应状况。

味觉缺失(ageusia):对味道刺激缺乏敏感性。味觉缺失可能是全部的或部分的,永久的或暂时的。

嗅觉缺失(anosmia):对嗅觉刺激缺乏敏感性。嗅觉缺失可能是全部的或部分的,永久的或暂时的。

嗅觉过敏(hyperosmia):对一种或几种嗅觉刺激的敏感性超常。

嗅觉减退(hyposmia):对一种或几种嗅觉刺激的敏感性降低。

色觉障碍(dyschromatopsia):与标准观察者比较有显著差异的颜色视觉缺陷。

假热效应(pseudothermal effect):不是由物质的温度引起的对该物质产生的热或冷的感觉。例如对辣椒产生热感觉,对薄荷产生冷感觉。

三叉神经感(trigeminal sensation):在嘴中或咽喉中所感知到的刺激感或侵入感。

拮抗效应(antagonism):两种或多种刺激的联合作用。它导致感觉水平低于预期的各自刺激效应的叠加。

协调效应(synergism):两种或多种刺激的联合作用。它导致感觉水平超过预期的各自刺激效应的叠加。

掩蔽(masking):由于两种刺激同时进行而降低了其中某种刺激的强度或改变了对该刺激的知觉。

对比效应(contrast effect):提高了对两个同时或连续刺激的差别的反应。

收敛效应(convergence effect):降低了对两个同时或连续刺激的差别的反应。

刺激阈;觉察阈(stimulus threshold;detection threshold):引起感觉所需要的感官刺激的最小值。这时不需要对感觉加以识别。

识别阈(recognition threshold):感知到的可以对感觉加以识别的感官刺激的最小值。

差别阈(difference threshold):可感知到的刺激强度差别的最小值。

极限阈(terminal threshold):一种强烈感官刺激的最小值,超过此值就不能感知刺激强度的差别。

阈下的(sub-threshold):低于所指阈的刺激。

阈上的(supra-threshold):超过所指阈的刺激。

4.1.3.3 与感官特性有关的术语

酸的(acid):描述由某些酸性物质(例如柠檬酸、酒石酸等)的稀水溶液产生的一种基本味道。

酸性(acidity):产生酸味的纯净物质或混合物质的感官特性。

微酸的(acidulous):描述带轻微酸味的产品。

酸味的(sour):描述一般由于有机酸的存在而产生的嗅觉和(或)味觉的复合感觉。

酸味(sourness):产生酸性感觉的纯净物质或混合物质的感官特性。

略带酸味的(sourish):描述一产品微酸或显示产酸发酵的迹象。

苦味的(bitter):描述由某些物质(例如奎宁、咖啡因等)的稀水溶液产生的一种基本味道。

苦味(bitterness):产生苦味的纯净物质或混合物质的感官特性。

咸味的(salty):描述由某些物质(例如氯化钠)的水溶液产生的一种基本味道。

咸味(saltiness):产生咸味的纯净物质或混合物质的感官特性。

甜味的(sweet):描述由某些物质(例如蔗糖)的水溶液产生的一种基本味道。

甜味(sweetness):产生甜味的纯净物质或混合物质的感官特性。

碱味的(alkaline):描述由某些基本物质的水溶液产生的一种基本味道(例如苏打水)。

碱味(alkalinity):产生碱味的纯净物质或混合物质的感官特性。

涩味的(astringent;harsh):描述由某些物质(例如柿单宁、黑刺李单宁)产生的使嘴中皮层或黏膜表面收缩、拉紧或起皱的一种复合感觉。

涩味(astringency):产生涩味的纯净物质或混合物质的感官特性。

风味(flavour):品尝过程中感知到的嗅感、味感和三叉神经感的复合感觉。可能受触觉的、温度的、痛觉的和(或)动觉效应的影响。

异常风味(off-flavour):通常与产品的腐败变质或转化作用有关的一种典型风味。

异常气味(off-odour):通常与产品的腐败变质或转化作用有关的一种典型气味。

污染(taint):与该产品无关的外来气味和味道。

基本味道(basic taste):七种独特味道的任何一种;酸味的、苦味的、咸味的、甜味的、碱味的、鲜味的、金属味的。

有滋味的(sapid):描述有味道的产品。

无味的;无风味的(tasteless;flavourless):描述没有风味的产品。

乏味的(insipid):描述一种风味远不及期望水平的产品。

平味的(bland):描述风味不浓且无特色的产品。

中味的(neutral):描述无任何明显特色的产品。

平淡的(flat):描述对产品的感觉低于所期望的感官水平。

风味增强剂(flavour enhancer):一种能使某种产品的风味增强而本身又不具有这种风味的物质。

口感(mouthfeel):在口中(包括舌头、牙齿与牙龈)感知到的触觉。

后味;余味(after-taste;residual taste):在产品消失后产生的嗅觉和(或)味觉。它有别于产品在嘴里时的感觉。

滞留度(persistence):类似于产品在口中所感知到的嗅觉和(或)味觉的持续时间。

芳香(aroma):一种带有愉快内涵的气味。

气味(odour):嗅觉器官嗅某些挥发性物质所感受到的感官特性。

特征(note):可区别和可识别的气味或风味特色。

异常特征(off-note):通常与产品的腐败变质或转化作用有关的一种典型特征。

外观(appearance):物质或物体的所有可见特性。

稠度(consistency)：由机械的和触觉的感受器,特别是在口腔区域内受到的刺激而觉察到的流动特性。它随产品的质地不同而变化。

主体(风味)(body)：某种产品浓郁的风味或对其稠度的印象。

有光泽的(shiny)：描述可反向亮光的光滑表面的特性。

颜色(colour)：由不同波长的光线对视网膜的刺激而产生的感觉;能引起颜色感觉的产品特性。

色泽(hue)：与波长的变化相应的颜色特性。

饱和度(一种颜色的)[saturation(of a colour)]：一种颜色的纯度。

明度(luminance)：与一种从最黑到最白的序列标度中的中灰色相比较的颜色的亮度或黑度。

透明的(transparent)：描述可使光线通过并出现清晰映象的物体。

半透明的(translucent)：描述可使光线通过但无法辨别出映象的物体。

不透明的(opaue)：描述不能使光线通过的物体。

酒香(bouquet)：用以刻画产品(例如葡萄酒、烈性酒等)的特殊嗅觉特征群。

炽热的(burning)：描述一种在口腔内引起热感觉的产品(例如辣椒、胡椒等)。

刺激性的(pungent)：描述一种能刺激口腔和鼻黏膜并引起强烈感觉的产品(例如醋、芥末)。

质地(texture)：由机械的、触觉的或在适当条件下,视觉及听觉感受器感知到的产品所有机械的、几何的和表面特性。

机械特性与对产品压迫产生的反应有关。它们分为 5 种基本特性:硬性、黏聚性、黏性、弹性、黏附性。

几何特性与产品大小、形状及产品中微粒的排列有关。

表面特性与水分和(或)脂肪含量引起的感觉有关。在嘴中它们还与这些成分释放的方式有关。

感性(hardness)：与使产品达到变形或穿透所需力有关的机械质地特性。

在口中,它是通过牙齿间(固体)或舌头与上腭间(半固体)对产品的压迫而感知到的。

与不同程度硬性相关的主要形容词如下：

柔软的(soft)(低度)：例如奶油、奶酪。

结实的(firm)(中度)：例如橄榄。

硬的(hard)(高度)：例如硬糖块。

黏聚性(cohesiveness)：与物质断裂前的变形程度有关的机械质地特性。它包括碎裂性、咀嚼性和胶黏性。

碎裂性(fracturability)：与黏聚性和粉碎产品所需力量有关的机械质地特性。可通过在门齿间(前门牙)或手指间的快速挤压来评定。

与不同程度碎裂性相关的主要形容词如下：

易碎的(crumbly)(低度)：例如玉米脆皮松饼蛋糕。

易裂的(crunchy)(中度)：例如苹果、生胡萝卜。

脆的(brittle)(高度)：例如松脆花生薄片糖、带白兰地酒味的薄脆饼。

松脆的(crispy)(高度)：例如炸马铃薯片、玉米片。

有硬壳的(crusty)(高度):例如新鲜法式面包的外皮。

咀嚼性(chewiness):与黏聚性和咀嚼固体产品至可被吞咽所需时间或咀嚼次数有关的机械质地特性。

与不同程度咀嚼性相关的主要形容词如下:

嫩的(tender)(低度):例如嫩豌豆。

有咬劲的(chewy)(中度):例如果汁软糖(糖果类)。

坚韧的(tough)(高度):例如老牛肉、腊肉皮。

胶黏性(gumminess):与柔软产品的黏聚性有关的机械质地特性。它与在嘴中将产品磨碎至易吞咽状态所需的力量有关。

与不同程度胶黏性相关的主要形容词如下:

松脆的(short)(低度):例如脆饼。

粉质的;粉状的(mealy;powdery)(中度):例如某种马铃薯、炒干的扁豆。

糊状的(pasty)(中度):例如栗子泥。

胶黏的(gummy)(高度):例如煮过火的燕麦片、食用明胶。

黏性(viscosity):与抗流动性有关的机械质地特性,它与将勺中液体吸到舌头上或将它展开所需力量有关。

与不同程度黏性相关的形容词主要如下:

流动的(fluid)(低度):例如水。

稀薄的(thin)(中度):例如酱油。

油滑的(unctuous)(中度):例如二次分离的稀奶油。

黏的(viscous)(高度):例如甜炼乳、蜂蜜。

弹性(springiness):与快速恢复变形有关的机械质地特性;与解除形变压力后变形物质恢复原状的程度有关的机械质地特性。

与不同程度弹性相关的主要形容词如下:

可塑的(plastic)(无弹性):例如人造奶油。

韧性的(malleable)(中度):例如(有韧性的)棉花糖。

弹性的(elastic;spring;rubbery)(高度):例如鱿鱼、蛤蜊肉。

黏附性(adhesiveness):与移动附着在嘴里或黏附于物质上的材料所需力量有关的机械质地特性。

与不同程度黏附性相关的主要形容词如下:

黏性的(sticky)(低度):例如棉花糖料食品装饰。

发黏的(tacky)(中度):例如奶油太妃糖。

黏;胶质的(gooey;gluey)(高度):例如焦糖水果冰激凌的食品装饰料,煮熟的糯米、木薯淀粉布丁。

粒度(granularity):与感知到的产品中粒子的大小和形状有关的几何质地特性。

与不同程度粒度相关的主要形容词如下:

平滑的(smooth)(无粒度):例如糖粉。

细粒的(gritty)(低度):例如某种梨。

颗粒的(grainy)(中度):例如粗粒面粉。

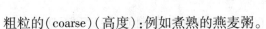

粗粒的(coarse)(高度):例如煮熟的燕麦粥。

构型(conformation):与感知到的产品中微粒子形状和排列有关的几何质地特性。

与不同程度构型相关的主要形容词如下:

纤维状的(fibrous):沿同一方向排列的长粒子。例如芹菜。

蜂窝状的(cellular):呈球形或卵形的粒子。例如橘子。

结晶状的(crystalline):呈棱角形的粒子。例如砂糖。

水分(moisture):描述感知到的产品吸收或释放水分的表面质地特性。

与不同程度水分相关的主要形容词如下:

干的(dry)(不含水分)。例如奶油硬饼干。

潮湿的(moist)(低级)。例如苹果。

湿的(wet)(高级)。例如荸荠、牡蛎。

含汁的(juicy)(高级)。例如生肉。

多汁的(succulent)(高级)。例如橘子。

多水的(watery)(感觉水多的)。例如西瓜。

脂肪含量(fatness):与感知到的产品脂肪数量或质量有关的表面质地特性。

与不同程度脂肪含量相关的主要形容词如下:

油性的(oily):浸出和流动脂肪的感觉。例如法式调味色拉。

油腻的(greasy):浸出脂肪的感觉。例如腊肉、油炸马铃薯片。

多脂的(fatty):产品中脂肪含量高但没有渗出的感觉。例如猪油、牛脂。

4.1.3.4　国际上定义的基本质构评定术语

(1)一般概念

structure:结构、组织。表示物体或物体各组成部分关系的性质。

texture:质构、质地。表示物质的物理性质(包括大小、形状、数量、力学、光学性质、结构)及由触觉、视觉、听觉的感觉性质。

(2)与压缩、拉伸有关的术语

firm(hard):硬。表示受力时对变形抵抗较大的性质(触觉)。

soft:柔软。表示受力时对变形抵抗较小的性质(触觉)。

tough:坚韧。表示对咀嚼引起的破坏有较强的和持续的抵抗性质。近似于质构术语中的凝聚性(触觉)。

tender:柔韧。表示对咀嚼引起的破坏有较弱的抵抗性质(触觉)。

chewy:筋道。表示像口香糖那样对咀嚼有较持续的抵抗性质(触觉)。

short:脆。表示一咬即碎的性质(触觉)。

springy:弹性。去掉作用力后变形恢复的性质(视觉)。

plastic:可塑的。去掉作用力后变形保留的性质(视觉)。

adhesiveness:黏附性。表示咀嚼时对上颚、牙齿或舌头等接触面黏着的性质(触觉)。

glutinous:黏稠状的。与发黏及黏附性视为同义语(触觉和视觉)。

brittle:易破的。表示加作用力时,几乎没有初期变形而断裂、破碎或粉碎的性质(触觉和听觉)。

crumble:易碎的。表示一用力便易成为小的不规则碎片的性质(触觉和视觉)。

crunchy：咯蹦咯蹦的。表示兼有易破的和易碎的性质(触觉、视觉和听觉)。

crispy：酥脆的。表示用力时伴随脆响而屈服或断裂的性质,常用来形容吃鲜苹果、芹菜、黄瓜、脆饼干时的感觉(触觉和听觉)。

thick：发稠的。表示流动黏滞的性质(触觉和视觉)。

thin：稀疏的。是发稠的反义词(触觉和视觉)。

(3)与食品结构有关的术语

1)颗粒的大小和形状

smooth：滑润的。表示组织中感觉不出颗粒存在的性质(触觉和视觉)。

fine：细腻的。结构的粒子细小而均匀的样子(触觉和视觉)。

powdery：粉状的。表示颗粒很小的粉末状或易碎成粉末的性质(触觉和视觉)。

gritty：砂状的。表示小而硬颗粒存在的性质(触觉和视觉)。

coarse：粗粒状的。表示较大、较粗颗粒存在的性质(触觉和视觉)。

lumpy：多疙瘩状的。表示大而不规则粒子存在的性质(触觉和视觉)。

2)结构的排列和形状

flaky：薄层片状的。容易剥落的层片状组织(触觉和视觉)。

fibrous：纤维状的。表示可感到纤维样组织且纤维易分离的性质(触觉和视觉)。

strings：多筋的。表示纤维较粗硬的性质(触觉和视觉)。

pulpy：纸浆状的。表示柔软而有一定可塑性的湿纤维状结构(触觉和视觉)。

cellular：细胞状的。主要指有较规则的空状组织(触觉和视觉)。

puffed：膨松的。形容胀发得很暄腾的样子(触觉和视觉)。

crystalline：结晶状的。形容像结晶样的群体组织(触觉和视觉)。

glassy：玻璃状的。形容脆而透明固体状的。

gelatinous：果冻状的。形容具有一定弹性的固体。觉察不出组织纹理结构的样子(触觉、视觉和听觉)。

foamed：泡沫状的。主要形容许多小的气泡分散于液体或固体中的样子(触觉和视觉)。

spongy：海绵状的。形容有弹性的蜂窝状结构样的(触觉和视觉)。

3)与口感有关的术语

mouthfeel：口感。表示口腔对食品质构感觉的总称。

body：浓的。质构的一种口感表现。

dry：干的。口腔游离液少的感觉。

moist：潮湿的。口腔中游离液的感觉既不觉得少,又不感到多的样子。

wet：润湿的。口腔中游离液有增加的感觉。

watery：水汪汪的。因含水多而有稀薄、味淡的感觉。

juicy：多汁的。咀嚼中口腔内的液体有不断增加的感觉。

oily：油腻的。口腔中有易流动,但不易混合的液体存在的感觉。

greasy：肥腻的。口腔中有黏稠而不易混合液体或脂膏样固体的感觉。

waxy：蜡质的。口腔中有不易溶混的固体的感觉。

mealy：粉质的。口腔中有干的物质和湿的物质混在一起的感觉。

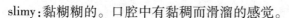
slimy:黏糊糊的。口腔中有黏稠而滑溜的感觉。

creamy:奶油状的。口腔中有滑溜感。

astringent:收敛性的。口腔中有黏膜收敛的感觉。

hot:热的。有热的感觉。

cold:冷的。有冷的感觉。

cooling:清凉的。像吃薄荷那样,由于吸热而感到的凉爽。

4.2 标度

4.2.1 数字对感官的实际应用

根据 GB/T 16290—1996 对标度的定义,标度(scale)为报告评定结果所使用的尺度。它是由顺序相连的一些值组成的系统。这些值可以是图形的、描述的或数字的形式。

实际上,在感官评定中,标度方法就是感官体验的量化方式,通过这种数字化处理,感官评定可以成为基于统计分析、模型、预测等理论的一种定量科学。

感官评定的标度有多种方法,最古老也是最广泛使用的标度方法也许是类项评估,评定员根据自身特定而有限的反应,将数值赋予觉察到的感官刺激。与此相对的方法是量值评估法,这种方法评定员可以对感觉赋予任何数值并反映其比率。第三种常用的方法是线性标度法。该方法是评定员采用在一条线上做标记来评定感觉强度或喜爱程度。这些方法存在两大方面的差异,首先是评定员所允许的自由度及对反应的限制。开放式的标度方法不设上限,其优点是允许评定员选择任何合适的数值进行标度。不过,这种不同评定员之间难以校准不同人之间的反应,数据编码、分析及翻译过程会复杂化。相反,简单的分类法则易于确定固定值或建立参照物的标准化,便于校准评定员,而且数据编码与分析常常很直观。标度方法间差异的第二个方面是允许评定员的区别程度。有的允许评定员根据需要使用任意多个中间值,而有的则被限制只能使用有限的离散的选择。

标度方法广泛用于需要量化感觉、态度或喜好倾向性等各种场合,标度技术基于感觉强度的心理物理学模型,即增强物理刺激的能量或增加食品组分的浓度或含量,会导致其在感觉、视觉、嗅觉或味觉方面有多大程度的增强,比如我们在糖水里多加些糖,水就会尝起来更甜。因此,我们可以让感官评定员通过对他们的感官体验赋予数值来跟踪这些变化。但是,食品和消费产品经常是相当复杂的,改变一种配料或工艺可能有多重感官效应,因此,感官科学家或评定员必须搞清楚强度标度任务是否是一维的,如果不是,可能就要求多重强度标度。

4.2.2 标度种类

测量理论提出 4 种对事件的赋值方法,通常是指名义标度、序级标度、等距标度和比率标度,随着标度测量从名义到比率水平的顺序,表示测量方法更为有力和有效,适用于各个水平的各类统计分析和不同的建模水平。

4.2.2.1 名义标度

名义标度中,对于事件的赋值仅仅是作为标记。数值赋值仅仅是用于分析的一个标记、一个类项或种类,不反应序列特征。名义标度经常按照对数据的适当分析进行频率计算并报告结果。对于不同产品或环境的不同反应频率,可通过卡方分析或其他非参数统计方法进行比较。利用这一标度各单项间的比较是说明它们是属于同一类别还是不同类别(相等与不相等的结果),而无法得到关于顺序、区别程度、比率或差别大小的结果。

4.2.2.2 序级标度

序级标度中,赋值是为了对产品的一些特性、品质或观点(如偏爱)标示排列的顺序。该方法通过赋给产品的数值增加以表示感官体验的数量或强度的增加。例如,对葡萄酒的赋值可能根据感觉到的甜度而进行排序,或对香气的赋值可根据从喜爱到最不喜爱而排序。在这种情况下,数值并不说明关于产品间相对差别。排在第四的产品某种感官强度并不一定就是排在第一的产品的1/4,它与排在第三的产品间的差别也不一定就和排在第三与第二的产品间的差别相同。所以,我们既不能对感知到差别的程度下结论,也不能对差别的比率或数量下结论。

排序的方法常见于感官偏爱研究中。由于许多数值标度法可能只产生序级数据,因为选项间的间距主观上并不是相等的,因此,可能对结果存在很强的疑问。例如关于常用的市场研究标度,"极好—很好—好——一般—差",这些形容词间的主观间距不均匀。评为好与很好的两个产品间的差别比评为一般和差的产品间的差别要小得多。但是,在分析时我们经常试图将1~5赋值给这些等级并取平均值,而且就像这些赋值数据反映相等的间距一样进行统计。

4.2.2.3 等距标度

等距标度即为当反应的主观间距相等时会出现的一种标度方法。在该标度水平下,赋值的数据可以表示实际的差别程度。那么,这种差别度就是可以比较的,称为等距水平测量。例如,物理学中关于温度的摄氏度和华氏温度,这些标度有任意的0点,但是在数值间有相等的间距。这些标度可以通过一个线性变换进行相互转换。那么在感官评定的标度科学中,通常采用9点快感标度法来标明其反应选项有大致相等的间距。9点快感标度法如下所示:

非常喜欢	有些厌恶
很喜欢	一般厌恶
一般喜欢	很厌恶
有些喜欢	非常厌恶
既不喜欢也不厌恶	

这些选项通常从1~9,或者等间距(例如-4~+4)赋值进行编码和分析。可以看到,上述标度的区别在于强调主体反应的形容词,这些词语来自英语系国家。在其他国家是否表现良好的等距,有待进一步实验。

4.2.2.4 比率标度

在比率标度这种方式下,0点不是任意的,而且数值反映了相对比例。这就是通常在物理中像质量、长度和以热力学温度标度表示的温度,定量得到的测量水平。实际上,确定一种感官标度方法是否确实,可对表示不同感官强度的相对比例赋值,是一件很困难的事情。一般,假设量值估计的方法优于比率标度法。在量值估计中,指令受试者对反映他们感觉强度的相对比例进行赋值,这样一来,如果某一产品甜度值评定为10,那么2倍甜度的产品就可以赋值为20。该方法假定主观的刺激强度和数值间是一种线性关系。但是,有大量的信息表明数字赋值过程易于产生一系列前后效应和数字使用上的偏见,这会对该过程是否线性提出很大的疑问。所以,带有比率类项指令的方法和得到一个真正的感觉量值的比率标度,其数值确实反映了感官体验强度间比例的方法。比率的指令很容易得到,但该标度是否具有基本的主观(潜在的)变化的比率特性是一个独立而又难以测量的问题。

实际上,感官评定只是商业决策的辅助手段,没有必要一定探讨哪一种标度方法正确且有效,只要其跟踪记录能在产品建议的应用领域得到证实,就是可行可用的方法。

4.2.3 常用标度方法

在实验中,各种千差万别的方法可用于对感官评定进行赋值。本部分主要介绍几种常用的标度方法,包括线性标度、类项标度和量值估计。

4.2.3.1 线性标度

线性标度也称为图表评估标度或视觉相似标度。自从发明了数字化设备以及随着在线计算机化数据输入程序的广泛应用,这种标度方法变得特别流行。其基本思想是让评定员在一条线段上做标记以表示感官特性的强度或数量。大部分情况下,只在端点做标示。标示点也可以从线段两端缩进一点儿以避免末端效应。其他中间点也可以标出来。一种常见的变化形式是标出一个中间的参考点,代表标准品或基线产品的标度值。所需检验的产品根据此参考点来进行标度,如图4.1所示,经过训练的评定员对多特性进行描述性分析时,这些技术是很常用的。而在消费者研究中则较少应用。

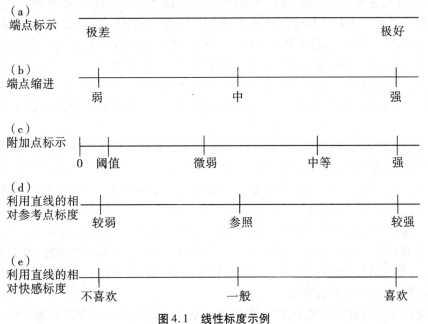

图4.1 线性标度示例

感官评定的线性标度起源于第二次世界大战中美国密歇根州农业实验站的一次实验。在科学家的研究中,检验了苹果的各种储存温度对水果的吸引力进行了简单的类项标度(从很理想到很不理想分成 7 个选项进行评估),又使用了 6 英寸的线性标度,线的左端标示为"极差",线的右端标示为"极好"。对显示在线上的反应用英寸为单位进行测量。参与评定的人员投票表明他们更偏爱类项标度而不是线性标度。带有许多标示选项的详细类项标度可能有助于某些评定员,但可能也会妨碍另一些评定人员,限制他们的选择。而线性标度提供了选项的连续等级选择,只受限于数据列表的测量能力。

Stone 等人(1974)推荐将线性标度用于定量描述分析(quantitative descriptive analysis,QDA),继而形成一种标示各种重要感官特性的新方法。在定量描述分析(QDA)中,使用一种近似于等距标度的标度方法是很重要的,因为在描述分析中方差分析已成为比较产品的标准的统计技术。

自 QDA 出现以来,线性标度技术已被用于需要感官反应的各种不同场合。例如,使用线性标度法让消费者评定啤酒的风味强度、丰满度、苦味和后味特征。线性标度法的应用并不局限于食品和消费产品,在临床上对痛觉和祛痛的度量也可利用水平线或垂直线进行线性标度法。

4.2.3.2 类项标度

类项标度与线性标度的差别在于人们的选择受到很大的限制。图表标度技术至少给人的印象是反应是连续分级的。但是在类项标度中,可选择的反应数目通常要少得多,典型的为 7~15 个类项。类项的多少取决于实际需要以及评定员对产品能够区别出来的级别数。随着评定人员训练的进行,对强度水平可感知差别的分辨能力会得到提高。

类项标度有时也被通称为"评估标度",尽管这个术语也用于指所有的标度方法。最简单的,也是历史上最常见的形式是利用整数来反映逐渐增强的感官强度。作为一种心理物理学方法,它在早期文献中以"单刺激方法"出现,但与其他比较技术相比,它较少被用于测量绝对和辨别阈。不过,直接标度被认为是最经济的。也就是说,尽管他们可能是"廉价的数据",但他们的优势在于对一个单一刺激,你至少可以得到一个数据点。如果是剖面或描述性分析,你可以得到许多数据点,标度了各个特征。在实际的感官工作中,由于检验完成时间的快慢和有竞争力的产品开发的紧迫性通常是一个重要因素,因此,对这种经济特性似乎要超过对标度有效性的关注。简单类项标度的例子如图 4.2 所示。

这类标度方法应用广泛。常见的例子是用 9 点的整数反应所感知到的感觉。分级也可以更多,如采用 1~99 的选项来评估织物的手感特征。在频谱方法中研究者使用了 15 点类项,但允许把每类再分成 10 等份,理论上相当于变成至少 150 点的标度。在快感或情感检验中,常用两极标度,有一个 0 点或中性点位于中间位置。这比强度标度简略,例如,在对儿童使用的"笑脸"标度中,虽然对较年长的儿童可以使用 9 点法,但对很年幼的受试对象可以只采用 3 个选择。在以后的研究中,有研究者放弃使用标度或整数,以避免受试对象的偏见,因为人们常对特定的数字产生特定的含意。为解决这一问题,可采用未标注的方格标度法。

在类项标度的最初应用中,研究者的观点是让受试者把类项当作是等间距的,并且

要求这些受试者根据所提供的标度范围来确定他们的判断,其中最强的刺激被评为最高类项,而最弱的刺激则被标示为最低类项。现在大部分人都倾向于在标度范围内给出判断。数字类项标度中可用数字有上限的事实便于线性等距标度的实现。

(a)数值(整数)标度

强度 1 2 3 4 5 6 7 8 9

  弱 ——————→ 强

(b)语言类项标度

        氧化

        无感觉

        痕量 不确定

        极微量

        微量

        少量

        中等

        一定量

        强

        很强

(c)端点标示的15点方格标度

甜味 □ □ □ □ □ □ □ □ □ □ □ □ □ □ □

    不甜 ——————→ 很甜

(d)相对于参照的类项标度

甜味 □ □ □ □ □ □ □ □ □ □ □ □ □ □ □

    不甜   参照   很甜

(e)整体差异类项标度

与参照的差别

        无差别

        差别极小

        差别很小

        差别中等

        差别较大

        差别极大

(f)适用于年幼儿童的快感图示标度

对儿童使用的快感标度

太好了 很好 好 可能好或不好 差 很差 太差了

图4.2 类项标度示例

如果应用合理,类项标度可以很接近等距测量。一个主要问题是要提供足够的选择,以表示评定人员能够分辨的差别。如果评定小组受过高度训练而能够辨别很多刺激水平的话,一个简单的3点标度是不够的。在风味剖面标度中,可能逐渐使用很多的标度点。然而,使用太多的标度点可能会降低回收率;进一步的详细研究可以将产品更好地区别到某一点上,而额外的反应选择只不过是记录了随机误差波动,从而使回收率降低。在感官评定的过程中,存在个人倾向的问题,尤其在消费者工作中,会以去除选项或截去端点的方法来简化标度。回避端点会引起不良结果。一些受试者往往不愿使用端点类项,以防在后面的检验中出现更强或更弱的情况,因此,人们自然倾向于避免端点类项,而将9点标度截为7点标度,可能使评定者实际上只能得到5点标度的作用。所以,最好避免在实验计划中截去标度点的做法。

实验设计者在实施感官评定实验中,要考虑是否对中间标度点给予物理学示例。给出事例在端点类项中常见,而在中间点类项中的使用要少一些,这种做法的优点是可以获得一定的标准水平,特别是对于受过训练的有描述能力的评定人员而言。因此,在实际感官评定实验过程中,发现在质地剖面方法中用9点标度评定硬度时,所有的类项点都有相应的物理学示例,从非常软的像白色的煮鸡蛋那样到非常硬的像硬糖块那样,两个相邻的样品间保持的间距大致相等。但也存在潜在的缺点,比如说标度点在实验者看来是等距的,在参与者看来却未必如此。这种情况下,最好的做法是让受试者在可选择标度范围内确定判断,同时不假设中间点的示例是真正等距的。这一选择取决于实验者,其决定反映了他是更关心希望得到标准还是更关心反应限制或潜在偏差。训练有素的评定小组进行感官评定时更喜欢按照一定的标准,而消费者则更希望在评定过程中减少外加的限制。

在实践中,简单的类项标度对产品区别的敏感性几乎和其他标度技术,包括线性标度法和量值估计法一样。由于它们的操作过程中的简易性,所以特别适合于针对消费者的工作。另外,类项标度在快速准确的数据编码和列表方面也有一些优势,因为类项标度的工作量要小于线性标度或变化更多的可能包含分数的量值估计法。当然,前提假设数据列表是手工进行的,如数据是利用计算机系统在线记录的,就不存在这一优势。具有固定类项的多种标度现在仍在使用,包括用于观点和态度的利开特(Likert)式标度,它的类项是基于人们对关于该产品的表述同意与否的程度,类别选项在很多情况下具有灵活性。

4.2.3.3 量值估计

量值估计法是一种心理物理学标度方法,是通过评定员对某一感官特性进行评分的一种评定方法。该方法要求评定员做出的评分要符合比例原则,即如果样品B某个特性的强度是样品A的2倍,则样品B的评分值应是样品A评分值的2倍。诸如强度、愉悦度和可接受性等特性均可用量值估计法进行评定。量值估计有两种基本变化形式。第一种形式,给受试者一个标准刺激作为参照或基准,此标准刺激一般给它一个固定数值。所有其他刺激与此标准刺激相比较而得到标示,这种标准刺激有时称为"模数"。另一种主要的变化形式则不给出标准刺激,参与者可选择任意数字赋予第一个样品,然后所有样品与第一个样品的强度比较而得到标示。实践中受试者可能"一环套一环"地根据系列中最靠近的一个样品给出评估。在心理物理学实验室,量值估计得到了初步应用,一

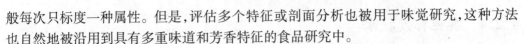

般每次只标度一种属性。但是,评估多个特征或剖面分析也被用于味觉研究,这种方法也自然地被沿用到具有多重味道和芳香特征的食品研究中。

当评定员的人数和培训评定员的时间有限时,量值估计法与其他标度方法相比有明显优点。量值估计法为评定小组组长和评定员提供较高的灵活性。在量值估计法中评定员经过培训后,再加上少量其他方面的培训,就能在更多的样品和特性上应用他们的技能进行评定。

应用量值估计法对边界效应的敏感性比用连续标度或间断标度法要小。当评定员对所要评定的感官指标不熟悉时,就会产生"边界效应"。于是评定员可能将某一初始样品的评分归到标度的边界。结果,由于没有足够的等级划分,只能将那些本该归到不同类别的样品归到了同一类别。使用量值估计法就不会产生这种情况,因为在理论上,各个类别都对应有不同的明确数字。

允许评定员从任何数字(也就是用自己的标度)开始进行评分会产生一种很重要的"评定员"效应,但有不同的方法来解决这个问题:

——方差分析(ANOVA)允许将评定员效应和他们的交互作用计算在内。

——通过使用一个已赋值的参比样使评定员达到一个共同的标度范围。

——通过应用多种重新标度方法中的一种可以使每个评定员提供的数据纳入一个共同范围的标度。

在区别差异微小的刺激或者在刺激阈附近进行评估时,量值估计法并不是最有效的方法。

在实践中,量值估计法可应用于训练有素的评定小组、消费者甚至是儿童。但是,比起受到限制的标度方法,量值估计法的数据变化更大,特别是出自未经训练的消费者之手的数据。该标度法的无界限特性,使得它特别适合于那些上限会限制评定人员在评估感官特征中区分感官体验的能力的情况。例如,像辣椒的辣度这样的刺激或痛觉,在类项标度法中可能都被评估为接近上限的强度。但在端点开放的量值估计法中,允许评定人员有更大的自由度来运用数字反映极强烈的感觉变化。

在喜爱和厌恶的快感标度中,使用量值标度还要考虑一个问题。这种技术的应用有两种选择,一种使用单侧或单极标度来表示喜爱的程度,另一种使用双极标度,可以使用正数和负数,外加一个中性点。在喜爱和厌恶的双极量值标度中,允许使用正数和负数来表示喜爱和厌恶的比率或比例。对正数和负数的选择只表示数字代表的是喜欢还是不喜欢。在单极量值估计中,则只允许使用正数(有时包括0)。低端表示厌恶,随着数值的增大,表明喜爱的程度成比例逐渐升高。设计这种标度时,实验者应明确单极标度对参与评定的人员是否合适,因为没有认识到事实上存在中性反映的情况,也没有认识到存在明显的两种反应方式,即喜欢和不喜欢。如果能保证所有的结果都在快感的一侧——无论是都喜欢或都不喜欢,只是程度不同,那么单极标度才有意义。在少数情况下,对食品或消费产品的检验是可以采用的。这时,至少某些参与者可忽略变化或者观点的改变不明显。因此,像9点类项标度的双极标度更符合常识。

4.2.4 其他标度技术

4.2.4.1 类项–比率标度——标示量值标度

可以将几种标度方法杂合起来组成新的标度方法。比如,将杂合标度技术应用于味觉和嗅觉的研究中。在研究过程中,研究者在对评定员提供熟悉的口感量值估计(如芹菜的苦味、肉桂树脂的灼烧感)后,提供给受试者各种不同语言描述符的量值估计,即所谓的"语义标度"。不同感官连续的标度结果表明,该标度得到的结果与利用等间距语义描述符所得到的结果不同,这在简单类项标度中可能会发生。开发这种杂合标度技术的目的之一就是为了提供一个可适用于各种感官特性的工具,例如像红辣椒物质这样的口腔刺激物产生的感觉和味觉等。

4.2.4.2 来自选择性数据的间距标度

传统的标度技术假定受试者给出的评分是在最好的实验条件下,他(或她)主观体验的精确反映。这就意味着当某一评定小组成员从一个类项标度中挑出了"中等"选项时,他或她体验的感觉强度在强度上确实是中等的,比评估为"弱"的感觉要强,而比评估为"强"的感觉要弱。但是,像前后效应偏差等影响因素都是使这一简单假设失败的例子。按照该标度的观点,平均评估值成为公开的数值,而且我们假设已经赋值在数据编码中的带有或多或少随意性的数值标度,其作用就像感觉的真正等距标度。

根据可变性的标度技术是在对可比较判断的标度基础上扩展而来的。当标度值来源于三点检验或成对比较法时,有时则称为"间接标度",其基本操作是将选择实验中的正确比例(或仅仅是成对偏爱这样的双侧检验中的比例)转换成 Z。Z 是一种与由标准差得到的平均值不同的数值。有时,会根据理论的假设进行再次标度,这时,必须处理比较项中的可变性,而不是仅仅判断他们的感官强度的可变性。

4.2.4.3 排序

另一种传统的标度技术是利用排序法。这类方法由于数据按照序数处理存在一些优点,如对受试者的指令简单、数据处理方便以及对测量水平的假设最少。虽然排序检验最常用于快感分析中,它们也可应用于感官强度的问题。当要求对某一特定品质的强度,如果汁的酸味排序时,排序检验仅仅是多于两个样品的成对比较法的延伸。由于其操作简单,在参与者理解标度指令有困难的情况下,排序法是一种比较适当的选择。在利用文盲、年幼的儿童、有文化背景差异或有语言障碍的人继续感官评定时,排序法是值得考虑的一种方法。我们会在后面的章节中详细介绍排序实验法。

⟳ **思考与练习**

1. 什么是食品感官评定? 为什么要进行食品的感官评定?
2. 常用的感官评定的方法有哪些? 各类方法的特点和适用范围是什么?
3. 标度的意义是什么? 基本方法有哪些?

第 5 章　差别实验

差别实验的分析基于频率和比率的统计学原理,根据能够正确挑选出产品差异的品评员的比率来推算出两种产品是否存在差异。结果是以每一类别的品评员数量为基础的。例如:有多少人回答样品 A,多少人回答样品 B,多少人回答正确。

5.1　概述

差别实验是感官评定中经常使用的两类方法之一。它是要求品评员评定两个或两个以上的样品中是否存在感官差异(或偏爱其一)。差别实验一般不允许"无差异"的回答(即强迫选择),即品评员未能觉察出样品之间的差异。如果允许出现"无差别"的回答,那么可用以下两种处理方法:①忽略"无差别"的回答,即从评定小组的总数中减去这些数;②将"无差别"的结果分配到其他类的回答中。在实验中需要注意样品外表、形态、温度和数量等表现参数的明显差别所引起的误差,如果实验样品间的差异非常大,以至很明显,则差别实验是无效的。当样品间的差异很微小时,差别实验是有效的。

差别实验的用途很广。有些情况下,实验者的目的是确定两种样品是否不同,而在另外一些情况下,实验者的目的是研究两种样品是否相似,以至达到可以互相替换的程度。以上这两种情况都可通过选择合适的实验敏感参数(如 α、β、P_d)来进行实验。在统计学上,假设检验也称显著性检验,它是事先做出一个总体指标是否等于某一个数值或某一随机变量是否服从某种概率分布的假设,然后利用样本资料采用一定的统计方法计算出有关的统计量,依据一定的概率原则,用较小的风险来判断假设总体与现实总体是否存在显著差异,是否应当接受或拒绝原假设选择的一种检验办法。假设检验是依据样本提供的信息进行判断的,也就是由部分来推断总体,因而不可能绝对准确,它可能犯错误。根据样本资料对原假设做出接受或拒绝的决定时,可能会出现以下 4 种情况:

(1)零假设为真,接受它。

(2)零假设为真,拒绝它。

(3)零假设为假,接受它。

(4)零假设为假,拒绝它。

上面的 4 种情况中,很显然,(2)与(3)是错误的决定。当然人们都愿意做出正确的决定,但实际上难以做到。因此,必须考虑错误的性质和犯错误的概率。原假设为真却被我们拒绝了,否定了未知的真实情况,把真当成假了,称为犯第 I 类错误;原假设为假却被我们接受了,接受了未知的不真实状态,称为犯第 II 类错误。

在假设检验中,犯第 I 类型错误的概率记作 α,称其为显著性水平,也称为 α 错误或弃真错误;犯第 II 类型错误的概率记作 β,也称 β 错误或取伪错误。α 常用水平为 0.1,0.05,0.01,是按所要求的精确度而事先规定的,表示概率小的程度。它说明检验结果与拟定假设是否有显著性差距,如有就应拒绝拟定假没。

P_d(proportion of distinguisher),是指能分辨出的差异的人数比例。

在统计学上,α、β、P_d值的范围表示意义见表 5.1:

差别实验的目的不同,需要考虑的实验敏感参数也不同。在以寻找样品间差异为目的的差别实验中,只需要考虑 α 值风险,而 β 值和 P_d 值通常不需要考虑。而在以寻找样品间相似性为目的的差别实验中,实验者要选择合适的 P_d 值,然后确定一个较小的 β 值,α 值可以大一些。而某些情况下,实验者要综合考虑 α、β、P_d 值,这样才能保证参与评定的人数在可能的范围之内。

表 5.1 α、β、P_d值的范围所表示的意义

α 值	存在差异的程度	β 值	差异不存在的程度	P_d 值	能分辨出差异的人的比例
10% ~5%	中等	10% ~5%	中等	<25%	较小
10% ~5%	显著	10% ~5%	显著	25% ~35%	中等
10% ~5%	非常显著	10% ~5%	非常显著	>35%	较大
<0.1%	特别显著	<0.1%	特别显著		

差别实验中常用的方法:成对比较检验法、二-三点检验法、三点检验法、"A"-"非A"检验法、五中取二检验法、选择实验法及配偶实验法。

组织和管理好差别型检验的各个步骤是促使单个测试以及与检验类型无关的所有测试过程成功的要素。这些要素包括发生在检验进行之前、之中和之后的问题。在这些问题当中,有些是属于哲学范畴的,而另外的一些则明显更实际一些,和测试者数目、统计显著性等方面有关。对于评定人员来说,这些问题都是相互关联的。通过对差别型检验进行充分的管理和计划,可以避免在"要做什么"和"检验结果该如何使用"方面出现混乱。管理检验意味着要有这样的一个系统,使得我们可以归档测试申请、筛选测试产品、明确测试目的、完成测试人员和相应测试方法的挑选、排期和落实并最终以明了和可行的方式及时报告测试的结果。虽然这样由组织工作在开始的时候需要花费一些时间,但是很快就会在测试效率、测试人员的参与以及最重要的结果可靠性方面给予我们回报。

如前所述,感官方面事务的组织方式要反映出真实的工业感官评定行为。所谓真实的感官评定行为,指的是能快速完成测试申请和完整记录申请信息、产品处理、测试人员的使用等步骤之间的反复交流过程。对于差别型检验来说,只要能把所有的资源都组织起来,类似的记录维护工作就相对容易一些(比如使用 Excel 文件)。开始的时候,记录保持方面的工作量会有稍微增加,但是所得到的好处会远胜于建立记录文件花费的时间代价。如果可以使用直接数据捕捉系统的,花费的时间就会更少。感官评定部门如果不能保持充足的已往测试经验记录,就会导致工作出现重复。因为在公司里面经常会发生由于消费者的行为发生变化、经济环境改变或者更换产品经理而重复引进技术、配料和(或)产品的情形。工作出现重复也可能仅仅是因为评定人员发生了变化,他们不知道几

年前所做的工作。评定人员必须能够迅速确定过去做过什么和要在多大程度上修改目前的测试申请才能体现这种以往经验。例如,某个产品的准备过程可能需要专门的设备或者不能采用特定的方法。这时候如果能快速搜索一下记录文件就可以帮我们节省下许多的时间和避免了一连串错误的开始。

在对管理方面的问题进行讨论之前,辨别出组织行为的各种要素是很有用的。这些要素应该保存在一个文件当中作为操作手册使用。具体包括:

(1)明确说明差别型检验的目的(可以避免错误使用检验方法)。

(2)关于每种检验方法的简介,包括成对比较法、二–三点检验法、三角检验法和其他可能用到的方法。此外还应附上每种方法的记分卡和每种检验过程的具体描述,包括建议使用的容器和上样规程。

(3)简单介绍测试的申请过程,包括和申请人面谈、必要时的产品评审、测试时间表和测试报告的分发。

(4)测试申请表和报告形式的范例,包括书面和电子版本。

(5)对测试人员挑选标准的描述,包括筛选规程和监控测试人员在评估中的表现。

(6)带有使用说明的精选实验设计方案。

(7)测试过程的指引,包括产品编号、样品量、时间等。

(8)分析和判读数据的方法。

(9)激励测试人员的建议方式。

如果还评定出和描述了其他的要素,就把它们都加到这个文件当中。上述清单只是针对那些被发现具有普遍性的要素的指引。

5.2　成对比较检验法

以随机顺序同时出示两个样品给评定员,要求评定员对这两个样品进行比较,判断两个样品间是否存在某种差异(差异识别)及其差异方向(如某些特征强度的顺序)的一种评定方法称为成对比较检验法(paried comparison test)或者两点检验法。此检验方法是最为简单的一种感官评定方法,它可用于确定两种样品之间是否存在某种差异,差异方向如何;或者用于偏爱两种样品中的哪一种。本方法比较简便,但效果较差(猜对率为1/2)。

成对比较实验有两种形式,一种叫差别成对比较法(双边检验),也叫简单差别实验和异同实验,另一种叫定向成对比较法(单边检验)。

评定员每次得到两个(1 对)样品,被要求回答样品是相同还是不同。在呈送给评定员的样品中,相同和不相同的样品数是一样的。通过比较观察的频率和期望的频率,根据 χ^2 分布检验分析结果。这种成对比较检验法称为差别成对比较法。

在定向成对比较实验中,评定员每次得到两个(1 对)样品,组织者要求回答这些样品在某一特性方面是否存在差异,比如在甜度、酸度、红色度、易碎度等。两个样品同时呈送给评定员,要求评定员识别出在这一指定的感官属性上程度较高的样品。

在检验过程中,要根据研究的目的决定采取哪种形式的检验,如果已知两种产品在某一特定感官属性上存在差异,那么就应该采用定向成对比较实验;如果不确定样品间哪种感官属性存在差异,那么就应采用差别成对比较实验。

成对比较检验相对来说会比较容易组织和执行,只需同时提供两个产品,测试者在完成全部产品的取样之后就可以做出判断。可是,我们通常会很难定义产品之间的"差异"或者很难确信测试者的确明白或者识别出这个具体的差异。这里所说的"明白"指的是测试者能够感觉到产品中带有这个存在着差异的特性。同时,某个单一的变化(如甜味或者咸味)所带来的影响也未必能被完全定义清楚,因为改变单一成分可能会影响到产品的许多其他特性,期望测试者只对当中某个特性做出响应只能是一种大胆的设想。如果我们花了时间让测试者符合要求,培训他们学会识别该具体特性,那么就可以选用描述型检验。尽管在定向性方面有限制,成对检验仍然有着很多用途,例如通过改变指引和要求测试者以给记分卡上的适当用词打圈的方式,指出产品是相同的或不同的,来消除定向性和说明用语方面的问题。此时就需要提供非常精确的指引来提醒测试者的测试任务发生了变化。事实上,几乎所有的测试者都会对产品的差异存在着期望,即他们会预期产品是有差异的。如果在指引当中没有把这种变化告诉他们,他们的期望就不会改变,因而他们的响应也会是非典型的。在指引当中没有把这种变化告诉他们,他们的期望就不会改变,因而他们的响应也会是非典型的。定向成对检验中的两种上样次序分别是 AB 和 BA,而在"相同/差异"的形式中却会有 4 种上样次序:AB、BA、AA 和 BB。其中后面的两种次序是必需的,否则测试者就会说所有的产品对都是不同的,其中有些测试者的判断正确率甚至会达到 100%。尽管这种类型的成对检验在产品来源受限和(或)产品的特性限制测试者直接接触产品(如带有浓郁风味的产品、香辛料混合物、烟草等)的情形下理应得到广泛的应用,可实际上却很少人会去使用它。

成对比较检验法是差别型检验应用在食品和饮料评估领域的最早的实例。Cover 在 1936 年描述了该方法在肉类评估中的应用(即成对品尝法,paired-eating method)。此外,对差别型方法的关注也贯穿了饮料的评估过程,从哥本哈根的员工 Helm 和 Trolle (1946)在一系列论文当中的报道和 Seagram & Sons 质量研究实验室制定具体的方法 (Peryam 和 Swartz,1950)到进一步被美国军需食品及容器研究院(US Army Food and Container Institute)采用。不仅如此,这些研究者还同时解决了统计方面的问题。不过,有关这些统计问题的更详尽探讨就要参看 Harrison 和 Elder(1950)、Bradley(1953,1963)以及 Radkins(1957)的文章。

5.2.1 方法特点

(1)成对比较检验法是最简便也是应用最广泛的感官评定方法,它常被应用于食品的风味检验,如偏爱检验。此方法也常被用于训练评定员,在评定员的筛选、考核、培训常用成对比较检验法。

(2)成对比较检验法具有强制性。在成对比较检验法中可能会有"无差异"的结果出现,一般情况下这是不允许的,因此,要求评定员"强迫选择",以促进鉴评员仔细观察分析,从而得出正确结论。

(3)进行成对比较检验时,首先应分清是差别成对比较还是定向成对比较。当实验的目的是要确定产品之间是否存在感官上的差异,而又不能同时呈送两个或多个样品的时候应采用差别成对比较法。如果要确定哪个样品在某一感官特性方面更好或更受欢迎,则采用定向成对比较。因此,在定向成对比较检验时,感官专业人员必须保证两个样品只在单一的所指定的感官方面有所不同,否则此检验法则不适用。如增加面包中的糖量,面包会变得比较甜,但同时会改变面包的色泽和质地。在这种情况下,定向成对比较法并不是一种很好的区别检验方法。

(4)差别成对比较检验是双边的,该检验的对立假设规定,样品之间可觉察出不同,而且品评员可正确指出样品间是相同或不相同的概率大于50%。差别成对比较检验只表明评定员可辨别出两种样品,并不表明某种感官属性方向性的差别。而定向成对比较检验是单边的,该检验的对立假设规定,如果感官评定员能够根据指定的感官属性区别样品,那么在指定方面程度较高的样品,由于高于另一样品,因此被选择的概率较高。该检验结果可给出样品间指定属性存在差别的方向。

(5)差别成对比较实验中,样品有4种可能的呈送顺序(AA、BB、AB、BA)。定向成对比较实验中,样品有两种可能的呈送顺序(AB、BA)。样品的呈送顺序应该具有随机性,并且每种顺序出现的次数应相同。

(6)差别成对比较法一般要求20~50名品评人员来进行实验,最多可以用200人,或者100人。实验人员应都接受过培训或都没接受过培训,在同一个实验中,参评人员不能既有接受过培训的也有没接受过培训的。在定向成对比较实验中,评定员必须清楚地理解感官专业人员所指定的特定属性的含义,评定员不仅应在识别指定的感官属性方面受过专门训练,而且在如何执行评分单所描述的任务方面也应受过训练。

5.2.2　组织设计

在进行差别实验之前,要设计出问答表。问答表的设计应和产品特性及实验目的相结合。一般常用的问答表见表5.2~表5.5。呈送给受试者两个带有编号的样品,要使组合形式 AB 和 BA 数目相等,并随机呈送,要求受试者从左到右尝试样品,然后填写问卷。

表5.2　差别成对比较检验问答表示例

异同实验
姓名:_____　　　　　　　　　　　　　　　　　　　　　日期:_____ 样品类型:_____
实验指令: 1. 从左到右品尝你面前的两个样品。 2. 确定两个样品是相同还是不同。 3. 在以下相应的答案前面划"√"。 　　　　　　　　　_____两个样品相同 　　　　　　　　　_____两个样品不同
评语:

表 5.3 差别成对比较检验常用问卷示例

日期:_____
姓名:_____

　　检验开始前请用清水漱口。两组成对比较实验中各有两个样品需要评定,请按照呈送的顺序品尝各组中的编码样品,从左至右,由第一组开始。将全部样品摄入口中,请勿再次品尝。回答各组中的样品是相同还是不同? 圈出相应的词。在两种样品品尝之间请用清水漱口,并吐出所有的样品和水。然后进行下一组的实验,重复品尝程序。

组别
1. 　　　相同　　　　　　　　不同
2. 　　　相同　　　　　　　　不同

表 5.4 定向成对比较调查问卷示例

日期:_____
姓名:_____

　　检验开始前,请用清水漱口。分别对两组定向成对比较实验中的两个样品进行评定。请按照样品呈送程序品尝各组中的编码样品,从左向右,由第一组开始。将全部样品放入口中,请勿再次品尝。在每一对中圈出较甜样品的代码。在品尝一种样品后,即品尝下一个样品前,应用清水漱口,并吐出所有的样品和水。然后,进行下一组品尝,重复品尝程序。

组例
1._____　　　　_____
2._____　　　　_____

表 5.5 定向成对比较实验问答表示例

定向成对比较实验

姓名:_____　　　　　　　日期:_____

　　实验指令:在你面前有两个样品,从左到右依次品尝这两个样品,在你认为甜的样品编号上画圈。你可以猜测,但必须有所选择。

111　　　　　　　　　　123

5.2.3 结果分析

　　统计学分析中,在得出某一结论之前,应先选定某一显著性水平。显著性水平就是当原假设是真而被拒绝的概率(或这种概率的最大值),也可看作为得出这一结论所犯错误的可能性。在感官评定中,通常选定 5% 的显著性水平。

　　原假设:两种样品没有显著性差别,因而无法根据样品的特性强度或偏爱程度区别这两种样品。换句话说,每个参加检验的评定员做出样品 A 比样品 B 的特性强度大或样品 B 比样品 A 的特性强度大(或被偏爱)判断的概率是相等的,即 $P_A = P_B = 1/2$。

　　备择假设:这两种样品有显著性差别,因而可以区别这两种样品。换句话说,每个参加检验的品评员做出样品 A 比样品 B 特性强度大或样品 B 比样品 A 特性强度大(或被偏爱)的判断概率是不等的,即 $P_A \neq P_B(P_A > P_B$ 或 $P_A < P_B)$。

分析结果前,根据 A、B 两个样品的特性强度的差异大小,确定检验是差别成对比较还是定向成对比较。如果样品 A 的特性强度(或被偏爱)明显优于 B,换句话说,参加检验的评定员,做出样品 A 比样品 B 的特性强度大(或被偏爱)的判断概率大于做出样品 B 比样品 A 的特性强度大(或被偏爱)的判断概率,即 $P_A > 1/2$。例如,两种果汁 A 和 B,其中果汁 A 明显甜于果汁 B,则该检验是定向成对比较(单边检验);如果这两种样品有显著差别,但没有理由认为 A 或 B 的特性强度大于对方或被偏爱,则该检验是差别成对比较(双边检验)。

(1)对于单边检验,统计有效回答表的正解数,如果此正解数大于或等于表 5.6 中相应的某显著性水平的数字,则说明在此显著水平上,样品间有显著性差异,或认为样品 A 的特性强度大于样品 B 的特性强度(或样品 A 更受偏爱)。

表 5.6　二-三点检验和成对比较检验(单边)法检验表

答案数目 n	显著水平			答案数目 n	显著水平			答案数目 n	显著水平		
	5%	1%	0.1%		5%	1%	0.1%		5%	1%	0.1%
7	7	7	—	24	17	19	20	41	27	29	31
8	8	8	—	25	18	19	21	42	27	29	32
9	9	9	—	26	18	20	22	43	28	30	32
10	10	10	10	27	19	20	22	44	28	31	33
11	9	10	11	28	19	21	23	45	29	31	34
12	10	11	12	29	20	22	24	46	30	32	34
13	10	12	13	30	20	22	24	47	30	32	35
14	11	12	13	31	21	23	25	48	31	33	35
15	12	13	14	32	22	24	26	49	32	34	36
16	12	14	15	33	22	24	26	50	32	34	37
17	13	14	16	34	23	25	27	60	37	40	43
18	13	15	16	35	23	25	27	70	43	46	49
19	14	15	17	36	24	26	28	80	48	51	55
20	15	16	18	37	24	27	29	90	54	57	61
21	15	17	18	38	25	27	29	100	59	63	66
22	16	17	19	39	26	28	30				
23	16	18	20	40	26	28	31				

(2)对于双边检验,统计有效回答表的正解数,如果此正解数大于或等于表 5.7 中相应的某显著性水平的数字,则说明在此显著水平上,样品间有显著性差异,或认为样品 A

的特性强度大于样品 B 的特性强度（或样品 A 更受偏爱）。

（3）当表中 $n>100$ 时，答案最少数按以式（5.1）计算，取最接近的整数值。

$$X=\frac{n+1}{2}+K\sqrt{n} \tag{5.1}$$

式中　K 值见表5.8。

表5.7　成对比较检验（双边）法检验表

答案数目 n	显著水平			答案数目 n	显著水平			答案数目 n	显著水平		
	5%	1%	0.1%		5%	1%	0.1%		5%	1%	0.1%
7	7	—	—	24	18	19	21	41	28	30	32
8	8	8	—	25	18	20	21	42	28	30	32
9	8	9	—	26	19	20	22	43	29	31	33
10	9	10	—	27	20	21	23	44	29	31	34
11	10	11	11	28	20	22	23	45	30	32	34
12	10	11	12	29	21	22	24	46	31	33	35
13	11	12	13	30	21	23	25	47	31	33	36
14	12	13	14	31	22	24	25	48	32	34	36
15	12	13	14	32	23	24	26	49	32	34	37
16	13	14	15	33	23	25	27	50	33	35	37
17	13	15	16	34	24	25	27	60	39	41	44
18	14	15	16	35	24	26	28	70	44	47	50
19	15	16	17	36	25	26	29	80	50	52	56
20	15	17	18	37	25	27	29	90	55	58	61
21	16	17	19	38	26	28	30	100	61	64	67
22	17	18	19	39	27	28	31				
23	17	19	20	40	27	29	31				

表5.8　不同显著水平下对应 K 值

显著水平	5%	1%	0.1%
单边检验 K 值	0.82	1.16	1.55
双边检验 K 值	0.98	1.29	1.65

【例5.1】　成对比较检验

某饮料厂生产有 4 种果汁，编号分别为"798""379""527"和"806"。其中，两种编号为"798"和"379"的果汁，其中一个略甜，但两者都有可能使评定员感到更甜。编号为

"527"和"806"的两种果汁,其中"527"配方明显较甜。请通过成对比较实验来确定哪种样品更甜,您更喜欢哪种样品。

实验设计与分析:

两种果汁编号为"798"和"379",其中一个略甜,但两者都有可能使评定员感到更甜,属双边检验。编号为"527"和"806"的两种果汁,其中"527"配方明显较甜,属单边检验。调查问卷见表5.9。

表 5.9 成对比较实验调查问卷

姓名:_____ 产品:_____ 日期:_____ (1)请评定您面前的两个样品,两个样品中哪个更甜_____。 (2)两个样品中,您更喜欢的是_____。 (3)请说出您的选择理由:_____。

共有 30 名优选评定员参加鉴评,统计结果如下:

(1)18 人认为"798"更甜,12 人选择"379"更甜。

(2)22 人回答更喜欢"379",8 人回答更喜欢"798"。

(3)22 人认为"527"更甜,8 人回答"806"更甜。

(4)23 人回答更喜欢"527",7 人回答更喜欢"806"。

(1)(2)属双边检验。查表"798"和"379"两种果汁甜度无明显差异(接受原假设),"379"果汁更受欢迎。

(3)(4)属单边检验。查表"527"比"806"更甜(拒绝原假设),"527"果汁更受欢迎。

【例 5.2】 定向成对比较检验

问题:某啤酒酿造商得到的市场报告称,他们酿造的啤酒 A 不够苦。该厂又使用了更多的酒花酿制了啤酒 B。

项目目标:生产一种苦味更重一些的啤酒,但不要太重。

实验目标:对啤酒 A 和 B 进行对比,看两者之间是否在苦味上存在虽然很小但却是显著的差异。

实验设计:选用方向性差异(成对比较)实验,为了确保实验的有效性,将 α 设为 1%,否定假设是 H_0:A 的苦味与 B 的苦味相同;备择假设是 H_a:B 的苦味>A 的苦味;因此检验是单边检验。两种啤酒分别被标有"452"和"603",实验由 40 人参加。问卷类似表 5.2、表 5.3。实验的问题是:哪一个样品更苦?

样品筛选:实验之前由一小型品评小组进行品尝,以确保除了苦味之外,两种样品之间其他的差异非常小。

分析结果:有 26 人选择样品 B,从表 5.5 中可知,α=1% 对应的临界值是 28,因此两种样品之间不存在显著差异。

注意事项:在确定成对比较实验是单边的还是双边时,关键的一点是看备择假设是单边还是双边的。当实验目的为了确定某项改进措施或处理方法的效果时,通常使用单边检验。表5.10是一些单边和双边的常见例子。

表5.10　单边和双边的常见例子

单边检验	双边检验
确认实验啤酒比较苦	确定哪一个啤酒更苦
确认实验产品更受欢迎	确定哪一个产品更受欢迎
A>B 或 B>A	备择假设为样品 A≠样品 B,而不是样品 A>B

【例5.3】　差别成对比较检验

问题:某豆制品公司一直使用转基因大豆生产某产品,但欧洲市场规定,转基因成分需要在食品成分表中标出。为了防止消费者的抵触情绪,某公司决定使用非转基因大豆,但初步实验表明,以非转基因大豆为原料生产的该产品豆香味可能没有原来浓,因此研究人员想知道以这两种大豆为原料所生产的该产品豆香味是否有所差别。

项目目标:研究开发一种具有豆香味特征的产品。

实验目标:测量以两种大豆为原料生产的产品豆香味特征的相对能力,即两种豆香味是否不同。

实验设计:实验前,先准备好以两种大豆为原料生产的样品 A 和 B。因为不同的人对豆香味会有不同的看法,因此需要参加实验的人数要多一些,并且不一定需要培训。实验由45人参加,将 α 设为5%。否定假设是 H_0:样品 A 的豆香味=样品 B 的豆香味;备择假设是 H_a:样品 A 的豆香味≠样品 B 的豆香味。因为只关心是否有所不同,所以这个检验是双边的。样品分别被标为793(原产品)和743(新产品),问卷见表5.11。

表5.11　实验调查问卷

方向性差别实验
姓名:＿＿＿＿＿＿＿＿＿＿　　日期:＿＿＿＿＿＿＿＿＿ 样品类型:＿＿＿＿＿＿＿＿＿＿＿ 研究特性:＿＿＿＿＿＿＿＿＿＿＿
实验说明:
从左到右品尝每对样品,然后做出你的判断。 如果是没有明显的差异,可以猜一个答案,如果猜不出来,也可以做出"无差异"的判断。
实验组样品　　　　　　　　　　哪一个更具有豆香味 　793　　743　　　　　　　　　　　＿＿＿＿＿＿＿
建议:＿＿＿＿＿＿＿＿＿＿＿＿＿＿＿＿＿＿＿＿＿＿＿＿＿＿＿＿＿ ＿＿＿＿＿＿＿＿＿＿＿＿＿＿＿＿＿＿＿＿＿＿＿＿＿＿＿＿＿＿＿＿＿

样品筛选:实验之前对两种样品进行品尝,以确定它们的风味确实相似。

分析结果:有 32 人认为样品 793 的甜橙风味更强。当 $\alpha = 0.05$ 的临界值是 30,因此认为两种样品之间存在显著差异。

解释结果:为了保持原有市场,建议慎重使用非转基因大豆,因此从实验可以看出它的豆香味不如原产品的浓,应继续实验,寻找合适的替代品。

5.3　二-三点检验法

二-三点检验法(duo-trial test)是先提供给评定员一个参照样品,让评定员对其特征进行充分地了解后,再提供两个样品,其中一个与参照样品相同或者相似。要求评定员从另外两个样品中挑选出与参照样品相同的样品。二-三点检验法由 Peryam 和 Swartz 于 1950 年提出的方法。二-三点检验法的目的是区别两个同类样品是否存在感官差异,但差异的方向不能被检验指明。即感官评定员只能知道样品可察觉到差别,而不知道样品在何种性质上存在差别。二-三点检验法尤其适用于评定员很熟悉的参照样品,例如成品检验过程。由于精度较差(猜对率为 50%),一般用于风味较强、刺激较烈、余味较持久的产品检验,以降低检验次数,避免感觉疲劳。但外观有明显差别的样品不适宜此法。通常评定时,在评定标准样品后,最好有 10 s 左右的停息时间,避免味觉和嗅觉疲劳,提高检验的准确性。同时要求,两个样品作为对照品的概率应相同。

二-三点检验法有两种形式:一种叫固定参照模型;另一种叫平衡参照模型。在固定参照模型中,总是以正常生产的产品为参照样;而在平衡参照模型中,正常生产的样品和要进行检验的样品被随机用作参照样品。如果参评人员是受过培训的,他们对参照样品很熟悉的情况下,使用固定参照模型;当参评人员对两种样品都不熟悉,而他们又没有接受过培训时,使用平衡参照模型。在平衡参照模型中,一般来说,参加评定的人员可以没有专家,但要求人数较多,其中选定评定员通常 20 人,临时参与的可以多达 30 人,即 50 人之多。

5.3.1　方法特点

(1)此方法是常用的三点检验法的一种替代法。在样品相对地具有浓厚的味道,强烈的气味或者其他冲动效应时,会使人的敏感性受到抑制,这时才使用这种方法。

(2)这种方法比较简单,容易理解。但从统计学上来讲不如三点检验法具有说服力,因为该方法是从两个样品中选择一个,精度较差(猜对率为 1/2)。因此该方法一般用于风味较强、刺激较强和余味较持久的产品检验,以降低检验次数,避免感觉疲劳。另外,外观有明显差别的样品不适宜此法。

(3)该方法具有强制性。该实验中已经确定两个样品是不同的,因此不必像三点检验法去猜测。但样品间差异不大的情况依然是存在的。当区别的确不大时,评定员必须去猜测,他的正确回答的概率是 50%。为了提高结果的准确性,二-三点检验法要求有 25 组样品。如果这项检验非常重要,样品组数应适当增加,其组数一般不超过 50 个。

(4)该检验过程中,在品尝时,要特别强调漱口。在样品风味很强烈的情况下,品尝下个样品之前都必须彻底地洗漱口腔,不得有残留物和残留味的存在。检验完一批样品后,如果后面还有一批同类的样品检验,最好离开现场一定时间,或回到品尝室饮用一些白开水等净水。

(5)在固定参照模型中,样品有两种可能的呈送顺序,如 RABA、RAAB,应在所有的评定员中交叉平衡。而在平衡参照模型中,样品有四种可能的呈送顺序,如 RABA、RAAB、RBAB、RBBA,一般的评定员得到一种样品类型作为参照,而另一半的评定员得到另一种样品类型作为参照。样品也要在所有的评定员中交叉平衡。

5.3.2　组织设计

二–三点检验虽然有两种形式,从评定员角度来讲,这两种检验的形式是一致的,只是所使用的作为参照物的样品是不同的。二–三点检验问答卷的一般形式见表5.12。

表 5.12　二–三点检验问答卷的一般形式

二–三点检验
姓名:_____　　　　　　　　日期:_____
实验指令:
在你面前有三个样品,其中一个标明"参照",另外两个标有编号。从左向右依次品尝三个样品,先是参照样,然后是两个样品。品尝之后,请在与参照相同的那个样品的编号上划圈。你可以多次品尝,但必须有答案。谢谢。
参照　　　　　　　321　　　　　　　689

5.3.3　结果分析

有效鉴评表数为 n,回答正确的表数为 R,查表 5.6 中为 n 的一行的数值,若 R 小于其中所有数,则说明在 5% 水平,两样品间无显著差异,若 R 大于或等于其中某数,说明在此数所对应的显著水平上,两样品间有显著差异。

【例 5.4】　某饮料厂为降低生产糖尿病人专用饮料,在加工中添加某种低热代糖添加剂,为了检查实验样品甜味效果,运用二–三点检验法进行实验,由 40 名鉴评员进行检查,其中有 20 名接受到的对照样品是含蔗糖饮料,另 20 名接受到的对照样品是非糖饮料制品,依次判别两种参试样品,共得到 40 张有效答案,其中有 25 张回答正确。查表 5.6 中,$n=40$ 一栏,知 25<26(5%)<28(1%)<31(0.1%),则在 5% 显著水平,两样品间无显著差异,即代糖效果良好。

【例 5.5】　平衡参照二–三点实验

问题:一个产品香味开发人员要知道两种赋予面巾纸香味的方法(直接加到面巾上面和加到面巾纸盒里)是否会使产品香气的浓度和香气品质有所不同。

项目目标:确定两种加香方法是否会使面巾纸在正常存放时间之后有所不同。

实验目标:确定两种产品在存放 3 个月之后是否在香气上存在不同。

实验设计:样品在同一天准备,使用完全相同的香味物质和相同的面巾纸,只是赋予香味的方法不同,将两种样品放在相同的条件下存放 3 个月。在实验开始前 1 h,从纸盒

中央取出面巾纸,每片面巾纸都放在一个密闭的玻璃瓶中。实验由有 40 人参加实验,样品编号及排组情况参照三点实验,两种样品各自被用作参照样 20 次。准备工作表及实验回答卷见表 5.13、表 5.14。

表 5.13　面巾纸二-三点检验准备工作表

样品准备工作表

日期:＿＿＿＿＿＿＿＿

编号:＿＿＿＿＿＿＿＿

样品类型:<u>面巾纸</u>

实验类型:二-三点检验(平衡参照模型)

产品情况	含有两个 A 的号码		含有两个 B 的号码	
A:新产品	959	257	448	
B:原产品(对比)	723		539	661
呈送容器标记情况	号码顺序		代表类型	
小组				
1	AAB		R-257-723	
2	BBA		R-661-448	
3	ABA		R-723-257	
4	BAB		R-448-661	
5	BAA		R-723-257	
6	ABB		R-661-448	
7	AAB		R-959-723	
8	BBA		R-539-448	
9	ABA		R-723-959	
10	BAB		R-448-539	
11	BAA		R-723-959	
12	ABB		R-448-661	

R 为参照,将以上顺序依次重复,直到 40 组。

表 5.14　面巾纸二-三点检验问答表

二-三点检验

品评员编号:＿＿＿＿＿＿＿＿＿＿　　　　日期:＿＿＿＿＿＿＿＿＿＿

样品:面巾纸

实验指令:

　　1.请将杯子盖子拿掉,从左到右依次闻您面前的样品。

　　2.最左边的是参照样。确定哪一个带有编号的样品的香味同参照样相同。

　　3.在您认为相同的编号上划圈。

　　如果您认为带有编号的两个样品非常相近,没有什么区别,您也必须在其中选择一个。

　　参照　　　　　539　　　　　　　　448

结果分析:在进行实验的 40 人中,有 23 人做出了正确的选择。根据表 5.6,在 5% 显著水平下,临界值是 26,所以说两种产品的香味之间没有差别。

解释结果:感官评定人员可以告知那位香味研究人员,通过二-三点检验方法,在给定的香气成分、纸张和存放期下,这两种产品在香味上没有差别。

【例 5.6】 固定参照二-三点实验

问题:一个咖啡生产商现在有两个咖啡包装的供应商,A 是他们已经使用多年的产品,B 是一种新产品,可以延长货架期。他想知道这两种包装对咖啡风味的影响是否不同。而且这个咖啡生产商觉得有必要在咖啡风味稍有改变和咖啡货架期的延长上做一些平衡,也就是说,他愿意为延长货架期而冒咖啡风味可能发生改变的风险。

项目目标:确定咖啡包装的改变是否会在储存一段时间后使得咖啡的风味有所改变。

实验目标:两种咖啡包装的咖啡在室温存放 10 周之后冲泡,在风味上是否有所差异。

评定人数的确定:将 α 值定为 5%,评定人员是 90 人。

实验设计:对于这个实验来说,固定模型的二-三点检验更合适一些,因为品评人员对该公司的产品,用 A 种咖啡包装的咖啡,非常熟悉。为了节省时间,实验可以分为 3 组,每组 30 人,同时进行。以 A 为参照,每组都要熟悉 $30 \times 2 = 60$ 个 A 和 30 个 B。

结果分析:在 3 组中,分别有 17,18,19 个人做出了正确选择。根据表 5.6,当参评人数是 30,α 值为 5% 时,临界值是 20。然而从整个大组来看做出了正确选择的人数是 54,从附表得出的临界值是 54。这两个结果有些出入。但要知道,30 并不是该实验要求的参评人数,查看结果还要依据真正的参评人数,90 人。

解释结果:如果将 3 个小组合并起来考虑,在 α 值为 5% 的水平下,A 和 B 是存在差异的。下面需要确定哪一种产品更好,可以检查评定者是否写下了关于两种产品之间不同的评语。如果没有。将样品送给描述分析小组。如果经过描述检验后,仍不能确定哪一个产品好于另外一个产品,可以进行消费者实验。再最终确定哪一种包装的咖啡更被接受。

5.4 三点检验法

在检验中,将三个样品同时呈送给评定员,其中有两个是相同的,另外一个样品与其他两个样品不同,要求评定员挑选出其中不同于其他两个样品的检验方法称为三点检验法,也称为三角实验法(triangle test)。三点检验法是差别检验当中最常用的一种方法,是由美国的 Bengtson(本格逊)及其同事首先提出的。三点检验法可使感官专业人员确定两个样品间是否有可察觉的差别,但不能表明差别的方向。当感官评定的目的是研究两种样品之间是否存在差别时,可以用三点检验法。三点检验法的具体应用领域有以下几个:

(1)确定产品的差异是否来自成分、工艺、包装和储存期的改变。

(2)确定两种产品之间是否存在整体差异。

(3)筛选和培训检验人员,以锻炼其发现产品差别的能力。

5.4.1 方法特点

(1)在感官评定中,三点检验法是一种专门的方法,用于两种产品的样品间的差异分析,而且适合于检验样品间的细微差别,如品质管制和仿制产品。其差别可能与样品的所有特征,或者与样品的某一特征有关。三点检验法不适用于偏爱检验。

(2)当参加评定的工作人员的数目不是很多时,可选择此法。

(3)三点检验实验中,每次随机呈送给评定员三个样品,其中两个样品是一样的,一个样品则不同。并要求在所有的评定员间交叉平衡。为了使三个样品的排列次序和出现次数的概率相等,这两种样品可能的组合是:BAA、ABA、AAB、ABB、BAB 和 BBA。在实验中,组合在 6 组中出现的概率也应是相等的,当评定员人数不足 6 的倍数时,可舍去多余样品组,或向每个评定员提供六组样品做重复检验。

(4)对三点检验的无差异假设规定:当样品间没有可觉察的差别时,做出正确选择的概率是 1/3。因此,在实验中此法的猜对率为 1/3,这要比成对比较法和二-三点法的 1/2 猜对率准确度低得多。如果增加检验次数至 n 次,那么这种猜测性的概率值将降至 $1/3^n$。实验次数对猜测性的影响见表 5.15。

表 5.15   实验次数对猜测性的影响

猜测概率	实验次数							
	1	2	3	4	5	6	...	10
1/2	0.5	0.25	0.13	0.063	0.031	0.016	—	9.8×10^{-4}
1/3	0.33	0.11	0.036	0.012	0.003 9	0.001 3	—	1.7×10^{-5}

(5)食品三点检验法要求的技术比较严格,每项检验的主持人都要亲自参与评定。为使检验取得理想的效果,主持人最好组织一次预备实验,以便熟悉可能出现的问题,以及先了解一下原料的情况。但要防止预备实验对后续的正规检验起诱导作用。

(6)在食品三点检实验中,所有评定员都应基本上具有同等的评定能力和水平,并且因食品的种类不同,评定员也应该是各具专业之所长。参与评定的人数多少要因任务而异,可以在 5 人到上百人的很大范围内变动,并要求做差异显著性测定。三点检验通常要求品评人员为 20~40 人,而如果实验目的是检验两种产品是否相似时(是否可以相互替换),要求的参评人员人数则为 50~100。

(7)三点检验中,评定组的主持人只允许其小组出现以下两种结果:第一种,根据"强迫选择"的特殊要求,必须让评定员指明样品之一与另两个样品不同;第二种,根据实际,对于的确没有差别的样品,允许打上"无差别"字样。这两点在显著性测定表上查找差异水平时,都是要考虑到的。

(8)评定员进行检验时,每次都必须按从左到有的顺序品尝样品。评定过程中,允许评定员重新检验已经做过的那个样品。评定员找出与其他两个样品不同的一个样品或者相似的样品,然后对结果进行统计分析。

(9)三点检验法比较复杂。如当其中某一对样品被认为是相同的时候,也需要用另一样品的特征去证明。这样反复的互证,比较烦琐。为了得到正确的判断结果,不能让评定员知道样品的排列顺序,因此样品的排序者不能参加评定。

5.4.2   组织设计

在三点检验问答表的设计中,通常要求评定员指出不同的样品或者相似的样品。必须告知评定员该批检验的目的,提示要简单明了,不能有暗示。常用的三点检验问答表,见表5.16。

表5.16 三点检验问答表的一般形式

三点检验
姓名:_____ 　　　　日期:_____
实验指令:
在你面前有三个带有编号的样品,其中有两个是一样,而另一个和其他两个不同。请从左到右依次品尝三个样品,然后在与其他两个样品不同的那一个样品的编号上划圈。你可以多次品尝,但不能没有答案。
624　　　　　　　　　　801　　　　　　　　　　129

5.4.3 结果分析

按要求统计正确回答的问答表数,查表5.17可得出两个样品间有无差异。

表5.17 三点检验法检验表

答案数目 n	显著水平 α			答案数目 n	显著水平 α			答案数目 n	显著水平 α		
	5%	1%	0.1%		5%	1%	0.1%		5%	1%	0.1%
4	4	–	–	33	17	18	21	62	28	31	33
5	4	5	–	34	17	19	21	63	29	31	34
6	5	6	–	35	17	19	22	64	29	32	34
7	5	6	7	36	18	20	22	65	30	32	35
8	6	7	8	37	18	20	22	66	30	32	35
9	6	7	8	38	19	21	23	67	30	33	36
10	7	8	9	39	19	21	23	68	31	33	36
11	7	8	10	40	19	21	24	69	31	34	36
12	8	9	10	41	20	22	24	70	32	34	37
13	8	9	10	42	20	22	25	71	32	34	37
14	9	10	11	43	21	23	25	72	32	35	38
15	9	10	12	44	21	23	25	73	33	35	38
16	9	11	12	45	22	24	26	74	33	36	39
17	10	11	13	46	22	24	26	75	34	36	39
18	11	12	13	47	23	24	27	76	34	36	39
19	11	12	14	48	23	25	27	77	34	37	40
20	11	13	14	49	23	25	28	78	35	37	40
21	12	13	15	50	24	26	28	79	35	38	41
22	12	14	16	51	24	26	29	80	35	38	41
23	13	15	16	52	24	27	29	82	36	39	42
24	14	16	18	53	25	27	29	84	37	40	43
25	15	16	18	54	25	27	30	86	38	40	44
26	15	17	19	55	26	28	30	88	38	41	44
27	15	17	19	56	26	28	31	90	39	42	45
28	16	18	20	57	26	29	31	92	40	43	46
29	15	16	18	58	27	29	32	94	41	44	47
30	15	17	19	59	27	29	32	96	42	44	48
31	15	17	19	60	28	30	33	98	42	45	49
32	16	18	20	61	28	30	33	100	43	46	49

例如 40 张有效鉴评表,有 23 张正确地选择出单个样品,查表 5.17 中 $n=40$ 栏。由于 23 大于 1% 显著水平的临界值 21,小于 0.1% 显著水平的临界值 24,则说明在 1% 显著水平,两样品间有差异。

【例 5.7】　现有 60 名评定员,样品之一是家乐鸡精,要求评定员在两种鸡精产品中找出家乐鸡精,结果如表 5.18。

表 5.18　鸡精组合结果

鸡精组合	ABB	AAB	ABA	BAB	合计
样本数	15	15	15	15	60
正解数	8	8	7	9	32

查表 5.17 答案数目为 60 的一栏,1% 显著水平的临界值为 30,0.1% 显著水平的临界值为 33。由于正解数为 32,所以在 1% 显著水平上两样品间有差异。

当有效鉴评表大于 100 时($n>100$ 时),表明存在差异的鉴评最少数为 $0.4714\,Z\sqrt{n}+\dfrac{(2n+3)}{6}$ 的近似整数;若回答正确的鉴评表数大于或等于这个最少数,则说明两样品间有差异。式中 Z 值如下:

显著水平　　5%　　1%　　1.0%
Z 值　　　　1.64　2.33　3.10

【例 5.8】　咖啡实验

问题:现有两种咖啡,一种是原产品,一种使用一批新种植的品种,感官评定人员想知道这两种产品之间是否存在差异。

项目目标:两种产品之间是否存在差异。

实验目标:检验两种产品之间的总体差异性。

实验设计:因为实验目的是检验两种产品之间的差异,我们将 α 值设为 5%,有 12 个品评人员参加检验,因为每个所需的样品是 3 个,所以一共准备了 36 个样品,新产品和原产品各 18 个,按表 5.19 安排实验。实验中使用随机号码。

实验结果:将 12 份答好的问答卷回收,按照上表核对答案,统计答对的人数。经核对,在该实验中,共有 9 人做出了正确选择。根据表 5.17 在 $\alpha=5\%$,$n=12$ 时,对应的临界值是 8,所以这两种产品之间存在差异的。

结论:这两种咖啡(新产品和原产品)是存在差异的。

【例 5.9】　有 24 个鉴评员对 3 个编码样品,按表 5.20 进行三点差别检验,并填写以下评定表,三点检验评定表见表 5.20。对收回的 24 张有效评定表进行统计分析。

(1)有 14 张评定表正确选出有差别的样品"309"。查表 5.17,当 $n=24$ 时,13(5%)<14<15(1%),说明在 5% 的显著水平,样品"309"与"527、428"有显著差异。

(2)样品的差异程度。由正确选出"309"样品的 14 张评定表中,统计出样品差异程度的平均值为 4.2。说明样品 309 与另外两个样品间有较强的差异。

(3)从正确选出样品的 14 张评定表中,统计出有 10 张喜欢样品 527 与 428。查表

5.17,$n=14$ 时,9(5%)<10,说明在 5% 的显著水平,对"309"与"527、428"的喜好程度,有显著的差异。

表 5.19 咖啡差异实验准备工作表

样品准备工作表		
日期:_____		
编号:_____		
样品类型:__咖啡__ 实验类型:__三点检验__		
产品情况	含有两个 A 的号码使用情况	含有两个 B 的号码使用情况
A:新产品	533　　681	576
B:原产品(对比)	298	885　　372
呈送容器标记情况	号码顺序	代表类型
小组		
1	533 681 298	AAB
2	576 885 372	ABB
3	885 372 576	BBA
4	298 681 533	BAA
5	533 298 681	ABA
6	885 576 372	BAB
7	533 681 298	AAB
8	576 885 372	ABB
9	885 372 576	BBA
10	298 681 533	BAA
11	533 298 681	ABA
12	885 576 372	BAB

样品准备程序:

1.两种产品各准备 18 个,分两组(A 和 B)放置,不要混淆。

2.按照上表的编号,每个号码各准备 6 个,将两种产品分别标好。即新产品(A)中标有 533,681 和 298 号码的样品个数分别为 6 个,原产品(B)中标有 576,885 和 372 的样品个数也分别是 6 个。

3.将标记好的样品按照上表进行组合,每份相应的小组号码和样品号码也写在答卷上,呈送给品评人员。

表 5.20　三点检验法评定表

序号	评定内容	评定结果
1	按规定次序检验三个样品,其中有两个样品完全一样,请指出其中有差别的样品。 样品编号:527,309,428。	样品编号:
2	将你感觉到的差别强度,在相对应的数值上画"√"。	很弱　弱　中等　强　很强 　1　　2　　3　　4　　5
3	你更喜欢哪个样品,在相应的位置上画"√"。	有差别的样品: 两个完全一样的样品:

5.5　"A"-"非 A"检验法

在评定员熟悉了样品"A"的特征以后,再将一系列包含"A"与"非 A"的样品呈送给评定员。要求评定员区分出哪些是"A",哪些是"非 A"样品的检验方法被称为"A"-"非 A"检验法。这种是与否的检验法,也称为单项刺激检验。

在品尝前首先要让评定员反复熟悉对照样品"A",使其能清晰地体验并能识别之,必要时可让评定员对"非 A"也作体验,品尝开始后评定员就不得再用样品"A"清晰自己的记忆。要以随机地顺序向评定员分发样品,使评定员不能从样品的提供方式中对样品的性质做出猜测。评定员按样品顺序评定,并将它们识别为"A"或"非 A"。每个样品间应有适当的评定间隔。与前述的评定方式不同,"A"与"非 A"检验法不要求样品"A"与"非 A"的数量相同,但每个评定员品尝的样品数应相同。

"A"-"非 A"检验是为了判断在两种样品之间是否存在有感官差异,特别是不适于用三角实验或二-三点实验时。比如,确定由于原料、加工、处理、包装和储藏等各环节的不同所造成的两种产品之间存在的细微的感官差别,适于用本方法;对于有着强烈后味的样品、需要进行表皮实验的样品以及可能会从精神上混淆品评员判断的复杂性刺激的样品间进行对比时,适于用这种方法。当两种产品中的一种非常重要,可以作为标准产品或者参考产品,并且品评员非常熟悉该样品,或者其他样品都必须和当前的样品进行比较时,优先使用"A"-"非 A"实验而不选择简单差异实验。"A"-"非 A"实验也适用于选择实验品评员,例如,一个品评员(或一组品评员)是否能够从其他甜味料中辨认出一种特别的甜味料。同时,它还能通过信号检测方法测定感官阈值。

5.5.1　方法特点

(1)此检验本质上是一种顺序成对差别检验或简单差别检验。评定员先评定第一个样品,然后再评定第二个样品,要求评定员指明这些样品感觉上是相同还是不同。此实验的结果只能表明评定员可察觉到样品的差异,但无法知道样品品质差异的方向。

(2)在"A"-"非 A"检验过程中,样品有 4 种可能的呈送顺序,如 AA、BB、AB、BA。这些顺序要能够在评定员之间交叉随机化。在呈送给评定员的样品中,分发给每个品评员的样品数应相同,但样品"A"的数目与样品"非 A"的数目不必相同。在每次实验中,每个样品要被呈送 20 ~ 50 次。每个品评者可以只接受一个样品,也可以接受两个样品,一个"A",一个"非 A",还可以连续品评 10 个样品。每次评定的样品数量视检验人员的生理疲劳和精神疲劳程度而定,受检验的样品数量不能太多,应以评品人数较多来达到可靠的目的。

(3)评定员必须经过训练,使之能够理解评分表所描述的任务,但他们不需要接受特定感官方面的评定训练。此检验通常需要 10 ~ 50 名品评人员,他们要经过一定的训练,做到对样品"A"和"非 A"非常熟悉。

(4)需要强调的一点是,参加检验评定的人员一定要对样品"A"和"非 A"非常熟悉,否则,没有标准或参照,结果将失去意义。

(5)检验中,每次样品间应有适当的评定间隔,一般是相隔 2 ~ 5 min。

5.5.2 组织设计

训练 10 ~ 50 名品评员辨认"A"和"非 A"样品。在实验中,每个样品呈送 20 ~ 50 次,每个品评员可能收到一个样品("A"或"非 A"),或者两个样品(一个"A"和一个"非 A"),或者会连续收到多达 10 个样品。允许的实验样品数由品评员的身体和心理疲劳程度决定。

注意:不推荐使用对"非 A"样品不熟悉的品评员,这是因为对相关理论的缺乏会使得他们可能随意猜测,从而产生实验偏差。

实验步骤如下:

与三角实验相同,同时向品评员提供记录表和样品。对样品进行随机编号和随机分配,以便品评员不会察觉到"A"与"非 A"的组合模式。在完成实验之前不要向品评员透露样品的组成特性。

注意:在这种标准过程中,必须遵守如下规则。

(1)品评员必须在实验开始前获得"A"和"非 A"样品。

(2)在每个实验中,只能有一个"非 A"样品。

(3)在每次实验中,都要提供相同数量的"A"和"非 A"样品。

这些规则可能会在特定的实验中改变,但是必须在实验前通知品评员。如果在第二条中有不止一种的"非 A"样品存在,那么,在实验前必须告知和展示给品评员。

"A"-"非 A"检验法问答表的一般形式,见表 5.21。

表 5.21　"A"-"非 A"检验法问答表的一般形式

"A"-"非 A"检验		
姓名:_____	日期:_____	
样品:_____		
实验指令: 1. 在实验之前对样品"A"和"非 A"进行熟悉,记住它们的口味。 2. 从左到右依次品尝样品,在品尝完每一个样品之后,在其编码后面相对应位置上打"√"。 注意:在你所得到的样品中,"A"和"非 A"的数量是相同的。		

样品顺序号	编号	该样品是	
		"A"	"非 A"
1	591		
2	304		
3	547		
4	743		
5	568		
6	198		

5.5.3　结果分析

　　结果分析时,首先对品评表的结果进行统计,并汇入表 5.22 中,然后对结果进行分析。表中 n_{11} 表示样品本身是"A",鉴评员也认为是"A"的回答总数; n_{22} 表示样品本身是"非 A",鉴评员也认为是"非 A"的回答总数; n_{21} 表示样品本身是"A",而鉴评员认为是"非 A"的回答总数, n_{12} 表示样品本身是"非 A",而鉴评员认为是"A"的回答总数。 $n_{1.}$、 $n_{2.}$ 为第 1、2 行回答数之和, $n_{.1}$、 $n_{.2}$ 为第 1、2 列回答数之和, n 为所有回答数,然后用 χ^2 检验来进行解释。

表 5.22　结果统计表

判　　别	样品		
	"A"	"非 A"	累计
	判别数		
判为"A"的回答数	n_{11}	n_{12}	$n_{1.}$
判为"非 A"的回答数	n_{21}	n_{22}	$n_{2.}$
累计	$n_{.1}$	$n_{.2}$	n

　　假设评定员的判断与样品本身的特性无关。

　　当回答总数为 $n \leqslant 40$ 或 $n_{ij}(i=1,2;j=1,2) \leqslant 5$ 时, χ^2 的统计量为

$$\chi^2 = \frac{[\mid n_{11} \times n_{22} - n_{12} \times n_{21} \mid -n/2]^2 \times n}{n_{.1} \times n_{.2} \times n_{1.} \times n_{2.}} \tag{5.2}$$

当回答总数是 $n>40$ 和 $n_{ij}>5$ 时，χ^2 的统计量为

$$\chi^2 = \frac{[n_{11} \times n_{22} - n_{12} \times n_{21}]^2 \times n}{n_{\cdot 1} \times n_{\cdot 2} \times n_{1\cdot} \times n_{2\cdot}} \tag{5.3}$$

将 χ^2 统计量与 χ^2 分布临界值（附表 1）比较：

当 $\chi^2 \geq 3.84$，为 5% 显著水平；

当 $\chi^2 \geq 6.63$，为 1% 显著水平。

因此，在此选择的显著水平上拒绝原假设，即鉴评员的判断与样品特性相关，即认为样品"A"与"非 A"有显著差异。

当 $\chi^2 < 3.84$，为 5% 显著水平；

当 $\chi^2 < 6.63$，为 1% 显著水平。

因此，在此选择的显著水平上接受原假设，即认为鉴评员的判断与样品本身特性无关，即认为样品"A"与"非 A"无显著性差异。

【例 5.10】 30 位鉴评员判定某种食品经过蒸汽加热（"A"）和微波加热（"非 A"）后，两者的差异关系。每位鉴评员评定两个"A"和三个"非 A"，则统计结果见表 5.23。

表 5.23 结果统计表

判别		样品		
		"A"	"非 A"	累计
		判别数		
判别评定数	"A"	40	40	80
	"非 A"	20	50	70
	累计	60	90	150

由于 $n=150>40, n_{ij}>5$，则

$$\chi^2 = \frac{[n_{11} \times n_{22} - n_{12} \times n_{21}]^2 \times n}{n_{\cdot 1} \times n_{\cdot 2} \times n_{1\cdot} \times n_{2\cdot}} = \frac{[40 \times 50 - 20 \times 40]^2 \times 150}{60 \times 90 \times 80 \times 70} = 7.14$$

因为 $\chi^2 = 7.14 > 6.63$，所以在 1% 显著水平上有显著差异。

【例 5.11】 一名产品开发人员正在研究用一种甜味剂来替换某饮料中目前用量为 5% 的蔗糖成分。前期实验表明，0.1% 的该甜味剂相当于 5% 的蔗糖，但是如果一次品尝的样品超过 1 h，由于该甜味剂甜味的后味、其他味道和口感等因素，就会让人感觉到某些异样。该开发人员知道，含有这种新型甜味剂和蔗糖的饮料是否能够被识别出来。

项目目标：确定 0.1% 的该甜味剂能否代替 5% 的蔗糖。

实验目标：直接比较这两种甜味物质，并减少味道的延迟和覆盖效应。

实验设计：分别将甜味剂和蔗糖配制成 0.1% 和 5% 的溶液，将甜味剂溶液设为"A"，将蔗糖溶液设为"非 A"。由 20 人参加品评，每人得到 10 个样品，每个样品品尝一次，然后回答是"A"还是"非 A"，在品尝下一个样品之前用清水漱口，并等待 1 min，问答卷见表 5.24。

表 5.24　实验调查问卷表

"A"–"非 A"检验
姓名:_____　　　　　　　日期:_____   样品:甜味饮料
实验指令: 1. 在实验之前,对样品"A"和"非 A"进行熟悉,记住它们的口味。   2. 从左到右依次品尝样品,在品尝完每一个样品之后,在其编号后面的相应位置中打"√"。   注意:在你所得到的样品中,"A"和"非 A"的数量是相同的。

样品顺序号	编号	该样品是	
		"A"	"非 A"
1	591	_____	_____
2	304	_____	_____
3	547	_____	_____
4	743	_____	_____
5	568	_____	_____
6	198	_____	_____
7	974	_____	_____
8	552	_____	_____
9	687	_____	_____
10	303	_____	_____

分析结果:得到的结果见表 5.25。

$$\chi^2 = \frac{[60 \times 65 - 40 \times 35]^2 \times 200}{100 \times 100 \times 95 \times 105} = 12.53$$

设 $\alpha = 0.05$,由 χ^2 分布表 $f = 1$(一共有 2 种样品),得到 $\chi^2 = 3.84$,$12.53 > 3.84$,所以,0.1% 的甜味剂和 5% 蔗糖溶液之间存在显著差异。

结果的解释:通过实验,可以告诉该研究人员,0.1% 的甜味剂和 5% 的蔗糖溶液是不同的,它能够被识别出来,如果想搞清楚如何不同,可以进一步做描述分析的感官实验。

表 5.25　实验结果统计

回答情况	样品真实情况		
	"A"	"非 A"	总计
"A"	60	35	95
"非 A"	40	65	105
总计	100	100	200

【例5.12】 一名产品开发人员正在研究用两种鲜味剂来替换某调味料中目前用量为0.5%的味精成分。前期实验表明,0.1%的鲜味剂甲和0.1%的鲜味剂乙相当于0.5%的味精,但是如果一次品尝的样品超过1 h,由于该两种鲜味剂鲜味的后味、其他味道和口感等因素,就会让人感觉到某些异样。该开发人员知道,含有这两种新型鲜味剂和味精的调味料是否能够被识别出来。

项目目标:确定0.1%鲜味剂甲和0.1%鲜味剂乙能否代替0.5%的味精。

实验目标:检验味精"A"、鲜味剂"(非 A)$_1$"、鲜味剂"(非 A)$_2$"三者之间在甜味上是否有显著性差异。

实验设计:分别将鲜味剂甲和乙与味精配制成0.1%、0.1%和0.5%的溶液,将味精溶液设为"A",分别将鲜味剂甲溶液和鲜味剂乙溶液设为"(非 A)$_1$"和"(非 A)$_2$"。由20人参加品评,每人得到10个样品,每个样品品尝一次,然后回答是"A"还是"非 A",在品尝下一个样品之前用清水漱口,并等待1 min,问答卷见表5.26。

表5.26 实验调查问卷表

"A""(非 A)$_1$""(非 A)$_2$"检验			

姓名:_____ 日期:_____

样品: 鲜味调味品

实验指令:

1. 在实验之前,对样品"A"和"(非 A)$_1$""(非 A)$_2$"进行熟悉,记住它们的口味。

2. 从左到右依次品尝样品,在品尝完每一个样品之后,在其编号后面的相应位置中打"√"。

注意:在你所得到的样品中,"A""(非 A)$_1$"和"(非 A)$_2$"三者的数量是相同的。

样品顺序号	编号	该样品是		
		"A"	"(非 A)$_1$"	"(非 A)$_2$"
1	591	_____	_____	_____
2	304	_____	_____	_____
3	547	_____	_____	_____
4	743	_____	_____	_____
5	568	_____	_____	_____
6	198	_____	_____	_____
7	974	_____	_____	_____
8	552	_____	_____	_____
9	687	_____	_____	_____
10	303	_____	_____	_____

分析结果:得到的结果如表5.27 所示。

本例中因为 $n.. > 40$ 和 $n_{ij} > 5$，所以用式（5.4）：

$$\chi^2 = \frac{[n_{11} \times n_{22} - n_{12} \times n_{21}]^2 \times n..}{n._1 \times n._2 \times n_1. \times n_2.} \tag{5.4}$$

把实验结果统计表中的各值代入式（5.4），得 $\chi^2 = 4.65$，$4.65 < 5.99$（$f = 2$、$\alpha = 0.05$）的对应临界值；见附表 1，因此得出结论：认为味精、鲜味剂"（非 A）$_1$"、鲜味剂"（非 A）$_2$"三者之间在鲜味上无显著差异。

表 5.27　实验结果统计

回答情况	样品真实情况			总计
	"A"	"非 A"		
		"（非 A）$_1$"	"（非 A）$_2$"	
"A"	60	45	40	145
"非 A"	40	55	40	135
总计	100	100	80	280

【例 5.13】　由 15 位优选评定员区别两种冰激凌的细腻度，每位评定员评定 4 个"A"和 6 个"非 A"，检验判别统计表如表 5.28 所示。

表 5.28　检验判别表

回答情况	样品真实情况		
	"A"	"非 A"	总计
"A"	35	40	75
"非 A"	25	50	75
总计	60	90	150

因为 $n = 150 > 40$ 和 $n_{ij} > 5$，因此：

$$\chi^2 = \frac{[n_{11} \times n_{22} - n_{12} \times n_{21}]^2 \times n..}{n._1 \times n._2 \times n_1. \times n_2.}$$

$$= \frac{[35 \times 50 - 40 \times 25]^2 \times 150}{60 \times 90 \times 75 \times 75} = 2.778$$

$2.778 < 3.84$，所以这两种冰激凌的细腻度没有显著差异。

5.6　五中取二检验法

每次以随机顺序排列提供给评定员的五个样品，其中两个样品是一种类型，另外三个样品是另一种类型。要求评定员将这些样品按类型分成两组，这种检验方法称为五中取二检验法（two out of five test）。

5.6.1　方法特点

(1)品评人员必须经过培训，一般需要的人数是 10～20 人，当样品之间的差异很大，非常容易辨别时,5 人也可以。当评定员人数少于 10 个时,多用五中取二检验法。

（2）此检验方法可识别出两样品间的细微感官差异。

（3）从统计学上讲,在这个实验中单纯猜中的概率是 1/10,而不是三点实验的 1/3,二–三检验的 1/2。统计上更具有可靠性。

（4）由于要从五个样品中挑出两个相同的产品,这个实验易受感官疲劳和记忆效果的影响,并且需用样品量较大。一般只用于视觉、听觉、触觉方面的实验,而不是用来进行味道的检验。

5.6.2 组织设计

按照三角实验所述的方法,对鉴评员进行选择、训练及指导。通常需要 10~20 个鉴评员,当差异显而易见时,5~6 个鉴评员也可以。所用鉴评员些须经过训练。

与三角实验一样,尽可能同时提供样品。如果样品较大,或者在外观上有轻微的差异,也可将样品分批提供而不至于影响实验效果。在每次评定实验中,将实验样品按以下方式进行组合,如果参评人数低于 20 人,组合方式可以从以下组合中随机选取,但含有 3 个 A 和含有 3 个 B 的组合数要相同。

AAABB	ABABA	BBBAA	BABAB
AABAB	BAABA	BBABA	ABBAB
ABAAB	ABBAA	BABBA	BAABB
BAAAB	BABAA	ABBBA	ABABB
AABBA	BBAAA	BBAAB	AABBB

根据实验中正确作答的人数,查表得出五中取二实验正确回答人数的临界值,最后做比较。

在五中取二检验法实验中,一般常用的问答表如表 5.29 所示。

表 5.29 五中取二检验问答表

五中取二检验	
姓名：_____	日期：_____
样品类型：_____	
实验指令： 1. 按以下的顺序观察或感觉样品,其中有 2 个样品是同一种类型的,另外 3 个样品是另外一种类型。 2. 测试之后,请你认为相同的两种样品的编码后面画"√"。	
编号	评语
862 _____	_____
568 _____	_____
689 _____	_____
368 _____	_____
542 _____	_____

5.6.3 结果分析

假设有效鉴评表数为 n,回答正确的鉴评表数为 k,查表 5.30 中 n 栏的数值。若 k 小于这一数值,则说明在 5% 显著水平两种样品间无差异。若 k 大于或等于这一数值,则说明在 5% 显著水平两种样品有显著差异。

表 5.30 五中取二检验法检验表($\alpha = 5\%$)

评定员数 n	正答最少数 k	评定员数 n	正答最少数 k	评定员数 n	正答最少数 k
9	4	23	6	37	8
10	4	24	6	38	8
11	4	25	6	39	8
12	4	26	6	40	8
13	4	27	6	41	8
14	4	28	7	42	9
15	5	29	7	43	9
16	5	30	7	44	9
17	5	31	7	45	9
18	5	32	7	46	9
19	5	33	7	47	9
20	5	34	7	48	9
21	6	35	8	49	10
22	6	36	8	50	10

【例 5.14】 某果汁生产企业为了检验果汁质量的稳定性,使用了两个批次的原料分别生产,然后运用五中取二检验法对添加不同批次原料的两个产品进行评定。由 16 名评定员进行评定,共得到 16 张有效问答表,其中有 5 名评定员正确地区分出了 6 个样品的两种类型。查表 5.30 中 $n=16$ 一栏,发现 16 名评定员的最少正答数 $k=5$,与本次评定的结果相同,说明这两批果葡糖浆的质量在 5% 显著水平有差别,即 95% 的可能存在差别。

【例 5.15】 纺织品粗糙程度的比较

问题:一纺织品供应商想用一种聚酯/尼龙混合品代替目前的聚酯织品。但是有人反映说该替代品手感粗糙、刮手。

项目目标:确定该聚酯/尼龙混合品是否真的很粗糙,需要改进。

实验目标:测定两种纺织品手感的差异。

实验设计:因为在该实验不涉及品尝,只是触觉,所以适合用五中取二检验法进行实验。一般来说,由 12 人组成的评定小组就足以发现产品之间的非常小的差别。从上面

20 个组合中,任意选取 12 个组合,将样品分别放在一张纸板后面,品评人员可以摸到样品,但不能看到,每个样品的纸板前标有该样品的随机编号(三位随机数字表),然后让评定者回答,哪两个样品相同,而不同于其他 3 个样品。问答卷见表 5.31。

表 5.31　纺织品粗糙程度的比较问答表

五中取二检验	
姓名:_____　　　　　　　　日期:_____	
样品类型:　纺织品	
实验指令: 1. 按以下的顺序用手指或手掌感觉样品,其中有两个样品是同一种类型的,另外三个样品是另外一种类型。 2. 测试之后,请你认为相同的两种样品的编码后面画"√"。	
编号	评语
862　_____	_____
568　_____	_____
689　_____	_____
368　_____	_____
542　_____	_____

结果分析:在 12 参评人员中,有 5 人做出了正确的选择。查表 5.30,回答正确人数的临界值是 4。说明产品之间有显著性差异。

解释结果:应该告知该生产商,这两种产品之间存在着显著的差异。

【例 5.16】　比较麦麸纤维面包的粗糙度

小麦麸皮为植物性膳食纤维的代表,其所含营养成分之高远远超过我们每日主食的面粉,但其不易消化吸收且口感粗糙,因此在食用方面很少得到利用。某面包生产厂商欲生产麦麸纤维面包,并研究分析小麦麸皮的添加对面包口感的影响。因此厂商决定进行一次感官评定来比较未添加麸皮及添加 50% 麸皮面包的粗糙度,以决定是否在面包中添加麸皮。

当感觉疲劳影响很小时,五中取二实验对评定差异是最有效的方法。只需要 12 人的鉴评小组就能够测试出微小的差异。从上文的表中随机抽取两种面包的 12 个组合。要求鉴评小组成员评定出:"哪两个样品的口感相同且与其他三个样品不同?"

实验时在鉴评员的正前方摆放一个托盘,将样品放在其中,要求鉴评员从左到右依次品尝样品。给每个样品编上一个三位数的编号。实验记录表如表 5.32 所示。

表 5.32　五中取二实验记录表(比较麦麸纤维面包的粗糙度)

五中取二检验

姓名:_____　　　　　　　　日期:_____

样品类型:麦麸纤维面包

说明:

1. 按照以下顺序评定样品,两种是同一类型,另三种是另一类型。用手指或手攀轻轻抚摸其表面。

2. 辨别出只有两个的样品类型,在相应的方框内标上"×"。

样品编号	×	注释
_____	☐	_____
_____	☐	_____
_____	☐	_____
_____	☐	_____
_____	☐	_____

结果发现,在 12 个鉴评员中,9 个能正确地把样品分开。查表可知,在显著水平 0.001 时,两种样品的表面质感有显著差异。

通过实验,厂商得知两种类型的面包口感粗糙度的差异是很容易区分的,因此,该厂商还需对新产品进行改进。

【例 5.17】　不同黄油的冰激凌外观的比较

某冰激凌厂家想改进产品的配方,使用新型黄油以降低成本,但由于使用新型黄油后产品表面光泽明显降低,于是市场部门希望通过一次感官评定来检验两种配方的冰激凌在表面上是否存在显著差异,是否会影响消费者对产品的接受性。

因此,实验目的是确定两种不同配方的冰淇淋在统计上是否存在显著的外观差异。

经过色盲和弱视测试选择 10 个监评员,将样品盛放在表面皿里,确保样品在裸置 30 min 内(一次实验的最长时限)表面不会发生改变。

根据表 5.33 的工作表所示,将样品从左到右直线排列;实验的记录表与表 5.29 类似。让鉴评员识别哪两个样品在外观上是相同的且与其他三个不同。

表 5.33　五中取二实验工作表(不同黄油的冰激凌外观的比较)

工作表

日期：　　　　　　　　　　　　　　　　　　　实验编号：

把此表放在放置托盘的位置上,事先给评分表编号并在容器上贴好标签。

样品种类:冰激凌
实验类型:五中取二实验

样品定义	编号
PX-2316(对照物)	A
PX-2601(新型黄油)	B

将每个样品按下列顺序放置在鉴评员的前面

鉴评员编号	样品顺序				
1	A	A	B	B	B
2	A	B	B	A	B
3	B	A	A	B	B
4	B	B	A	B	A
5	B	B	A	B	A
6	B	B	A	A	A
7	A	B	B	A	A
8	A	B	B	A	A
9	A	B	A	A	B
10	A	A	B	A	B

结果发现,有 5 个鉴评员正确地将样品分组。根据表 5.30,在 5% 的显著水平两样品存在着明显差异。

通过实验,营销主管得知:使用不同黄油的冰激凌其外观差异是显而易见的。所以,他将不得不在消费者中再进行一个接受性实验,以此决定这种差异是否会影响到产品的总体接受情况。

5.7　选择实验法

从三个以上的样品中,选择出一个最喜欢或最不喜欢的样品的检验方法称为选择实验法。

5.7.1　方法特点

(1)该方法常被运用于偏爱调查。不适用于一些味道很浓或延缓时间较长的样品,这种方法在做品尝时,要特别强调漱口,在做第二实验之前,都必须彻底地洗漱口腔,不得有残留物和残留味的存在。

(2)实验简单易懂,不复杂,技术要求低。

（3）对评定员没有硬性规定要求必须经过培训,一般在 5 人以上,多则 100 人以上。

（4）该实验中,出示样品的顺序是随机的。

5.7.2　组织设计

常用的选择实验法调查问答表的设计见表 5.34。

表 5.34　选择实验法调查问答表

选择实验法

姓名:＿＿＿＿＿＿	日期:＿＿＿＿＿＿

实验指令:
1. 从左到右依次品尝样品。
2. 品尝之后,请在你最喜欢的样品号码上画圈。

256	387	583

5.7.3　结果分析

通过选择实验法可以求出两个结果:一是,数千个样品间是否存在差异;二是,多数人认为最好的样品与其他样品间是否存在差异。现分述如下:

（1）求数个样品间有无差异,根据检验判断结果,用如式（5.4）求 χ_0^2 值:

$$\chi_0^2 = \sum_{i=1}^{m} \frac{\left(\chi_i - \dfrac{n}{m}\right)^2}{\dfrac{n}{m}} \tag{5.4}$$

式中　m——样品数;

　　　n——有效鉴评表数;

　　　χ_i——m 个样品中,最喜好其中某个样品的人数。

查 χ^2 分布表（附表 1）,若 $\chi_0^2 \geq \chi^2(f,\alpha)$（$f$ 为自由度,$f=m-1$,α 为显著水平）,说明 m 个样品在 α 显著水平存在差异,若 $\chi_0^2 < \chi^2(f,\alpha)$,说明 m 个样品在 α 显著水平不存在差异。

（2）求被多数人判断为最好的样品与其他样品间是否存在差异,根据 χ^2 检验判断结果,用式（5.5）求 χ_0^2 值:

$$\chi_0^2 = \left(\chi_i - \frac{n}{m}\right)^2 \frac{m^2}{(m-1)n} \tag{5.5}$$

查 χ^2 分布表（见附表 1）,若 $\chi_0^2 < \chi^2(f,\alpha)$ 说明此样品与其他样品之间在 α 水平存在差异。否则,无差异。

【例 5.18】　某生产厂家把自己生产的商品 A,与市场上销售的 3 个同类商品 X、Y、Z 进行比较。由 80 位鉴评员进行评定,并选出最好的一个产品来,结果如下:

商品	A	X	Y	Z	合计
认为某商品最好的人员	26	32	16	6	80

求 4 个商品间的喜好度有无差异。

$$\chi_0^2 = \sum_{i=1}^m \frac{\left(\chi_i - \frac{n}{m}\right)^2}{\frac{n}{m}} = \frac{m}{n}\sum_{i=1}^m \left(\chi_i - \frac{n}{m}\right)^2$$

$$= \frac{4}{80} \times \left[\left(26 - \frac{80}{4}\right)^2 + \left(32 - \frac{80}{4}\right)^2 + \left(16 - \frac{80}{4}\right)^2 + \left(6 - \frac{80}{4}\right)^2\right]$$

$$= 19.6$$

$$f = 4 - 1 = 3$$

查 χ^2 分布表知：$\chi^2(3, 0.05) = 7.8 < \chi_0^2 = 19.6$，$\chi^2(3, 0.01) = 1.34 < 19.6$

所以，结论为 4 个商品间的喜好度在 1% 显著水平有显著性差异。

接着判断多数人判断为最好的商品与其他商品间是否有差异。

$$\chi_0^2 = \left(\chi_i - \frac{n}{m}\right)^2 \frac{m^2}{(m-1)\,n} = \left(32 - \frac{58}{2}\right)^2 \times \frac{2^2}{(2-1) \times 58} = 0.62$$

被多数人判断为最好的商品 X 与商品 A 相比，由于远远小于 $\chi^2(1, 0.05)$ 的值 3.84（附表 1），故可以认为无差异。

5.8 配偶实验法

把数个样品分为两组，逐个取出各组样品进行两两归类的分析方法叫配偶实验法。

5.8.1 方法特点

（1）此方法可应用于考核评定员的识别能力，也可有于识别样品间的差异。

（2）检验前，两组样品的顺序都是随机的，但样品的数目可以不相同，如 A 组有 m 个样品，B 组中可有 m 个样品，也可有 $m+n$ 个样品，但配对数只能是 m 对。

5.8.2 组织设计

配偶实验法问答表的一般形式见表 5.35。

表 5.35　配偶实验法问答表的一般形式

配偶实验法	
姓名：_____	日期：_____
实验指令：	
1.有两组样品,要求从左到右依次品尝。	
2.品尝之后,归类样品。	
A 组	B 组
256	658
583	456
596	369
154	489
归类结果： _____ 和 _____ _____ 和 _____ _____ 和 _____ _____ 和 _____	

5.8.3　结果分析

首先统计出正确的配对数平均值,即 $\bar{S}_0$,然后根据以下具体情况查表 5.36 或表 5.37 中的相应值,得出有无差异的结论。

(1)m 对样品重复配对时(即由两个以上鉴评员进行配对时),若 $\bar{S}_0$ 大于或等于表 5.36 中的对应值,说明在 5% 显著水平样品间有差异。

表 5.36　配偶实验检验表($\alpha = 5\%$)

n	S	n	S	n	S	n	S
1	4.00	6	1.83	11	1.64	20	1.43
2	3.00	7	1.86	12	1.58	25	1.36
3	2.33	8	1.75	13	1.54	30	1.33
4	2.25	9	1.67	14	1.52		
5	1.90	10	1.60	15	1.50		

注:此表为 m 个和 m 个样品配对时的检验表。适用范围:$m \geqslant 4$,重复次数 n。

(2)m 个样品与 m 个或($m+1$)或($m+2$)个样品配对时,若 $\bar{S}_0$ 大于或等于表 5.36 中 $n=1$ 栏或表 5.37 中的相应值,说明在 5% 显著水平样品间有差异,或者说鉴评员在此显著水平有识别能力。

表5.37 配偶法检验表($\alpha = 5\%$)

m	S	
	$m+1$	$m+2$
3	3	3
4	3	3
5	3	3
6 以上	4	3

注:此表为 m 个和 $(m+1)$ 或 $(m+2)$ 个样品配对时的检验表。

【例5.19】 由4名评定员通过外观,对8种不同加工方法的食物进行配偶实验。结果如表5.38所示。

表5.38 实验结果统计表

评定员	样品							
	A	B	C	D	E	F	G	H
1	B	C	E	D	A	F	G	B
2	A	B	C	E	D	F	G	H
3	A	B	F	C	E	D	H	C
4	B	F	C	D	E	C	A	H

4个人的平均正确配偶数 $\bar{S}_0 = \dfrac{3+6+3+4}{4} = 4$,查表5.36中 $n=4$ 栏,$S = 2.25 < \bar{S}_0 = 4$,说明这8个产品在5%显著水平有显著差异,或这4个评定员有识别能力。

【例5.20】 向某个评定员提供蔗糖、食盐、酒石酸、谷氨酸钠、硫酸奎宁5种物质的稀溶液(质量分数分别为0.4%、0.13%、0.005%、0.05%、0.000 4%)和两杯蒸馏水,共7杯试样。要求评定员选择出与甜、咸、酸、苦、鲜味对应的溶液。结果如下:甜——食盐,咸——蔗糖,酸——酒石酸,苦——硫酸奎宁,鲜——蒸馏水,即该评定员判断出两种味道的试样,即 $\bar{S}_0 = 2$,而查表5.37中 $m=5$,$(m+2)$栏的临界值为 $3 > \bar{S}_0 = 2$,说明该鉴评员在5%显著水平无判断味道的能力。

差别检验各类型的特点及应用等见表5.39。

表 5.39 几种差别检验方法及应用

方法	做法	特点	应用	评定员
成对比较检验	以确定的或随机的顺序向评定员提供一对或多对样品（其中一个样品可作为对照物），要求评定员回答：两个样品中哪一个更……或两个样品中更喜欢哪一个	简单且不易产生感官疲劳；当检验样品增多时要求比较的样品数目很大，甚至无法一一比较	确定两种样品之间是否存在某种差别，方向如何；确定两种样品中更偏爱哪一种；培训和选择评定员	7 个以上专家；或 20 个以上优选评定员；或 30 个初级评定员
三点检验	同时向评定员提供一组三个已编码的样品，其中两个是完全相同的，要求评定员挑出其中单个的样品	评定大量样品时，经济性差；评定风味强烈的样品时，比成对比较检验更易受感官疲劳的影响；很难保证两个样品完全一样	用于评定样品间的细微差别；当能参加检验的评定员数量不多时；培训或选择评定员或检查评定员能力	6 个以上专家；或 15 个以上优选评定员或 25 个以上初级评定员
二－三点检验法	首先向评定员提供已被识别了的对照样品，接着提供已编码的两个样品，其中之一与对照样品相同，要求评定员识别出这一样品	对于有后味的样品检验效果不如成对比较检验	用于确定被检样品与对照样品之间是否存在感官差别，尤其适用于评定员很熟悉对照样品的情况	20 个以上初级评定员
五中取二检验法	向评定员提供一组五个已编码的样品，其中两个是一种类型，另外三个是另一种类型，要求评定员将样品按类型分成两组首先向评定员反复提供	确定差别比其他检验方法经济性好；比三点检验更易受感官疲劳和记忆力的影响	当仅可找到少量的（如 10 个）优选评定员时，多用于视觉、听觉和触觉检验	10 个以上优选评定员
"A"－"非A"检验法	首先向评定员反复提供样品"A"直到评定员可以识别它为止。然后每次随机提供一个可能是"A"或"非A"的样品，要求评定员辨别	一次评定的样品过多时，易产生感官疲劳	特别适用于评定具有不同外观或后味的样品。尤其适合无法取得完全相同的样品的差别检验。也适用于敏感性检验	7 个以上专家；或 20 个以上优选评定员；或 30 个以上初级评定员

⇨ **思考与练习**

1. 在进行成对比较实验时,如何确定某实验是属于差别成对比较(双边检验),还是属于定向成对比较(单边检验)?

2. 差别实验常用哪些方法? 试述每种方法的特点,其实验结果怎样分析?

3. 20 名品评员评定蔗糖溶液(A)和某甜味剂溶液(非 A)的甜味差异。每个品评员评定 4 个"A"和 6 个"非 A"。结果如下表。试对结果进行分析。(在 5% 显著水平上,χ^2 分布临界值为 3.84)

判为"A"或"非 A"的回答数	"A"与"非 A"样品数		累计
	"A"	"非 A"	
"A"	50	55	105
"非 A"	30	65	95
累计	80	120	200

第6章 排列实验

排序检验方法可用于进行消费者的可接受性检查及确定偏爱的顺序,选择产品,确定由于不同原料、加工、处理、包装和储藏等环节造成的对产品感官特性的影响。在对样品作更精细的感官评定之前,也可首先采用此方法进行筛选检验。

6.1 排序检验法

差别检验在同一时间内只能比较两种样品。然而,在实践中往往要求对一组样品系列(商业性产品、风味成分等)做出判断,或者要对它们的质量进行预选(哪份样品质量好,哪份中等,哪份质量差)。这种预选有助于节省时间或样品的用量(如果竞争者的产品能得到的量较少,或该部分的产量非常小),此时,就需要一种排序检验的方法来进行初步的感官评定了。

排序检验法,就是比较数个样品,按指定特性由强度或嗜好程度排出系列的方法,该方法只要求排出样品的次序,不要求评定样品间差异的大小。该方法适用于评定样品间的差别,如样品某一种(在该情况下,被检的每一种感官特性都必须通过不同的检验来排序,即检验时,同一样品被编上不同的编码,以不同的次序分发给同一评定员)或多种感官特性的强度,或者评定人员对样品的整体印象。排序检验法可用于辨别样品间是否存在差异,但不能确定样品间差异的程度。

当实验目的是就某一项性质对多个产品进行比较时,如甜度、新鲜程度等,使用排序检验法是进行这种比较的最简单的方法。排序法比任何其他方法更节省时间。

当评定少数样品(6个以下)的复杂特性(如质地、风味等)或多数样品(20个以上)的外观时,这种检验方法是迅速而有效的。因此,排序检验法经常用在以下几个方面。

(1)评定员评估 包括培训评定员以及测定评定员个人或小组的感官阈值。

(2)产品评估

1)在描述性分析或偏爱检验前,对样品初步筛选。

2)在描述性分析和偏爱检验时,确定由于原料、加工、包装、储藏以及被检样品稀释顺序的不同,对产品一个或多个感官指标强度水平的影响。

3)在偏爱检验时,确定偏好顺序。也就是说,样品的系列可以下列任一种方式排出:

①按产品的某种性质(甜度、咸度、芳香度、酸度、酸败等)的强度增强的方式排列;

②按产品的质量(竞争产品、风味)等进行比较排序;

③按评定员的快感性质(喜欢或不喜欢,偏爱度,可接受度等)进行排序。

排序检验法的优点是可利用同一样品,对其各类特征进行检验,排出优劣,且方法较简单,结果可靠。即使样品间差别很小,只要评定员很认真,或者具有一定的检验能力,都能在相当精确的程度上排出顺序。

6.1.1　方法特点

（1）此法的实验原则是以均衡随机的顺序将样品呈送给品评员,要求品评员就指定指标将样品进行排序,计算序列和,然后利用 Friedman 法等对数据进行统计分析。

（2）参加实验的人数不得少于 8 人,如果参加人数在 16 人以上,区分效果会得到明显效果。根据实验目的,品评人员要有区分样品指标之间细微差别的能力。

（3）当评定少量样品的复杂特性时,选用此法是快速而又高效的。此时的样品数一般小于 6 个。

（4）但样品数量较大(如大于 20 个),且不是比较样品间的差别大小时,选用此法也具有一定优势。但其信息量却不如定级法大,此法可不设对照样,将两组结果直接进行对比。

（5）进行检验前,应由组织者对检验提出具体的规定,对被评定的指标和准则要有一定的理解。如对哪些特性进行排列;排列的顺序是从强到弱还是从弱到强;检验时操作要求如何;评定气味时是否需要摇晃等。

（6）排序检验只能按照一种特性进行,如要求对不同的特性进行排序,则按不同的特性安排不同的顺序。

（7）在检验中,每个评定员以事先确定的顺序检验编码的样品,并安排出一个初步顺序,然后进一步整理调整,最后确定整个系列的强弱顺序,如果实在无法区别两种样品,则应在问答表中注明。

（8）但是,在样品间差别小、种类多的情况下,得出的检验结果可能欠准确。

总的来说,排序法是进行多个样品比较的最简单的方法。花费的时间较短,特别适用于样品再作进一步更精细的感官评定之前的初步分类或筛选。

6.1.2　组织设计

评定员同时接受三份或三份以上随机排列的样品,按照具体的评定准则,如样品的某种特性、特性中的某种特征,或者整体强度(即对样品的整体印象),对被检样品进行排序。然后将排序的结果汇总,进行统计分析。如对两个样品进行排序时,通常采用成对比较法。

6.1.2.1　排序检测法步骤的概述

根据检验目的召集评定员。如用于产品评定时,一般为 12～15 位优选评定员。确定偏好顺序时,至少 60 位消费者类型评定人员。而用于评定员表现评估时,人数无限制。尽可能采用完全区组设计,将全部样品随机提供给评定员。但若样品的数量和状态使其不能被全部提供时,也可采用平衡不完全区组设计,以特定子集将样品随机提供给评定员。评定员对提供的被检样品,依检验的特性排成一定顺序,给出每个样品的秩次。统计评定小组对每个样品的秩和,根据检验目的选择统计检验方法。如采用 Spearman 相关系数进行评定员个人表现判定,Page 检验进行小组表现判定,Friedman 检验或符号检验进行产品差异有无及差异方向检验。

6.1.2.2　排序检测法检验的一般条件

检验时,对样品、实验室和检验用具的具体要求,参照 ISO6658 和 ISO8589 等相关标准。

准备被检样品时,应注意以下 3 个方面。

(1)被检样品的制备、编码和提供。

(2)被检样品的数量。被检样品的数量应根据被检样品的性质(如饱和敏感度效应)和所选的实验设计来确定,并根据样品所归属的产品种类或采用的评定准则进行调整。如优选评定员或专家最多一次只能评定 15 个风味较淡的样品,而消费者最多只能评定 3 个涩味的、辛辣的或者高脂的样品。甜味的饱和度较苦味的饱和度偏低,甜味样品的数量可比苦味样品的数量多。

(3)被检样品的说明。

6.1.2.3　评定员

(1)评定员的基本条件和要求　检验的目的不同对评定员的要求也不完全相同,基本条件如下:

1)身体健康,不能有任何感觉方面的缺陷。

2)各评定员之间及评定员本人要有一致的和正常的敏感性。

3)具有从事感官评定的兴趣。

4)个人卫生条件较好,无明显个人气味。

5)具有所检验产品的专业知识并对所检验的产品无偏见。

为了保证评定质量,要求评定员在感官评定期间具有正常的生理状态。为此对评定员有相应的要求,比如要求评定员不能饥饿或过饱,在检验前 1 h 内不抽烟、不吃东西,但可以喝水,评定员不能使用有气味的化妆品,身体不适时不能参加检验。

评定员应具备的条件依检验的目的而定,见表6.1。

表6.1　根据检验目的选择参数

检验目的		评定员人数	评定员水平	统计方法		
				已知顺序比较 (评定员工作)	产品顺序未知(产品比较)	
					两个产品	两个以上产品
评定员 评估	个人表现评估	评定员或专家	无限制	Spearman 检验	符号检验	Friedman 检验
	小组表现评估	评定员或专家	无限制	Page 检验		
产品 评估	描述性检验	评定员或专家	12~15 人			
	偏好性检验	消费者	不同类型消费者组,每组至少 60 人	—		

参加检验的所有评定员应尽可能地具有同等的资格水平,所需水平的高低由检验的目的来决定。

如要开展以下 3 方面的工作,需要选择优选评定员或专家:

1)培训评定员。

2)进行描述性分析,确定由于原料、加工、包装、储藏以及被检样品稀释顺序的不同,而造成的对产品一个或多个感官指标强度水平的影响。

3)测试评定员个人或小组的感官阈值。

如只进行偏爱检验或者样品的初步筛选(即从大量的产品中挑选出部分产品做进一步更精细的感官评定),可选择未经培训的评定员或消费者,但要求他们接受过该方法的培训。

所有参加检验的评定员均应符合 ISO6658、ISO8586-1 和 ISO8586-2 的要求,并应接受关于排序法和所使用描述词的专门培训。

(2)评定员人数　评定员人数依检验目的确定,见表6.1。

进行描述性分析时,按照可接受风险的水平以及国家标准 GB/T 16861 和 GB/T 16860 的要求,确定最少需要的评定人数,宜为 12～15 位优选评定员。

进行偏爱检验中确定喜好顺序时,同样依据可接受风险的水平,确定最少需要的评定员人数,一般每组至少60 位消费者类型评定人员。

进行评定员工作检查、评定员培训以及测试评定员个人或小组的感官阈值时,评定员人数可不限定。

对结果统计分析时,除评定员人数外,其他检验条件应一致,如评定员的水平同等,检测条件相同。评定员数量越多,越能反映产品间的系统差异。

(3)检验前统一认识　检验前应向评定员说明检验的目的。必要时,可在检验前演示整个排序法的操作程序,确保所有评定员对检验的准则有统一的理解。检验前的统一认识不应影响评定员的下一步评定。

6.1.2.4　检验的物理条件

(1)环境　感官评定应在专门的检验室进行。应给评定员创造一个安静的不受干扰的环境。检验室应与样品制备室分开。室内应保持舒适的温度与通风,避免无关的气味污染检验环境。检验室空间不宜太小,以免评定员有压抑的感觉,座位应舒适,应限制音响,特别是应尽量避免能使评定员分心的谈话和其他干扰,应控制光的色彩和强度。

(2)器具与用水　与样品接触的容器应适合所盛样品。容器表面无吸收性并对检验结果无影响。应尽量使用已规定的标准化的容器。

应保证供水质量。为某些特殊目的,可使用蒸馏水、矿泉水、过滤水、凉开水等。

6.1.2.5　排序检验的步骤

(1)基本流程　检验前,应由评定主持者对检验提出具体的规定(如对哪些特性进行排列,特性强度是从强到弱还是从弱到强进行排列等)和要求(如在评定气味之前要先摇晃等)。此外,排序只能按一种特性进行,如果要求对不同的特性排序,则应按不同的特性安排不同的顺序。检验时,评定员得到全部被检样品后,按规定的要求将样品排成一定顺序,并在限定时间内完成检验。进行感官刺激的评定时,可以让评定员在不同的评定之间使用水、淡茶或无味面包等,以恢复原感觉能力。

(2)样品提供　样品的制备方法应根据样品本身的情况以及所关心的问题来定。例

如对于正常情况是热吃的食品就应按通常方法制备并趁热检验。片状产品检验时不应将其均匀化。应尽可能使分给每个评定员的同种产品具有一致性。

有时评定那些不适于直接品尝的产品,检验时应使用某种载体。

对风味作差别检验时应掩蔽其他特性,以避免可能存在的交互作用。

对同种样品的制备方法应一致。例如,相同的温度、相同的煮沸时间、相同的加水量、相同的烹调方法等。

样品制备过程应保持食品的风味。不受外来气味和味道的影响。

应按被检产品的抽样标准抽样。如果没有这样的标准或抽样标准不完全适用时,则由有关各方协商议定抽样方法。

提供样品时,不能使评定员从样品提供的方式中对样品的性质做出结论。

避免评定员看到样品准备的过程。按同样的方式准备样品,如采用相同的仪器或容器、同等数量的样品、同一温度和同样的分发方式等。应尽量消除样品间与检验不相关的差别,减少对排序检验结果的影响。宜在样品平常使用的温度下分发。

盛放样品的容器用 3 位阿拉伯数随机编码,同一次检验中每份样品编码不同(评定员之间也不相同)。

提供样品时还应考虑检验时所采用的设计方案,尽量采用完全区组设计,将全部样品随机分发给评定员。但如果样品的数量和状态使其不能被全部分发时,可采用平衡不完全区组设计,以特定子集将样品随机分发给评定员。无论采用何种设计,都必须保证所有的评定员能完成各自的检验任务,不遗漏任何样品。

还应根据检验目的确定下列内容:

1)排序的样品数,排序的样品数应视检验的困难程度而定,一般不超过 8 个;

2)样品制备的方法和分发的方式;

3)样品的量,送交每个评定员检验的样品量应相等,并足以完成所要求的检验次数;

4)样品的温度,同一次检验中所有样品的温度都应一致;

5)对某些特性的掩蔽,例如使用彩色灯除去颜色效应等;

6)样品容器的编码,每次检验的编码不应相同,推荐使用 3 位数的随机数编码;

7)容器的选择,应使用相同的容器。

(3)参比样 检验中可使用参比样,参比样放入系列样品中不单独标示。

(4)器具 器具由检验负责人按样品的性质、数量等条件选定。使用的器具不应以任何方式影响检验的结果。应优先选用符合检验需要的标准化器具。

(5)样品的分发 为防止产生感官疲劳和适应性,一次评定样品的数目不宜过多。具体数目将取决于检验的性质及样品的类型。评定样品时要有一定时间间隔,应根据具体情况选择适宜的检验时间。一般选择上午或下午的中间时间,因为这时评定员敏感性较高。

(6)检验技术 检验前向评定员说明检验的目的,并组织对检验方法、判定准则的讨论。以使每个评定员对检验的准则有统一的理解。若有必要可对评定员认识的一致性预先检验。组织的讨论不应影响检验结果。评定员应在相同的检验条件下,将随机分发的被检样品,依检验的特性排成一定顺序。

如不存在感官适应性的问题,且样品比较稳定时,评定员可将样品初步排序,再进一步检验调整。

排序只能按一种特性进行。如要求对不同特性排序,则应按不同的特性安排不同的检验。

评定员得到全部被检样品后按规定的准则将样品排成一定顺序。检验要点如下:

1)指标强度是从强到弱还是从弱到强由检验负责人规定。

2)评定员一般不应将不同的样品排为同一秩次。若实在无法区别两种样品应在回答表中注明。

3)评定员将样品先初步排定一下顺序然后再作进一步的调整。

4)排序只能按一种特性进行。如果要求对不同的特性排序,则应按不同的特性安排不同的顺序。

5)应针对具体的产品对评定员做出不同的要求(例如"在评定气味之前先要摇晃")。进行感官刺激的评定时,可以让评定员在不同的评定之间使用水、淡茶或无味面包等以恢复原感觉能力。

6)应在限定时间内完成检验。

(7)回答表 为防止样品编号影响评定员对样品排序的结果,样品编号不应出现在空白回答表中。

每个样品排的秩次记录在回答表中,回答表式样见表6.2及表6.3所示。可根据被检的样品和检验的目的对回答表做出适当调整。

表6.2 排序检验法问答表一般形式示例1

排序检验法
姓名:_____ 日期:_____ 检验号:_____
请按从左至右顺序品尝每个样品:
请在下面表格中以甜味增加的顺序写出样品编码:

编码	最不甜			最甜

表6.3 排序检验法问答表一般形式示例2

排序检验法
姓名:_____ 日期:_____
实验指令: 1.从左到右依次品尝样品 A,B,C,D。 2.品尝之后,就指定的特性方面进行排序。
实验结果:

续表6.3

评定员	秩次			
	1	2	3	4
1				
2				
3				
4				
5				
6				

6.1.3 排序检验法的结果分析

在实验中,尽量同时提供样品,品评员同时收到以均衡、随机顺序排列的样品。其任务就是将样品排序。同一组样品还可以以不同的编号被一次或数次呈送,如果每组样品被评定的次数大于2,那么实验的准确性会得到最大提高。在倾向性实验中,告诉参评人员,最喜欢的样品排在第一位,第二喜欢的样品排在第二位,依次类推,不要把顺序搞颠倒。如果相邻两个样品的顺序无法确定,鼓励品评员去猜测,如果实在猜不出,可以取中间值,如4个样品中,对中间两个的顺序无法确定时,就将它们都排为(2+3)/2=2.5。如果需要排序的感官指标多于一个,则对样品分别进行编号,以免发生相互影响。排出初步顺序后,若发现不妥之处,可以重新核查并调整顺序,确定个样品在尺度线上的相应位置。

6.1.3.1 结果概要和计算秩和

表6.4举例说明了由7名评定员对4个样品的某一特性进行排序的结果。如果需要对不同的特性进行排序,则一个特性对应一个表。

表6.4 结果与秩和计算

评定员	样品				秩和
	A	B	C	D	
1	1	2	3	4	10
2	4	1.5	1.5	3	10
3	1	3	3	3	10
4	1	3	4	2	10
5	3	1	2	4	10
6	2	1	3	4	10
7	2	1	4	3	10
每种样品的秩和	14	12.5	20.5	23	70

注:每行之和等于$0.5p(p+1)$,其中 p 为样品数量。

如果有相同秩次,取平均秩次(如表6.4中,评定员2对样品B、C有相同秩次评定,评定员3对样品B、C、D有相同秩次评定)。

如无遗漏数据,且相同秩次能正确计算,则表中每行应有相同的秩和。将每一列的秩次相加,可得到每个样品的每列秩和。样品的每列秩和表示所有的评定员对样品排序结果的一致性。如果评定员的排序结果比较一致,则每列秩和的差别较大。反之,若评定员排序结果不一致时,每列秩和差别不大。因此,通过比较样品的秩和,可评估样品间的差别。

6.1.3.2 统计分析和解释

依据检验的目的选择统计检验方法,见表6.1。

(1)个人表现判定:Spearman相关系数 在比较两个排序结果,如两个评定员所做出的评定结果之间或是评定员排序的结果与样品的理论排序之间的一致性时,可由式(6.1)计算Spearman相关系数,并参考表6.5列出的临界值r_s来判定相关性是否显著。

$$r_s = 1 - \frac{6\sum_i d_i^2}{p(p^2-1)} \tag{6.1}$$

式中 p——参加排序的样品(产品)数;

d_i——样品i两个排序结果间的差异。

若Spearman相关系数接近+1,则两个排序结果非常一致;若接近0,两个排序结果不相关;若接近-1,表明两个排序结果极不一致。此时应考虑是否存在评定员对评定指示理解错误或者将样品与要求相反的次序进行了排序。

表6.5 Spearman相关系数的临界值

样品的数目	显著性水平(α)		样品的数目	显著性水平(α)	
	$\alpha=0.05$	$\alpha=0.01$		$\alpha=0.05$	$\alpha=0.01$
6	0.886	—	19	0.460	0.584
7	0.786	0.929	20	0.447	0.570
8	0.738	0.881	21	0.435	0.556
9	0.700	0.833	22	0.425	0.544
10	0.648	0.794	23	0.415	0.532
11	0.618	0.755	24	0.406	0.521
12	0.587	0.727	25	0.398	0.511
13	0.560	0.703	26	0.390	0.501
14	0.538	0.675	27	0.382	0.491
15	0.521	0.654	28	0.375	0.483
16	0.503	0.635	29	0.368	0.475
17	0.485	0.615	30	0.362	0.467
18	0.472	0.600			

（2）小组表现判定：Page 检验　样品具有自然顺序或自然顺序已确认的情况下（例如样品成分的比例、温度、不同的储藏时间等可测因素造成的自然顺序），该分析方法可用来判定评定小组能否对一系列已知或者预计具有某种特性排序的样品进行一致的排序。

如果 $R_1, R_2, \cdots, R_p$ 是以确定的排序排列的 p 种样品的理论上的秩和，那么若样品间没有差别则：

①原假设可写成

$H_0 : R_1 = R_2 = \cdots = R_p$

备择假设则是：$H_1 : R_1 \leqslant R_2 \leqslant \cdots \leqslant R_p$，其中至少有一个不等式是成立的。

②为了检验该假设，计算 Page 系数 L

$$L = R_1 + 2R_2 + 3R_3 + \cdots + kR_p$$

其中 R_1 是已知样品顺序中排序为第一的样品的秩和，依次类推，R_p 就是排序为最后的样品的秩和。

③得出统计结论。

表 6.6 给出了在完全区组设计中 L 的临界值，其临界值与样品数、评定员人数以及选择的统计学水平有关（$\alpha = 0.05$ 或 $\alpha = 0.01$），当评定员的结果与理论值一致时，L 有最大值。

比较 L 与表 6.6 中的临界值：

如果 $L < l_\alpha$，产品间没有显著性差别。

如果 $L \geqslant l_\alpha$，则产品的排序存在显著性差异：拒绝原假设而接受备择假设（可以得出结论：评定员做出了与预知的次序相一致的排序）。

如果评定员的人数和样品数没有在表 6.5 中列出，按式（6.2）计算 L' 统计量：

$$L' = \frac{12L - 3jp\,(p+1)^2}{p(p+1)\sqrt{j(p-1)}} \tag{6.2}$$

式中　p——参加排序的样品数；

　　　j——评定员人数；

　　　L'——统计量近似服从标准正态分布。

当 $L' \geqslant 1.64$（$\alpha = 0.05$）或 $L' \geqslant 2.326$（$\alpha = 0.01$）时，拒绝原假设而接受备择假设（见表 6.6）。

若实验设计为平衡不完全区组设计，则按式（6.3）计算 L' 统计量：

$$L' = \frac{12L - 3j.\,k(k+1)(p+1)}{\sqrt{j.\,k(k-1)(k+1)p(p+1)}} \tag{6.3}$$

式中　p——参加排序的总样品数；

　　　k——每个评定员排序的样品数；

　　　j——评定员人数；

　　　L'——统计量近似服从标准正态分布 $N(0,1)$。

同样，当 $L' \geqslant 1.64$（$\alpha = 0.05$）或 $L' \geqslant 2.326$（$\alpha = 0.01$）时，拒绝原假设而接受备择假设（见表 6.6）。

因为原假设所有理论秩和都相等,所以即便统计的结果显示差异性显著,也并不表明样品间的所有差别都已完全区分。

表 6.6 完全区组设计中 Page 检验的临界值

评定员的数目 (j)	样品(或产品)的数目(p)										
	显著性水平 α=0.05						显著性水平 α=0.01				
	3	4	5	6	7	8	3	4	5	6	7	8
7	91	189	338	550	835	1 204	93	193	346	563	855	1 232
8	104	214	384	625	9 501	1 371	106	220	393	640	972	1 401
9	116	240	431	701	1 065	1 537	119	246	441	717	1 088	1 569
10	128	266	477	777	1 180	1 703	131	272	487	793	1 205	1 736
11	141	292	523	852	1 295	1 868	144	298	534	869	1 321	1 905
12	153	317	570	928	1 410	2 035	156	324	584	946	1 437	2 072
13	165	343*	615*	1 003*	1 525*	2 201*	169	350*	628*	1 022*	1 553*	2 240*
14	178	368*	661*	1 078*	1 639*	2 367*	181	376*	674*	1 098*	1 668*	2 407*
15	190	394*	707*	1 153*	1 754*	2 532*	194	402*	721*	1 174*	1 784*	2 574*
16	202	420*	754*	1 228*	1 868*	2 697*	206	427*	767*	1 249*	1 899*	2 740*
17	215	445*	800*	1 303*	1 982*	2 862*	218	453*	814*	1 325*	2 014*	2 907*
18	227	471*	846*	1 378*	2 097*	3 028*	231	479*	860*	1 401*	2 130*	3 073*
19	239	496*	891*	1 453*	2 217*	3 193*	243	505*	906*	1 476*	2 245*	3 240*
20	251	522*	937*	1 528*	2 325*	3 358*	256	531*	953*	1 552*	2 360*	3 406*

注:标(*)的值是通过近似正态分布计算得到的临界值。

(3)产品理论顺序未知下的产品比较 Friedman 检验能最大限度地显示评定员对样品间差别的识别能力。

1)检验两个或两个以上产品之间是否存在差别 该检验应用于 j 个评定员对相同的 p 个样品进行评定。

$R_1,R_2,\cdots,R_p$ 分别是 j 个评定员给出的 $1\sim p$ 个样品的秩和。

若 $(R_1)=\cdots=(R_p)$(认为所有的产品相似),则完全区组设计中按式(6.4)计算 F 值:

$$F_{\text{test}} = \frac{12}{jp(p+1)}(R_1^2+\cdots+R_p^2)-3j(p+1) \tag{6.4}$$

式中 R_i——第 i 个产品的秩和。

如果 $F_{\text{test}}>F$,就拒绝原假设(表6.7)。评定员个数不同,样品数目不同或显著性水平不同($\alpha=0.05$ 或 $\alpha=0.01$),产品的临界值不同。

平衡不完全区组设计中按式(6.5)计算 F 值:

$$F_{\text{test}} = \frac{32}{j \cdot p(k+1)}(R_1^2 + \cdots + R_p^2) - \frac{3r \cdot n^2(k+1)}{g} \qquad (6.5)$$

式中　R_i——i 产品的秩和;

r——重复次数;

k——每个评定员排序的样品数;

n——每个样品被评定的次数;

g——每两个样品被评定的次数。

如果 $F_{\text{test}} > F$, 就拒绝原假设(见表 6.7)。同样, 评定员个数不同, 样品数目不同或显著性水平不同($\alpha = 0.05$ 或 $\alpha = 0.01$), 产品的临界值不同。

表 6.7　Friedman 检验的临界值(0.05 或 0.01 水平)

评定员的数目 (j)	样品(或产品)的数目(p)									
	显著性水平 $\alpha = 0.05$					显著性水平 $\alpha = 0.01$				
	3	4	5	6	7	3	4	5	6	7
7	7.143	7.8	9.11	10.62	12.07	8.857	10.371	11.97	13.69	15.35
8	6.250	7.65	9.19	10.68	12.14	9.000	10.35	12.14	13.87	15.53
9	6.222	7.66	9.22	10.73	12.19	9.667	10.44	12.27	14.01	15.68
10	6.200	7.67	9.25	10.76	12.23	9.600	10.53	12.38	14.12	15.79
11	6.545	7.68	9.27	10.79	12.27	9.455	10.60	12.46	14.21	15.89
12	6.167	7.70	9.29	10.81	12.29	9.500	10.68	12.53	14.28	15.96
13	6.000	7.70	9.30	10.83	12.37	9.385	10.72	12.58	14.34	16.03
14	6.143	7.71	9.32	10.85	12.34	9.000	10.76	12.64	14.40	16.09
15	6.400	7.72	9.33	10.87	12.35	8.933	10.80	12.68	14.44	16.14
16	5.99	7.73	9.34	10.88	12.37	8.79	10.84	12.72	14.48	16.18
17	5.99	7.73	9.34	10.89	12.38	8.81	10.87	12.74	14.52	16.22
18	5.99	7.73	9.36	10.90	12.39	8.84	10.90	12.78	14.56	16.25
19	5.99	7.74	9.36	10.91	12.40	8.86	10.92	12.81	14.58	16.27
20	5.99	7.74	9.37	10.92	12.41	8.87	10.94	12.83	14.60	16.30
∞	5.99	7.81	9.49	11.07	12.59	9.21	11.34	13.28	15.09	16.81

如果样品(产品)数或者评定员人数未列在表中, 可将 F_{test} 看作自由度为 $p-1$ 的 χ^2 分布, 估算出临界值。χ^2 分布的临界值参照表 6.8, p 为样品(产品)数。

表 6.8 χ^2 分布临界值

样品(或产品)的数目(p)	χ^2自由度($v=p-1$)	显著性水平 $\alpha=0.05$	显著性水平 $\alpha=0.01$	样品(或产品)的数目(p)	χ^2自由度($v=p-1$)	显著性水平 $\alpha=0.05$	显著性水平 $\alpha=0.01$
3	2	5.99	9.21	17	16	26.30	32.00
4	3	7.81	11.34	18	17	27.59	33.41
5	4	9.49	13.28	19	18	28.87	34.80
6	5	11.07	15.09	20	19	30.14	36.19
7	6	12.59	16.81	21	20	31.40	37.60
8	7	14.07	18.47	22	21	32.70	38.90
9	8	15.51	20.09	23	22	33.90	40.30
10	9	16.92	21.67	24	23	35.20	41.60
11	10	18.31	23.21	25	24	36.40	43.00
12	11	19.67	24.72	26	25	37.70	44.30
13	12	21.03	26.22	27	26	38.90	45.60
14	13	22.36	27.69	28	27	40.10	47.00
15	14	23.68	29.14	29	28	41.30	48.30
16	15	25.00	30.58	30	29	42.60	49.60

2)检验哪些产品之间存在显著性差别 当 Friedman 检验判定产品之间存在显著性差别时,则需要进一步判定哪些产品之间存在显著性差别。可通过选择可接受显著性水平($\alpha=0.05$ 或 $\alpha=0.01$),计算最小显著差数(LSD)来判定。其中,显著性水平的选择,可采用以下两种方法之一。

①如果风险由每对因素单独控制,则其与 α 相关。如 $\alpha=0.05$,即 5% 的风险,则用来计算最小显著差数的参数 z 的值为 1.96(相当于双尾正态分布概率)。称其为比较性风险或个体风险。

②如果风险由所有可能因素同时控制,则其与 α' 相关,$\alpha'=2\alpha/p(p-1)$。如 $p=8$,$\alpha=0.05$ 时,则 $\alpha'=0.0018$,$z=2.91$,称其为实验性风险或整体风险。

大多数情况下,往往方法 b 即实验性风险被用于产品之间显著性差别的实际判定。

在完全区组实验设计中,LSD 值由式(6.6)得出:

$$\mathrm{LSD}=z\sqrt{\frac{j \cdot p(p+1)}{6}} \tag{6.6}$$

在平衡不完全区组实验设计中,LSD 值由式(6.7)得出:

$$\mathrm{LSD}=z\sqrt{\frac{r(k+1)(nk-n+g)}{6}} \tag{6.7}$$

计算两两样品的秩和之差,并与 LSD 值比较。若秩和之差等于或者大于 LSD 值,则这两个样品之间存在显著性差异,即排序检验时,已区分出这两个样品之间的差别。反之,若秩和之差小于 LSD 值,则这两个样品之间不存在显著性差异,即排序检验时,未区分出这两个样品之间的差别。

(4)同秩情况　若两个或多个样品同秩次,则完全区组设计中的 F 值应替换为 F',由式(6.8)得出:

$$F' = \frac{F}{1-\{E/[jp(p^2-1)]\}} \tag{6.8}$$

其中 E 值由式(6.9)得出。

令 $n_1, n_2, \cdots, n_k$ 为每个同秩组里秩次相同的样品数,则:

$$E = (n_1^3 - n_1) + (n_2^3 - n_2) + \cdots + (n_k^3 - n_k) \tag{6.9}$$

例如,表 6.3 中有两个组出现了同秩情况:

——第 2 行中 B、C 样品同秩次(评定结果来源于二号评定员),则 $n_1 = 2$;

——第 3 行中 B、C 和 D 样品同秩次(评定结果来源于三号评定员),则 $n_2 = 3$。

故　　　　　　　　　$E = (2^3 - 2) + (3^3 - 3) = 6 + 24 = 30$

因 $j = 7, p = 4$,先计算出 F,再计算 F':

$$F' = \frac{F}{1-\{30/[7 \times 4(4^2-1)]\}} = 1.08F$$

然后比较 F' 值与表 6.7 或表 6.8 中的临界值。

(5)比较两个产品:符号检验　某些特殊的情况用排序法进行两个产品之间的差别比较时,可使用符号检验。

如比较两个产品 A 和 B 的差别。k_A 是产品 A 排序在产品 B 之前的评定次数。k_B 表示产品 B 排序在产品 A 之前的评定次数。k 则是 k_A 和 k_B 之中较小的那个数。而未区分出 A 和 B 差别的评定不在统计的评定次数之内。

原假设:

$H_0: k_A = k_B$

备择假设:$H_1: k_A \neq k_B$

如果 k 小于表 6.9 中配对单个检验的临界值,则拒绝原假设而接受备择假设。表明 A 和 B 之间存在显著性差别。

表 6.9　单个检验的临界值:(双尾)

评定员的数目(j)	显著性水平(α)		评定员的数目(j)	显著性水平(α)	
	$\alpha = 0.01$	$\alpha = 0.05$		$\alpha = 0.01$	$\alpha = 0.05$
1			9	0	1
2			10	0	1
3			11	0	1
4			12	1	2

续表 6.9

评定员的数目(*j*)	显著性水平(α)		评定员的数目(*j*)	显著性水平(α)	
	α=0.01	α=0.05		α=0.01	α=0.05
5			13	1	2
6		0	14	1	2
7		0	15	2	3
8	0	0	16	2	3
17	2	4	47	14	16
18	3	4	48	14	16
19	3	4	49	15	17
20	3	5	50	15	17
21	4	5	51	15	18
22	4	5	52	16	18
23	4	6	53	16	18
24	5	6	54	17	19
25	5	7	55	17	19
26	6	7	56	17	20
27	6	7	57	18	20
28	6	8	58	18	21
29	7	8	59	19	21
30	7	9	60	19	21
31	7	9	61	20	22
32	8	9	62	20	22
33	8	10	63	20	23
34	9	10	64	21	23
35	9	11	65	21	24
36	9	11	66	22	24
37	10	12	67	22	25
38	10	12	68	22	25
39	11	12	69	23	25
40	11	13	70	23	26
41	11	13	71	24	26
42	12	14	72	24	27

续表6.9

评定员的数目(j)	显著性水平(α)		评定员的数目(j)	显著性水平(α)	
	$\alpha=0.01$	$\alpha=0.05$		$\alpha=0.01$	$\alpha=0.05$
43	12	14	73	25	27
44	13	15	74	25	28
45	13	15	75	25	28
46	13	15	76	26	28
77	26	29	84	29	32
78	27	29	85	30	32
79	27	30	86	30	33
80	28	30	87	31	33
81	28	31	88	31	34
82	28	31	89	31	34
83	29	32	90	32	35

当$j>90$时,临界值由公式$(j-1)/2-k\sqrt{j+1}$计算,并只保留整数。$\alpha=0.05$时,k值为0.980 0;$\alpha=0.01$时,k值为1.287 9。

6.1.3.3 检验报告

检验报告应包括以下内容。

(1)检验目的。

(2)样品确认所必须包括的信息:

1)样品数;

2)是否使用参比样。

(3)采用的检验参数:

1)评定员人数及其资格水平;

2)检验环境;

3)有关样品的情况说明。

(4)检验结果及其统计解释。

(5)注明根据本标准检验。

(6)如果有与本标准不同的做法应予以说明。

(7)检验负责人的姓名。

(8)检验的日期与时间。

6.1.4 常用的排序检验法

6.1.4.1 味强度增加的排序检验(4种基本味)

(1)训练样品的质量浓度系列

1)蔗糖溶液,质量浓度:0.1,0.4,0.5,0.8,0.8,1.0,1.5,2.0 g/100 mL 溶液。

2)氯化钠溶液,质量分数:0.08%,0.09%,0.1%,0.1%,0.2%,0.3%,0.4%,0.5%。

3)柠檬酸溶液,质量分数:0.003%,0.01%,0.02%,0.03%,0.03%,0.04%,0.05%。

(2)排序训练指导 样品量:每人30 mL。

品尝杯上的标记:C,D,E,F,G,H(用于4种基本味识别检验的杯子可以重复使用)。

检验规程:告诉检验员他们将收到随机排列的系列样品溶液(浓度上的差异)。任务是将它们的强度按依次递增的顺序排列好。然而其中有两份样品的浓度是相同的,因此必须多加注意。

检验注意事项:为了防止由太频繁的重复品尝引起的疲劳,建议先决定每种样品的近似强度,并记录在检验表格(表6.10)上。然后在近似强度系列的基础上,确定出准确的强度系列。因此,也就没有必要再重新品尝极限强度(最强和最弱)的样品。对于强度差有疑问的样品最好再做成对比较检验。样品按强度增加的顺序排列完成以后,将结果填在检验表的规定位置上(表6.10)。不要忘记标出相同浓度的样品。

表 6.10 味浓度排序检验法

排序检验法			
姓名:	日期:		
你将收到随机排列的样品系列。这些样品只有一种特性存在着浓度上的差异,在本实验中该特性是: <div align="center">甜度</div>			
实验指令: 1.首先决定每种样品的近似强度,并使用给定的强度标度。没有必要频繁的重复品尝。注意:有两种样品的浓度相同。 2.最后按强度递增的顺序排出样品。只重复检验强度有疑问的样品。标出强度相同的一对样品。			
实验结果:			

样品编码	强度		强度标度
	预检	终检	
A	2	3	
B		3	
C	5	4	1 = 极弱
D	3	1	2 = 弱
E	4,2	4	3 = 稍强
F	1	2	4 = 强
G	4	5	5 = 极强
H		3	

最终的样品顺序: B D F A H E C G

强度最弱   强度最强

相同的样品:A,H

初学者须知:尽量避免太频繁的重复品尝;记住第一次的感觉通常是正确的。在进行味觉强度的判断时,用35 ℃的水漱口对检验会有很大的帮助。漱口要从第一份样品就开始,而不要等到疲劳发生后再进行。

6.1.4.2　色泽强度的排序检验

在食品的质量评定中,色泽具有重要的作用,例如饼干的棕色程度、面包的褐变程度等。为了确定评定员对颜色差别的辨别能力,常用试液和食品(果汁)进行排序检验。下面举例说明(以焦糖的褐色系列为例)。

(1)试剂　焦糖粉。

(2)检验溶液的浓度　表 6.11 和表 6.12 给出了两个检验系列。表 6.11 是为初学者设计的,当然,初学者用表 6.12 系列也可能会得到 100% 的正确结果。

表 6.11　焦糖的色泽强度排序检验(1)

样品号	焦糖	差别	将某毫升储存液稀释成			编码
			100 mL	500 mL	1 000 mL	
1	0.56%		5.6	28.0	56	N
2	0.52%	0.04%	5.2	26.0	52	P
3	0.48%	0.04%	4.8	24.0	48	Q
4	0.44%	0.04%	4.4	22.0	44	M
5	0.40%	0.04%	4.0	20.0	40	R
6	0.37%	0.03%	3.7	18.5	37	S
7	0.34%	0.03%	3.4	17.0	34	L
8	0.31%	0.03%	3.1	15.5	31	O

注:储存液,500 mL 溶液中含 50 g 焦糖

表 6.12　焦糖的色泽强度排序检验(2)

样品号	焦糖	差别	将某毫升储存液稀释成			编码
			100 mL	500 mL	1 000 mL	
1	0.60%		6.0	30.0	60.0	M
2	0.57%	0.03%	5.7	28.5	57.0	L
3	0.54%	0.03%	5.4	27.0	54.0	S
4	0.51%	0.03%	5.1	25.5	51.0	Q
5	0.48%	0.03%	4.8	24.0	48.0	N
6	0.46%	0.02%	4.6	23.0	46.0	R
7	0.45%	0.01%	4.5	22.5	45.0	P
8	0.42%	0.03%	4.2	21.0	42.0	O

(3)样品提供　按实验人数、轮次数准备好若干试管,另外准备一个盛水杯和一个吐

液杯。将样品注入试管中。分发时用双排试管架,这样可以很容易地取放试管及进行样品分析。试管架应放在明亮的背景前面(白纸、淡色的墙、最好是发光箱内)。尽量不要在试管上进行样品编码,因为这样对检验有影响。可以将号编在试管塞上,然后将塞子塞在试管上。

(4)样品的注入 为了避免由于溶液的数量不同而造成的色泽差异,用可倾式移液管向每支试管中注入 20 mL 的样品液。

(5)实验过程 实验前,主持人要向评定员说明检验的目的,并组织对检验方法、判定准则的讨论,使每个评定员对检验的准则有统一的理解。组织评定员填写焦糖的色泽强度排序检验–排序表(表6.13)。

表 6.13 焦糖的色泽强度排序检验–排序表

排序检验法	
姓名: 日期:	
你将收到随机排列的样品系列。请在规定时间内完成实验,请将收到系列编码的样品按照从弱到强的次序进行排列,可将样品先初步排定一下顺序后再做进一步的调整。可反复评定。这些样品只有一种特性存在着浓度上的差异。	
实验结果:	

样品编码	排序结果
N	□
P	□
Q	□
M	□
O	□
L	□
S	□
R	□

同时,记录评定员的反应结果。

将评定员对每次检验的每一特性的排序结果汇总,并使用 Friedman 检验和 Page 检验对被检测样品之间是否有显著性差别做出判定。

若确定了样品之间存在显著性差别时,则需要应用多重比较对样品进行分组,以进一步明确哪些样品之间有显著性差别。

6.1.4.3 偏好度的检验

适用于样品是不同种类的食品检验。最简单的方法是在市场上购买竞争性商品。对于不同风味的样品(如巧克力)检验也比较适合,如通过对不同巧克力偏爱性进行品评,为产品的开发、营销等做准备。

(1)实验原理　根据评定员对样品按某一单独特性的强度或整体印象排序,对结果进行统计分析,确定感官特性的差异。

(2)提供样品的份数　对于初学者,每次所检的样品最好不要超过 3~4 份,即使在实际检验中,也要把数量限制在 4~5 份,以避免出现疲劳。

(3)样品编码　样品的形状、大小等应尽量保持一致,并应去除商标等记号。在该类检验中,用字母编码比用数字效果更好。

(4)检验指导　样品按字母顺序进行检验。将最喜欢的样品放在左边,最不喜欢的放在右边。

表 6.14 是填写检验表格的实例。

(5)实验步骤　实验前,主持人要向评定员说明检验的目的,并组织对检验方法、判定准则的讨论,使每个评定员对检验的准则有统一的理解。

同时,记录评定员的反应结果。

将评定员对每次检验的每一特性的排序结果汇总,并使用 Friedman 检验和 Page 检验对被检测样品之间是否有显著性差别做出判定。

若确定了样品之间存在显著性差别时,则需要应用多重比较对样品进行分组,以进一步明确哪些样品之间有显著性差别。

表 6.14　偏爱度的排序检验法

排序检验法

姓名:　　　　　　　　　　日期:

样品名称:巧克力

　　你将收到 4 份(A,B,C,D)样品。请按你的偏爱程度对它们排序。把你最喜欢的样品的编码写在最左边(第 1 位),最不喜欢的样品的编码写在最右边(第 4 位),其他的样品写在中间。

　　需要情况下,在更换样品时,请用水漱口。

实验记录:

样品编码	最喜欢	喜欢	较喜欢	不喜欢	最不喜欢
A	□	□	□	□	□
B	□	□	□	□	□
C	□	□	□	□	□
D	□	□	□	□	□

实验结果:

最终的样品顺序:　　　　　　B　　　　　C　　　　　A　　　　　D

　　　　　　　　　　第1位　　第2位　　第3位　　第4位

　　　　　　　　　　(最喜欢)　　　　　　　　　(最不喜欢)

6.1.4.4 **食品硬度排序**

为了研究各种食品的硬度,某研究人员希望将15种食品按照硬度大小排列起来,为以后的打分做基础。

选用105人,每人品尝3种食品,按照硬度将样品排序,排序范围为1~3,最硬为3,最软为1,处于中间的为2。基本实验设计见表6.15。

表6.15 15种食品硬度的实验设计

评定员编号	样品位置			评定员编号	样品位置			评定员编号	样品位置			评定员编号	样品位置		
1	1	2	3	11	1	6	7	21	1	10	14	31	1	14	15
2	4	8	12	12	2	9	11	22	2	12	14	32	2	4	6
3	5	10	15	13	3	12	15	23	3	5	6	33	3	8	11
4	6	11	13	14	4	10	14	24	4	9	13	34	5	9	12
5	7	9	14	15	5	8	13	25	7	8	15	35	7	10	13
6	1	4	5	16	1	8	9	26	1	12	13				
7	2	8	10	17	2	13	15	27	2	5	7				
8	3	13	14	18	3	4	7	28	3	9	10				
9	6	9	15	19	5	11	14	29	4	11	15				
10	7	11	12	20	6	10	12	30	6	8	14				

将以上实验重复3次进行。

实验结果:105人实验结束后,得到的各种样品的排序和见表6.16。

表6.16 食品硬度实验结果

样品	1	2	3	4	5	6	7	8	9	10	11	12	13	14	15
排序和	35	45	54	43	28	37	55	42	37	50	49	50	34	42	29

然后根据下面的公式计算 T 值:

$$T = \left[\frac{12}{p\lambda t(k+1)} \right] \sum_{i=1}^{t} R_i^2 - \frac{3(k+1)pr^2}{\lambda} \tag{6.10}$$

式中　p——基本实验被重复的次数,3;

t——样品数量,15;

k——每人品尝样品量,3;

r——在每个重复中,每个样品被品尝的次数,7($35 \times 3/15 = 7$);

λ——$r(k-1)/(t-1) = 7(3-1)/(15-1) = 1$;

R_i^2——各种样品的排序平方和,27488。

因此，在本实验中，$T = 68.53$，参照表 6.8，得到 $\chi^2 = 23.7$，因此，这 15 种食品的硬度之间具有显著差异。为了将其排序，根据下面公式计算 LSD：

$$LSD = z_{a/2} \sqrt{\frac{p(k+1)(rk-r+\lambda)}{6}}$$

$$= t_{a/2, \infty} \sqrt{\frac{p(k+1)(rk-r+\lambda)}{6}}$$

$$= 1.96 \sqrt{\frac{3(3+1)(7 \times 3 - 7 + 1)}{6}}$$

$$= 10.74$$

将数值升次或降次排列，依次计算相邻两个数值之间的差，如果该差值大于 10.74，则说明这两个样品之间具有显著差异，反之，则没有显著差异。

6.1.4.5 饼干样品甜度排序实验

5 个评定员评定 4 种饼干样品的甜度（从最甜到最不甜排序），其结果的汇集，见表 6.17。

表 6.17 评定员的排序结果

评定员	秩 次			
	1	2	3	4
1	C	D	A	B
2	C	A	D	B
3	C	A	B	D
4	C	A	B	D
5	A	C	B	D

统计样品秩和，见表 6.18。

表 6.18 样品的秩次与秩和

评定员	样 品				秩和
	A	B	C	D	
1	3	4	1	2	10
2	2	4	1	3	10
3	2	3	1	4	10
4	2	3	1	4	10
5	1	3.5	2	3.5	10
每种样品的秩和	10	17.5	6	16.5	50

（1）Friedman 检验　计算统计量 F'

$$J=5,P=4,R_1=10,R_2=17.5,R_3=6,R_4=16.5,n_1=2$$

$$F=\frac{12}{JP(P+1)}(R_1^2+R_2^2+\cdots+R_p^2)-3J(P+1)$$

$$=\frac{12}{5\times4\times(4+1)}\times(10^2+17.5^2+6^2+16.5^2)-3\times5\times(4+1)$$

$$=10.74$$

$$F'=\frac{F}{1-\{E/[JP(P^2-1)]\}}=\frac{F}{1-\{(2^3-2)/[5\times4(4^2-1)]\}}$$

$$=\frac{F}{1-6/300}=1.02F=10.95$$

（2）统计结论　因为 F'（10.95）大于表 6.7 中对应 $J=5,P=4,\alpha=0.05$ 的临界值 7.80,所以可以认为,在 0.05 显著水平上这 4 种饼干的甜度有显著性差别。

（3）多重比较和分组

1）初步排序　根据各样品的秩和从小到大排列的情况:6,10,16.5,17.5 将饼干按甜度初步排序为

C　A　D　B

2）计算临界值 $\gamma(I,\alpha)$

$$\gamma(I,\alpha)=q\left(I,\alpha\sqrt{\frac{JP(P+1)}{12}}\right)$$

$$=q\left(I,\alpha\sqrt{\frac{[5\times4(4+1)]}{12}}\right)$$

$$=q(I,\alpha)\times2.89$$

$$\gamma(4,0.05)=q(4,0.05)\times2.89=3.63\times2.89=10.49$$
$$\gamma(3,0.05)=q(3,0.05)\times2.89=3.31\times2.89=9.57$$
$$\gamma(2,0.05)=q(2,0.05)\times2.89=2.77\times2.89=8.01$$

3）比较与分组

RB-RC = 17.5-6 = 11.5 > $\gamma(4,0.05)$ = 10.49
RB-RA = 17.5-10 = 7.5 < $\gamma(3,0.05)$ = 9.57
RD-RC = 16.5-6 = 10.5 > $\gamma(3,0.05)$ = 9.57
RA-RC = 10-6 = 4 < $\gamma(2,0.05)$ = 8.01

以上比较的结果表示如下:

C　<u>A　DB</u>

下画线的意义表示:

——未经连续的下画线连接的两个样品是不同的(在 5% 的显著性水平水平下);

——由连续的下画线连接的两个样品相同;

——没有区别的 C 排在没有区别的 A、D、B 前面。

最后分为3组,即

$$\underline{C} \quad \underline{A} \quad \underline{DB}$$

结论:在5%的显著性水平上,饼干C最甜,A次之,D与B最不甜,D与B在甜度上无显著性差别。

(4)样品甜度差别 假若事先有某种理由相信饼干样品之间甜度有差别,则必然是饼干C、A、D、B依次递减,即

C的秩次≤A的秩次≤D的秩次≤B的秩次,其中至少有一个不等号成立。这时应作 Page 检验:

1)求 L 值:根据式(6.3)

$$L=1×6+2×10+3×16.5+4×17.5=145.5$$

2)查表6.6相应于 $J=5$,$P=4$,$α=0.05$ 的临界值是137。

3)做统计结论。L 值145.5大于137,所以在 $α=0.05$ 的显著水平上拒绝原假设。即认为饼干样品之间甜度有显著性差别。也就是饼干C、A、D、B的甜度依次递减,即C的秩次≤A的秩次≤D的秩次≤B的秩次,其中至少有一个不等号成立。统计分组的方法和结果与前相同。

6.1.4.6 饮料口感排序检验法

8个评定员评定5种饮料的口感(从好到差排序)。

结果的汇集,见表6.19。

表6.19 评定员的排序结果

评定员	秩次				
	1	2	3	4	5
1	E	A	D	B	C
2	D	E	C	A	B
3	A	E	D	B	C
4	A	B	D	E	C
5	A	C	D	E	B
6	E	A	B	C	D
7	D	E	C	A	B
8	E	A	B	D	C

统计样品秩和,见表6.20。

表 6.20　样品的秩次与秩和

评定员	秩次					秩和
	A	B	C	D	E	
1	2	4	5	3	1	15
2	4	5	3	1	2	15
3	1	4	5	3	2	15
4	1	2	5	3	4	15
5	1	5	2	3	4	15
6	2	3	4	5	1	15
7	4	5	3	1	2	15
8	2	3	5	4	1	15
每种样品的秩和	17	31	32	23	17	120

（1）Friedman 检验

1）计算统计量 F　$J=8$　$P=5$　$R_1=17$　$R_2=31$　$R_3=32$　$R_4=23$　$R_5=17$

$$F = \frac{12}{8\times5\times(5+1)}(17^2+31^2+32^2+23^2+17^2)-3\times8\times(5+1)$$
$$= 10.60$$

2）统计结论　因为 10.60 大于表 6.7 中 $P=5$，$J=8$，$\alpha=0.05$ 的临界值 9.49，所以在 5% 显著水平上样品之间有显著性差别。

（2）多重比较和分组

1）初步排序　根据秩和顺序 17,17,23,31,32 将样品初步排序为：

$$\text{A　E　D　B　C}$$

2）计算临界值 $\gamma(I,\alpha)$

$$\gamma(I,\alpha) = q\left(I,\alpha\sqrt{\frac{JP(P+1)}{12}}\right)$$
$$= q\left(I,\alpha\sqrt{\frac{[8\times5(5+1)]}{12}}\right)$$
$$= q(I,\alpha)\times4.47$$

$\gamma(5,0.05) = q(5,0.05)\times4.47 = 3.86\times4.47 = 17.25$

$\gamma(4,0.05) = q(4,0.05)\times4.47 = 3.63\times4.47 = 16.23$

$\gamma(3,0.05) = q(3,0.05)\times4.47 = 3.31\times4.47 = 14.80$

$\gamma(2,0.05) = q(2,0.05)\times4.47 = 2.77\times4.47 = 12.38$

3）比较与分组　因为最大的秩和差即 RC−RA $= 32-17 = 15 < \gamma(5,0.05) = 17.25$，所以多重比较无法分组。

（3）利用最小显著差数分组

1）计算最小显著差数 LSD　在 $\alpha=0.05$ 情况下，

$$LSD = 1.96\sqrt{\frac{JP(P+1)}{6}} = 1.96 \times \sqrt{\frac{8 \times 5(5+1)}{6}} = 12.40$$

2）比较与分组

$RC-RA = 32-17 = 15 > LSD = 12.40$

$RC-RE = 32-17 = 15 > LSD = 12.40$

$RC-RD = 32-23 = 9 < LSD = 12.40$

$RB-RA = 31-17 = 14 > LSD = 12.40$

$RB-RE = 31-17 = 14 > LSD = 12.40$

$RD-RA = 23-17 = 6 < LSD = 12.40$

以上比较的结果表示如下：

<u>A　E</u>　<u>D　B</u>　<u>C</u>

最后分为 3 组，即

<u>AE</u>　<u>D</u>　<u>BC</u>

结论：饮料的口感 A、E 最佳，D 次之，B 与 C 最差。A 与 E、B 与 C 之间在口感上无显著性差别。但要知道，这样分组犯第一类错误的概率超过 0.05。

6.1.4.7　甜味剂甜味持久性的比较——简单排序实验法

（1）应用领域和范围　当实验目的是就某一项性质对多个产品进行比较时，比如甜度、新鲜程度、倾向性等，使用这种方法。排序法是进行这种比较的最简单的方法，但数据就是一种顺序，不能提供任何有关差异程度的信息，两个位置连续的样品无论差别非常大还是仅有细微差别，都是以一个序列单位相隔。排序实验法比其他方法更节省时间，尤其当样品需要为下一步的实验预筛选或预分类时，这种方法显得非常有用。

（2）实验原则　以均衡随机的顺序将样品送给评定员，要求评定员就指定指标将样品进行排序，计算序列和，然后对数据进行统计分析。

（3）参加实验人员　首先对评定员进行筛选、培训和指导，参加实验的人数不得少于 8 人，如果参加人数在 16 人以上，区分效果会得到明显提高。感觉实验目的，评定人员要有区分样品指标之间细微差别的能力。

（4）实验设计　比较 4 种人工合成甜味剂 A，B，C，D 甜味的持久性，即确定这 4 种甜味剂之间在吞咽之后是否在甜味的持久性上存在显著性差异。

因为甜味的持久性在不同的人身上反应可能差别很大，该实验的操作简单，不需要培训，因此尽可能召集更多的人参加实验。选择 48 人进行实验，每人得到 4 个样品，并就甜味的持久性进行排序。甜味排序检验法的问卷见表 6.21。

表6.21　4种甜味剂甜味持久性的排序检验法

排序检验法
姓名：　　　　　　　　　　　日期： 样品名称：人工甜味剂
实验指令： 　1.注意你得到的样品编号与问卷上的编号一致。 　2.从左到右品尝样品,并注意甜味的持久性。在两个样品之间间隔30 s,并用清水漱口。 　3.在你认为甜味持久性最差的样品编号下方写"1",第二差的下方写"2",依次类推,在甜味持久性最长的样品编号下方写"4"。 　4.如果你认为两个样品非常接近,就猜测它们的可能顺序。
实验记录： 样品编码　　A　　　　B　　　　C　　　　D 　　　　　___　　___　　___　　___
建议或评语： 　　　_____ 　　　_____ 　　　_____

（5）样品筛选　在正式实验之前,要确保样品之间除了甜味之外,没有其他不同。

（6）分析结果　根据48名评定员对4个样品的排序结果,计算

$$T = \left\{ \left[\frac{12}{bt(t+1)} \right] \sum_{i=1}^{t} R_i^2 \right\} - 3b(t) + 1$$
$$= 12.85$$

查表6.8可知,χ^2的临界值为7.81,因此,可以判定4种样品在甜味的持久性上存在显著差异,微量进一步说明哪两个样品有差异,计算LSD值：

$$LSD = t_{a/2,\infty} \sqrt{\frac{bt(t+1)}{6}}$$
$$= 24.8$$

如果两个样品之间的差距大于24.8,那么就说明这两个样品之间就存在着显著性差异。从结果可知,样品B、D和A、C之间在甜味的持久性上存在着显著性差异。

6.1.4.8　果蔬汁样品排序实验法——完全区组设计

某饮料厂为检验五种果蔬汁（A、B、C、D、E）的品质差异,选取14个评定员按品质由好到差进行排序评定5种果蔬汁样品,结果见表6.22。

表 6.22　果蔬汁品质排序实验结果

评定员	样　品				
	A	B	C	D	E
1	2	4	5	3	1
2	4	5	3	1	2
3	1	4	5	3	2
4	1	2	5	3	4
5	1	5	2	3	4
6	2	3	4	5	1
7	4	5	3	1	2
8	2	3	5	4	1
9	1	3	4	5	2
10	1	2	5	3	2
11	4	5	2	3	1
12	2	4	3	5	1
13	5	3	4	2	1
14	3	5	2	4	1
每种样品的秩和	33	53	52	45	27

（1）Friedman 检验

1）计算统计量（F_{test}）　$J=14, P=5, R_1=33, R_2=53, R_3=52, R_4=45, R_5=27$

根据式（6.4）

$$F_{\text{test}} = \frac{12}{14 \times 5 \times (5+1)}(33^2+53^2+52^2+45^2+27^2) - 3 \times 14 \times (5+1) = 15.31$$

2）做统计结论　因为 F_{test}（15.31）大于表 6.7 中对应 $J=14, P=5, \alpha=0.05$ 的临界值 9.32，所以可以认为，在显著性水平小于或等于 5% 时，五个样品之间存在显著性差别。

（2）多重比较和分组　如果两个样品秩和之差的绝对值大于最小显著差数 LSD，可认为二者不同。

1）计算最小显著差数 LSD

$$\text{LSD} = 1.96 \times \sqrt{\frac{14 \times 5 \times (5+1)}{6}} = 16.40(\alpha=0.05)$$

2）比较与分组　在显著性水平 0.05 下，A 和 B、A 和 C、E 和 B、E 和 C、E 和 D 的差异是显著的，它们秩和之差的绝对值分别为：

A–B：| 33–53 | = 20　　　　　　　　　　E–B：| 27–53 | = 26

A–C：| 33–52 | = 19　　　　　　　　E–C：| 27–52 | = 25

E–D：| 27–45 | = 18

以上比较的结果表示如下：

$$E \quad \underline{A \quad D \quad C \quad B}$$

下画线的意义表示：

——未经连续的下画线连接的两个样品是不同的(在5%的显著性水平水平下)；

——由连续的下画线连接的两个样品相同；

——没有区别的 A 和 E 排在没有区别的 D、C、B 前面。

因此,5 个样品可分为 3 组,一组包括 A 和 E,另一组包括 A 和 D,第三组包括 B、D 和 C。

（3）Page 检验　根据秩和顺序,可将样品初步排序为:E≤A≤D≤C≤B,Page 检验可检验该推论。

1）计算 L 值

$$L = (1 \times 27) + (2 \times 33) + (3 \times 45) + (4 \times 52) + (5 \times 53) = 701$$

2）做统计结论　由表 6.6 可知,$P = 5$,$J = 14$,$\alpha = 0.05$ 时,Page 检验的临界值为 661。因为 $L = 701 > 661$,所以 $\alpha = 0.05$ 时,样品之间存在显著性差异。

（4）结论

1）基于 Friedman 检验　在 5% 的显著性水平下,E 和 A 无显著性差别;D 和 C、B 无显著性差别;A 和 D 无显著性差别,但 A 和 C、B 有显著性差异,E 和 D、C、B 有显著性差异。

2）基于 Page 检验　在 5% 的显著性水平下,评定员辨别出了样品之间存在差异,并且给出的排序与预先设定的顺序一致。

6.1.4.9　排序实验法应用实例——平衡不完全区组设计

平衡不完全区组设计中,10 个评定员每人检验 5 份样品中的 3 份,结果见表 6.23。

（1）Friedman 检验

1）计算统计量 F_{test}

$J = 14$,$P = 5$,$K = 3$,$N = 6$,$\lambda = 3$,$R = 1$,$R_1 = 8$,$R_2 = 13$,$R_3 = 15$,$R_4 = 16$,$R_5 = 8$

$$F_{test} = 12 \times (8^2 + 13^2 + 15^2 + 16^2 + 8^2) / [1 \times 3 \times 5 \times (3+1)] - [3 \times 1 \times 6^2 \times (3+1)/3] = 11.6$$

2）做统计结论　因为 F_{test}(11.6)大于表 6.7 中对应 $p = 5$,$\alpha = 0.05$ 的临界值 9.25,所以可以认为,在显著性水平小于或等于 5% 时,五个样品之间存在显著性差别。

表6.23 评定结果

评定员	样　品				秩和
	A	B	C	D	
1	1	2	3		
2	1	2		3	
3	2	3			1
4	1		2	3	
5	2		3		1
6	1			3	2
7		1	3	2	
8		2	3		1
9		3		2	1
10			1	3	2
每种样品的秩和	8	13	15	16	8

（2）利用最小显著差数分组　如果两个样品秩和之差的绝对值大于最小显著差数 LSD,可认为二者不同。

1）计算最小显著差数 LSD

$$\text{LSD} = 1.96 \times \sqrt{\frac{1 \times (3+1) \times (6 \times 3 - 6 + 3)}{6}} = 6.2 (\alpha = 0.05)$$

2）比较与分组　在显著性水平0.05下,A 和 C、A 和 D、C 和 E、D 和 E 之间的差别是显著的,其秩和之差的绝对值分别为:

A–C：｜8–15｜=7　　　　　　C–E：｜15–8｜=7

A–D：｜8–16｜=8　　　　　　D–E：｜16–8｜=8

以上比较的结果表示如下:

$$\underline{A \quad E} \quad \underline{B \quad C \quad D}$$

（3）Page 检验　根据秩和顺序,可将样品初步排序为:E≤A≤D≤C≤B,Page 检验可检验该推论。

1）计算 L 值

$L = (1 \times 8) + (2 \times 8) + (3 \times 16) + (4 \times 15) + (5 \times 13) = 197$

$P = 5, k = 14, j = 10,$ 时,L'的值为:

$$L' = \frac{12 \times 197 - 3 \times 10 \times 3 \times 4 \times 6}{\sqrt{10 \times 3 \times 4 \times 5 \times 6}} = 2.4$$

2)做统计结论　因为 $L>2.33$，所以 $\alpha=0.01$ 时，样品之间存在显著性差异。

（4）结论

1）基于 Friedman 检验　在 5% 的显著性水平下，A、E 的秩和显著小于 C、D，而 B 与其他 4 种样品均无显著性差别。

2）基于 Page 检验　在 1% 的显著性水平下，评定员辨别出了样品之间存在差异，并且给出的排序与预先设定的顺序一致。

6.2　分类实验法

评定员品评样品后，画出样品应属的预先定义的类别，这种评定实验的方法称为分类实验法。

当样品打分有困难时，可用分类法评定出样品的好坏差异，得出样品的级别、好坏，也可以鉴定出样品的缺陷等。

它是先由专家根据某样品的一个或多个特征，确定出样品的质量或其他特征类别，再将样品归纳入相应类别的方法或等级的办法。此法是使样品按照已有的类别划分，可在任何一种检验方法的基础上进行。

把样品以随机的顺序出示给评定员，要求评定员按顺序评定样品后，根据评定表中所规定的分类方法对样品进行分类。

6.2.1　方法特点

此法是以过去积累的已知结果为根据，在归纳的基础上，进行产品分类。

6.2.2　组织设计

把样品以随机的顺序出示给评定员，要求评定员按顺序评定样品后，根据评定表中所规定的分类方法对样品进行分类。分类检验法问答表的一般形式见表 6.24～表 6.25。

表 6.24　分类检验法问答表（1）

姓名＿＿＿＿＿＿　　　日期＿＿＿＿＿＿　　　产品＿＿＿＿＿＿

评定您面前的 4 个样品后，请按规定的级别定义把他们分成 3 个级别，并在适当的级别下，填上适当的样品编码。

级别 1：…

级别 2：…

级别 3：…

＿＿＿＿＿＿＿＿样品应为 1 级

＿＿＿＿＿＿＿＿样品应为 2 级

＿＿＿＿＿＿＿＿样品应为 3 级

表 6.25　分类检验法问答表（2）

分类检验法

姓名_____　　　　日期_____
样品类项_____

实验指令：
1. 从左到右依次品尝样品。
2. 品尝后把样品划入你认为应属的预先定义的类别。

实验结果：

样品	一级	二级	三级	合计
A				
B				
C				
D				
合计				

6.2.3　结果分析

　　统计每一种产品分属每一类别的频数，然后用 χ^2 检验比较两种或多种产品落入不同类别的分布，从而得出每一种产品应属的级别。

　　下面举例说明采用分类实验法进行结果分析的方法。

　　例有 4 种搪瓷制品，它们的加工工艺不同。通过检验、了解由于加工工艺的不同，对制品质量所造成的影响。

　　统计各样品被划入各等级的次数，并把它们填入表 6.26（由 30 位评定员进行评定分级）。

表 6.26　分类检验法结果汇总表

样品	一级	二级	三级	合计
A	7	21	2	30
B	18	9	3	30
C	19	9	2	30
D	12	11	7	30
合计	56	50	14	120

　　假设各样品的级别分不相同，则各个级别的期待值为：

$$E = \frac{该等级次数}{120} \times 30 = \frac{该等级次数}{4}，而\ E_1 = \frac{56}{4} = 14,\ E_2 = \frac{50}{4} = 12.5,\ E_3 = \frac{14}{4} = 3.5，而实际$$

测定值 Q 与期待值之差 $Q_{ij} - E_{ij}$ 列出如表 6.27。

表 6.27　各级别期待值与实际值之差

样品	一级	二级	三级	合计
A	−7	8.5	−1.5	0
B	4	−3.5	−0.5	0
C	5	−3.5	−1.5	0
D	−2	−1.5	3.5	0
合计	0	0	0	

$$\chi_0^2 = \sum_{i=1}^{t} \sum_{j=1}^{m} \frac{(Q_{ij} - E_{ij})}{E_{ij}}$$
$$= \frac{(-7)^2}{14} + \frac{4^2}{14} + \frac{5^2}{14} + L + \frac{3.5^2}{3.5}$$
$$= 19.49$$

误差自由度：

f=样品自由度×级别自由度=$(m-1) \times (t-1) = (4-1) \times (3-1) = 6$

查 χ^2 分布表，

$\chi^2(6,0.05) = 12.55$；$\chi^2(6,0.01) = 16.81$

由于 $\chi_0^2 = 19.49 > 16.81$

所以，这 3 个级别之间在 1% 水平是有显著性差异，即这 4 个样品可以分为 3 个等级，其中 C,B 之间相近，可表示为 <u>C、B</u>、<u>A</u>、<u>D</u>，即 C、B 为一级，A 为二级，D 为三级。

6.2.4　分类实验法实例

6.2.4.1　实验目的及步骤

评定 6 种市售乳制品不同热处理方法对产品感官品质的影响，采用分类实验法进行。它是先由专家根据某样品的一个或多个特征，确定出样品的质量或其他特征类别，再将样品归纳入相应类别或等级的方法。分类检验法是使样品按照已有的类别划分，可在任何一种检验方法的基础上进行。参加本次实验的评定人员，由 2 位专家和 16 位优秀评定员、12 位普通评定员组成。问答表的设计见表 6.28。

表 6.28　分类检验法问答表

分类检验法

姓名_____　　　　　日期_____　　　　　产品_____

样品类型　根据加工过程中热处理方式的不同，通常可将液态纯乳制品划分为 3 类：巴氏杀菌乳、超高温灭菌（UHT）乳和二次灭菌乳。巴氏乳产品呈乳白色，奶味纯正，奶香浓郁；UHT 乳产品颜色乳白（也有可能出现轻微褐变），奶香较浓，有轻微焦煳味；二次灭菌乳产品颜色发褐，奶香浓厚，有焦煳味。

实验指令　请仔细品尝您面前的 6 个液态乳样品，编号分别为 A,B,C,D,E,F，然后把它们的编号填入您认为应属于的预先定义的类别。

巴氏乳：…　　…UHT 乳：…　　…二次灭菌乳：…　　…

具体实验设计和实验步骤如下：

样品随机编号表及准备工作表，分别见表 6.29 和表 6.30。

每位评定员得到一组 6 个样品，依次品尝，评定，并填好问答表 6.28，共 30 张有效问答表。

结果处理：统计每一种样品分属每一类别的频数，然后用 χ^2 检验比较这 6 种样品落入不同类别的分布，从而得出每一种样品应属的类别。

表 6.29　样品随机编号表

样品名称	A	B	C	D	E	F
	533	298	219	304	377	654
随机编号	681	885	462	547	265	225
	576	372	743	615	439	748

表 6.30　样品准备工作表

评定员	供样顺序	样品检验时的号码顺序					
1	BAEDCF	298	533	377	304	219	654
2	ECABFD	377	219	533	298	654	304
3	DBEFCA	304	298	377	377	219	533
4	AFCEBD	681	225	462	462	885	547
5	CADBFE	462	681	547	547	225	265
6	FDCABE	225	547	462	462	885	265
⋮	⋮	⋮	⋮	⋮	⋮	⋮	⋮
30	BAFCED	372	576	748	748	439	615

6.2.4.2　分类实验结果分析

分类检验由 30 位评定员（其中包括 2 位专家和 16 位优秀评定员）参评，各样品被划入各类别的次数统计见表 6.31。

表 6.31　6 种样品的分类实验结果

样品	巴氏杀菌乳	UHT 灭菌乳	二次灭菌乳	合计
A	10	19	1	30
B	20	10	0	30
C	19	10	1	30
D	9	20	1	30
E	11	18	1	30
F	0	1	29	30
合计	69	78	33	180

假设各样品的类别不相同,则各类别的期待值为:

E = 该类别次数/6,即 $E_1 = 69/6 = 11.5$,$E_2 = 78/6 = 13$,$E_3 = 33/6 = 5.5$,而实际测定值 Q 与期待值之差见表 6.32。

表 6.32 6 种样品的各类别期待值与实际值之差

样品	巴氏杀菌乳	UHT 灭菌乳	二次灭菌乳	合计
A	−1.5	6	−4.5	0
B	8.5	−3	−5.5	0
C	7.5	−3	−4.5	0
D	−2.5	7	−4.5	0
E	−0.5	5	−4.5	0
F	−11.5	−12	23.5	0
合计	0	0	0	

经计算 $\chi^2 = 161.3$,查 χ^2 分布表(表 6.8):$\chi^2(10, 0.05) = 18.31$;$\chi^2(10, 0.01) = 23.21$。由于 $\chi^2 = 161.3 > 23.21$,所以这 3 个类别之间在 1% 显著水平有显著差异,即这 6 个样品可以分成 3 类,其中 B、C 之间相近,D、A、E 之间相近,可表示为 B 和 C 为一类,D、A 和 E 为一类,F 单独为一类,即 B、C 为巴氏杀菌乳,D、A、E 为 UHT 灭菌乳,F 为二次灭菌乳。

6.3 排列实验实践

6.3.1 果冻弹性的嗜好性感官评定

6.3.1.1 实践目的和要求

对不同配料制作成的番茄汁进行品评,运用嗜好性品评的方法找出最佳的配料方案,为新产品的开发做准备。

6.3.1.2 实践原理

估计评定员对样品按某一单一特性的强度或整个印象排序,对结果进行统计分析,确定感官特性的差异。

6.3.1.3 实践设计

(1)材料及样品准备 4 种不同品牌的果冻制品,样品的温度、大小应尽量保持一致。

(2)评定表的设计 评定表见表 6.33。

表 6.33　果冻弹性的嗜好性评定

排序检验法
姓名：　　　　　　　　　日期：
你将收到随机排列的样品系列。请在规定时间内完成实验,请将收到系列编码的样品依次进行评定并按照从弱到强的次序进行排列,可将样品先初步排定一下顺序后再做进一步的调整。检验进行时每个样品可反复评定。 　　在需要的情况下,在更换样品时,请用水漱口。
实验结果： 　　　　样品编码　　　　　　　　　　　排序结果 　　　　　A　　　　　　　　　　　　　　□ 　　　　　B　　　　　　　　　　　　　　□ 　　　　　C　　　　　　　　　　　　　　□ 　　　　　D　　　　　　　　　　　　　　□

6.3.1.4　实践步骤

（1）检验前　主持人要向评定员说明检验的目的,并组织对检验方法、判定准则的讨论,使每个评定员对建议的准则有统一的理解,若有必要可使用对照样品谨慎地提供对评定员认识的一致性预先检验并组织讨论,给予必要的足够的信息以消除评定员的偏见。

（2）记录评定员的反应结果　反应结果记录表见表 6.34。

表 6.34　果冻弹性的嗜好性评定反应结果记录表

评定员	秩次			
	1	2	3	4

6.3.1.5　实践统计分析

将评定员对每次检验的每一特性的排序结果汇总,并使用 Friedman 检验和 Page 检验对被检样品之间是否存在显著性差异做出判定。

若确定了样品之间存在显著性差异时,则需要应用多重比较对样品进行分组,以进一步确定哪些样品之间有显著性差别。

6.3.1.6　结果报告

根据统计结果,撰写实践报告。

6.3.2　优酸乳风味的嗜好性感官评定

6.3.2.1　实践目的和要求

本次实践内容是对原味的优酸乳进行嗜好性评定,并且把评定结果与其相应的工艺过程和调味配法相结合。根据对于几种生产出的不同调味的优酸乳嗜好性比较的结果,找出与目标产品不同的地方,在相关的工艺中进行调整、改进,使其达到与目标产品一样的感官效果。

6.3.2.2　实践原理

应用九点标度的评定尺度表对原味优酸乳进行嗜好性品评,找出与目标产品的差异。

6.3.2.3　实践设计

(1)材料及样品准备　原味优酸乳。

(2)实践步骤及现象记录

1)测试准备

评定杯:按实验人数、轮次数准备好若干实验用杯子。另外准备一个盛水杯和一个吐液杯。

样品编码:利用随机数表或计算机评定系统进行编码。

2)实践指导

实践前:主持人要使评定员熟悉检验程序和产品特性。

指导语:您将收到已编码的系列样品。请从左到右依次对每个样品进行评估,然后在对应的评定表上打"√"。检验时,对每个样品可进行反复的评定。

3)实践结果记录　记录实践结果,见表6.35。

(3)数据处理与结果分析　如果在评定过程中加入了重复样品,则先对指标评定结果的一致性进行检验,以确定评定员的结果能否被接受。

然后,再把上面的每位评定员结果表转换成酸奶的每个指标的数字得分表,进行方差分析并作雷达图。

若某项指标方差分析结果是不显著的,则说明这项指标与标准样品无明显差异。若某项指标的方差结果是显著的,结合雷达图的定性分析,可再用其他评定方法测试,以确定差异的程度。

表 6.35 果冻弹性的嗜好性评定反应结果记录表

产品特征	极其喜欢	很喜欢	喜欢	有点喜欢	无所谓喜不喜欢	不喜欢	很不喜欢	极其不喜欢
甜味								
酸味								
奶香味								
细腻感								
黏稠感								
余味								
总体								

思考与练习

1. 什么是排序检验法？此方法的特点及应用范围是什么？
2. 排序检验法如何进行结果判定？
3. 什么是分类检验法？此方法的特点及应用范围是什么？
4. 分类检验法如何进行结果判定？
5. 排序检验法和分类检验法的优缺点是什么？

第7章 分级实验

分级是商业中常使用的一种评定方法,它取决于专业评定员。标度分四或五步,如"选择""额外""规则""拒绝"。感官分等级的例子有咖啡、茶、调味品、奶油、鱼和肉类等。

7.1 概述

感官分级通常是评定员感觉的综合过程。要求评定员对真实特征的存在、这些特征的混合或平衡、负特性的消除、分等产品同某些书面或自身标准的比较而给出总的综合效应。商业中的分级系统是相当复杂和有用的,它可防止消费者以高价购买劣质产品,而使生产商弥补与高质产品的供给有关的额外成本。但是,分等与可测的物理化学性质有统计相关性是困难的或不可能的。

分级实验是以某个级数值来描述食品的属性。在排列实验中,两个样品之间必须存在先后顺序,而在分级实验中,两个样品可能属于同一级数,也可能属于不同级数,而且它们之间的级数差别可大可小。排列实验和分级实验各有特点和针对性。

级数定义的灵活性很大,没有严格规定。例如,对食品甜度,其级数值可按表7.1定义。

表7.1 食品甜度的分级方法

甜 度	分级方法				
	1	2	3	4	5
极 甜	9	4	8	7	4
很 甜	8	3	7		
较 甜	7	2	6	6	3
略 甜	6	1	5	5	
适 中	5	0	4	4	2
略不甜	4	-1	3	3	
较不甜	3	-2	2	2	1
很不甜	2	-3	1	1	
极不甜	1	-4	0		

对于食品的咸度、酸度、硬度、脆性、黏性、喜欢程度或者其他指标的级数值也可以类推。当然也可以用分数,数值范围或图解来对食品进行级数描述。例如,对于茶叶进行

综合评判的分数范围为:外形 20 分,香气与滋味 60 分,水色 10 分,叶底 10 分,总分 100 分。当总分大于 90 分为 1 级茶,81~90 分为 2 级茶,71~80 分为 3 级茶,61~70 分为 4 级茶。其常见的问答表例见表 7.2。

在分级实验中,由于每组实验人员的习惯、爱好及分辨能力各不相同,使得各人的实验数据可能不一样。因此规定标准样的级数,使它的基线相同,这样有利于统一所有实验人员的实验结果。

表 7.2　分级检验法问答表例

姓名_____日期_____产品_____组_____

评定您面前的 4 个样品后,请按规定的级别定义把它们分成 3 级,并在适当的级别下,填上适当的样品号码:

级别定义:

1 级:…

2 级:…

3 级:…

_____样品应为 1 级

_____样品应为 2 级

_____样品应为 3 级

7.2　评分法

7.2.1　方法特点

评分法是要求评定员把样品的品质特性以数字标度形式来评定的一种检验方法。食品感官评定按评分目的分为合格检查与产品评优,评分的目的不同,评分标准的侧重和评分方法也有所不同。要减少评分误差,使评出的分数能在很大程度上反映出产品质量的本来面貌,制定合理的评分标准至关重要。一个好的评分标准应具备如下特点:评分规则明确具体,而不是含义不清或伸缩性大;能方便、正确地衡量和掌握产品质量水平的高低、优劣及缺陷严重程度;能将被检产品的实际水平检查出来;能使样品间的差异,即使较微小的差异也能通过评分反映出来。制定评分标准时要认真、全面地进行考虑;以后在评分实践中,还须用统计方法来检验标准本身的质量,并不断加以完善。评分标准本身的质量,可以用可信度、区分度以及分数的平均值与标准差等来衡量。在评分法中,所使用的数字标度为等距标度或比率标度,如 1~10(10 级),−3~3 级(7 级)等数值尺度。由于此方法可同时评定一种或多种产品的一个或多个指标的强度及其差别,所以应用较为广泛,尤其用于对新产品的评定。

检验前应首先确定使用的标度类型,评定员对每一个评分点所代表的意义要有一致的认识。评定时,把所有要求评定的样品同时提供给感官评定员。评定员根据自己所感觉的特性强度填写问答表。样品的出示顺序(评定顺序)可利用拉丁文随机排列。

首先将产品中需要做感官评定的项目分别列出,然后按其性质与内容的主次关系进行归并,以性质相互独立的主要项目为母项,从属于母项的各项内容为子项。各母项按其在产品质量中的地位分别赋以不同的分值,母项得分之和为产品得分,满分为 100 分。子项也与母项一样,按其在母项中的贡献大小分别赋予分值,如 A 项的满分值为 40,它由 a,b,c,d 4 个子项组成,赋予子项的分值可能分别为 15,10,8,7,总和为 40。一般评分只对子项进行,母项的得分与产品的总分都是通过计算子项得分后得出,因此,每个子项都要有得分和扣分的标准。该方法不同于其他方法的是所谓的绝对性判断,即根据评定员各自的评定基准进行判断。它出现的粗糙评分现象也可由增加评定员人数的方法来克服。

7.2.2　组织设计

评分法是最常用的一种食品感官评定方法,要搞好食品感官质量的评分,并非易事。一是要有一个好的评分标准;二是要有较高水平的分析员;三是评分程序要合理;四是评分结果的处理办法要先进。

评分法问答卷的设计应和产品的特性及检验的目的相吻合,尽量简洁明了。问卷形式可参考表 7.3 的形式。

表 7.3　评分法问答卷参考样式

姓名＿＿＿＿＿＿＿　性别＿＿＿＿＿＿　试样号＿＿＿＿＿＿　　　　年　月　日

请你品尝面前的试样后,以自身的尺度为基准,在下面尺度中的相应位置上画"〇"

极端好	非常好	好	一般	不好	非常不好	极端不好
1	2	3	4	5	6	7

7.2.3　结果分析

在进行结果分析与判断前,首先要将问答卷的评定结果按选定的标度类型转换成相应的数值。以上述问答卷的评定结果为例,可按 $-3 \sim 3$(7 级)等值尺度转换成相应的数值。极端好 $=3$;非常好 $=2$;好 $=1$;一般 $=0$;不好 $=-1$;非常不好 $=-2$;极端不好 $=-3$。当然,也可以用十分制或百分制等其他尺度。然后通过相应的统计分析和检验方法来判断样品间的差异性,当样品只有两个时,可以采用简单的 t 检验;而样品超过两个时,要进行方差分析并最终根据 F 检验结果来判别样品间的差异性。评分标准本身的质量,可以用可信度、区分度以及分数的平均值与标准差等来衡量。

7.2.3.1　评分的可信度

按照评分标准对产品评分,所得分数能较真实、可靠地反映出产品的实际质量水平,其可信度较高。

评分标准可信度的计算方法如下:

（1）将评分标准的检查项目分为项目数相同、检查内容难度相近的 A、B 两组，并分别计算这两组的总评分 x_i 和 y_i；

（2）计算 A、B 两组总评分 x_i 和 y_i 的相关系数 r；

$$r = \frac{Lxy}{\sqrt{Lxx \cdot Lyy}}$$ (7.1)

式中　$Lxx = \sum x^2 - \frac{1}{n}\left(\sum x\right)^2$，$n$ 为总评分对数；

$$Lyy = \sum y^2 - \frac{1}{n}\left(\sum y\right)^2$$

$$Lxy = \sum xy - \frac{1}{n}\left(\sum x\right)\left(\sum y\right)$$

（3）计算评分标准的可信度 A：

$$A = \frac{2r}{1+r}$$ (7.2)

若 $A \geqslant 0.7$，评分标准的可信度较高；若 $A = 0.4 \sim 0.7$，可信度一般；若 $A \leqslant 0.4$，可信度较差。

【例 7.1】　某分析小组按评分标准对 5 种同类饮料评分，其结果见表 7.4，试评定所采用评分标准的可信度。

表 7.4　评分结果表

n	A：总评分 x	B：总评分 y	x^2	y^2	xy
1	45	45	2 025	2 025	2 025
2	43	42	1 847	1 844	1 806
3	38	42	1 444	1 844	1 596
4	37	35	1 369	1 225	1 295
5	32	29	1 624	841	928
$\sum$	195	193	7 711	7 779	7 650

解

$$Lxx = \sum x^2 - \frac{1}{n}\left(\sum x\right)^2$$
$$= 7\,711 - (195)^2/5$$
$$= 106.0$$

$$Lyy = \sum y^2 - \frac{1}{n}\left(\sum y\right)^2$$
$$= 7\,779 - (193)^2/5$$
$$= 329.2$$

$$Lxy = \sum xy - \frac{1}{n}\left(\sum x\right)\left(\sum y\right)$$
$$= 7\,650 - (195 \times 193)/5$$
$$= 123.0$$

$$r = \frac{Lxy}{\sqrt{Lxx \cdot Lyy}}$$

$$= \frac{123.0}{\sqrt{106.0 \times 329.2}}$$

$$= 0.66$$

将 r 代入(7.2)式得:

$$A = \frac{2r}{1+r}$$

$$= \frac{2 \times 0.66}{1 + 0.66}$$

$$= 0.795$$

因为 $A = 0.795 > 0.7$,所以该评分标准的可信度较高。

7.2.3.2 评分标准的区分度

评分标准的区分度是指评分标准对产品质量水平的区分能力,评分标准的区分度的计算方法如下:

(1)求产品总得分 x_i 与项目得分 y_i 的相关系数 r_i;

(2)求评分标准的区分度 R,R 等于产品总评分 x 与每一项目得分 y_i 相关系数 r_i 的算术平均数,即

$$R = \frac{1}{N} \sum r_i \qquad (7.3)$$

式中 N——项目数。

评分标准的区分度 $R = 0.3 \sim 0.7$;$R < 0.3$ 时需修订标准;R 在 0.2 以下,则要重新修订评分标准。

【例7.2】 按评分标准对 8 个产品评分,结果见表7.5。试求评分标准的区分度。

表7.5 各产品的评分结果

n	产品总得分 x_i	项目及项目得分 y_i			
		1	2	3	4
1	95	40	20	25	10
2	90	35	20	20	15
3	84	32	18	15	19
4	80	30	15	17	18
5	78	30	16	15	17
6	70	28	14	13	16
7	64	25	12	12	15
8	50	20	10	10	10

解 先求 r_i ,列表计算 r_1 :

$$Lxx = \sum x^2 - \frac{1}{n}\left(\sum x\right)^2$$
$$= 48\ 161 - (611)^2/8$$
$$= 1495.9$$

$$Lyy = \sum y^2 - \frac{1}{n}\left(\sum y\right)^2$$
$$= 7\ 458 - (240)^2/8$$
$$= 258.0$$

$$Lxy = \sum xy - \frac{1}{n}\left(\sum x\right)\left(\sum y\right)$$
$$= 18\ 938 - (611 \times 240)/8$$
$$= 608.0$$

各产品的计算结果见表7.6。

表7.6 各产品的计算结果

n	x	y	x^2	y^2	xy
1	95	40	9 025	1 600	3 800
2	90	35	8 100	1 225	3 150
3	84	32	7 056	1 024	2 688
4	80	30	6 400	900	2 400
5	78	30	6 084	900	2 340
6	70	28	4 900	784	1 960
7	64	25	4 096	625	1 960
8	50	20	2 500	400	1 000
Σ	611	240	48 161	7 458	18 938

代入式(7.1),得

$$r_1 = \frac{Lxy}{\sqrt{Lxx \cdot Lyy}}$$
$$= \frac{608.0}{\sqrt{1\ 495.9 \times 258.0}}$$
$$= 0.98$$

同理可得: $r_2 = 0.97$, $r_3 = 0.90$, $r_4 = 0.24$

将 r_1 、 r_2 、 r_3 、 r_4 代入式(7.3):

$$R = \frac{1}{N}\sum r_i$$

$$= \frac{1}{4}(0.98+0.97+0.90+0.24)$$

$$= 0.77$$

因为 $R>0.7$，所以该标准的区分度较高。

7.2.3.3 评分标准的难度

评分标准的难度，是表示项目难易程度的数量指标，其计算公式为：

$$C_i = 1-(\overline{X}_i/a_i) \tag{7.4}$$

式中　C_i——项目难度；

$\overline{X}$——该项目的平均分，$\overline{X}_i = \frac{1}{n}\sum_{i=1}^{n} X_i$，$n$ 为样品数；

a_i——该项目的满分值。

评分标准的评分难度 C 等于各项目难度的算术平均值，即

$$C = \frac{1}{N}\sum_{i=1}^{N} C_i \tag{7.5}$$

式中　N——项目数。

项目的难度以 $C_i = 0.3 \sim 0.5$ 为宜；$C_i < 0.2$，该项目的难度小；$C_i > 0.7$，该项目难度大。难度过大、过小的项目都要重新修订。在一个标准中，中等水平的项目应占 60%，较高水平项目占 30%，高难度项目只占 10% 较为适宜。

7.2.3.4 平均分与标准差

平均分是反映产品得分的集中趋势。$\overline{X}$ 为平均分，则

$$\overline{X} = \frac{1}{n}\sum_{i=1}^{n} X_i \tag{7.6}$$

式中　X_i——第 i 个产品的得分；

n——样本大小。

作为合格性检查的评分，平均分数以 $\overline{X} = 70 \sim 80$ 分（百分制时）为合适。标准差是反映所评分数的离散程度，设 S 为标准差，则

$$S = \sqrt{\frac{1}{n-1}\sum_{i=1}^{n}(X-\overline{X})^2} \tag{7.7}$$

S 值越大，表示高分与低分之间的差距越大，分数的分离程度越大。对于厂内合格性检查评分，S 值以在 10 左右为最好，$8 \sim 12$ 为较好。S 值过大或过小，表示分数过于分散或集中，都不能区分出产品的质量水平。

7.2.3.5 异常分的剔除

在对食品感官品质进行评分时，经常会发生个别评分明显偏离大多数评分员所给评分的情况，这种评分称为异常分。异常分是脱离客观实际的评分，应予剔除。在一些食品感官质量评比中机械地把一组评分中的最高分和最低分作为异常分剔除，这是不恰

当的。

经大量实验证实,食品感官质量的评分值满足正态分布,因此可采用格拉布斯(Grubbs)判断法来判断一组评分中是否存在异常分,具体办法如下:

设 $X_1,X_2,X_3,\cdots,X_n$ 为 n 个分析员对某食品的评分,其平均值为 $\overline{X}$,如怀疑 X_i 为异常分,则进行下列步骤:

(1)选定置信度　选定置信度(α)的选定是很重要的,如果 α 选得太小,则使分数剔除的可能性大大减少,不能去掉异常分;α 选得太大,则会将稍偏离大多数评分的正常分剔除。α 一般取 0.05,0.025 或 0.01。

(2)计算 T 值

当 $X_i>\overline{X}$ 时,

$$T=\frac{X_i-\overline{X}}{S} \tag{7.8}$$

当 $X_i<\overline{X}$ 时,

$$T=\frac{\overline{X}-X_i}{S} \tag{7.9}$$

式中　$\overline{X}=\frac{1}{n}\sum_{i=1}^{n}X_i$;$S=\sqrt{\frac{1}{N-1}\sum_{i=1}^{n}(X_i-\overline{X})^2}$

(3)根据 n 和 α 查 T 表,找出对应的 $T(n,\alpha)$。

(4)判断　如 $T \geqslant T(n,\alpha)$,则剔除所怀疑的评分;如 T 小于 $T(n,\alpha)$,则评分不属于异常分,应予以保留。

【例7.3】　设10个分析员对某食品的评分为78.0,80.0,81.0,79.5,79.3,81.5,82.0,80.5,79.5,73.0,试判断最小评分(X_b)73.0 分和最大评分(X_a)82 分是否为异常分。

解　(1)取 $\alpha=0.01$;

(2)计算 T_a 和 T_b。

$$\overline{X}=\frac{1}{n}\sum_{i=1}^{n}X_i=\frac{78.0+80.0+\cdots+73.0}{10}=79.43$$

$$S=\sqrt{\frac{1}{n-1}\sum_{i=1}^{n}(X_i-\overline{X})^2}$$

$$=\sqrt{\frac{1}{10-1}(78.0-79.43)^2+(80.0-79.43)^2+\cdots+(73.0-79.43)^2}$$

$$=2.54$$

将 $\overline{X}$、S、X_a、X_b 代入 T 值计算公式得:

$$T_a=\frac{(X_a-\overline{X})}{S}=\frac{(82.0-79.43)}{2.54}=1.01$$

$$T_b = \frac{(\overline{X} - X_b)}{S} = \frac{(79.43 - 73.0)}{2.54} = 2.53$$

(3)查 $T(n,\alpha)$ 值表,得 $T(n,\alpha) = T(10,0.01) = 2.41$

(4)判断

因为　　$T_b = 2.53 > T(10,0.01)$

　　　　$T_a = 1.01 < T(10,0.01)$

所以,73 分是异常分,82 分为正常分。

【例7.4】　为了比较 A、B、C 3 个公司生产的方便面质量,8 名评审员分别对 3 个公司的产品按上述问答卷中的 1~6 分尺度进行评分,评分结果见表7.7,请问产品之间有无显著性差异?差异程度如何?

表7.7　各试样评分结果

评审员	1	2	3	4	5	6	7	8	合计
试样 A	3	4	3	1	2	1	2	2	18
试样 B	2	6	2	4	4	3	6	6	33
试样 C	3	4	3	2	2	3	4	2	23
合计	8	14	8	7	8	7	12	10	74

解题步骤　(1)求离差平方和 Q

修正项　$CF = \dfrac{x^2}{n \cdot m} = \dfrac{74^2}{8 \times 3} = 228.17$

试样　$Q_A = \dfrac{(x_1^2 + x_2^2 + \cdots + x_i^2 + \cdots + x_m^2)}{n} - CF$

$$= \frac{(18^2 + 33^2 + 23^2)}{8} - 228.17$$

$$= 242.75 - 228.17 = 14.58$$

评定员　$Q_B = \dfrac{(x_1^2 + x_2^2 + \cdots + x_j^2 + \cdots + x_n^2)}{m} - CF$

$$= \frac{(8^2 + 14^2 + \cdots + 10^2)}{3} - 228.17$$

$$= 243.33 - 228.17 = 15.16$$

总平方和　$Q_T = (x_{11}^2 + x_{12}^2 + \cdots + x_{ij}^2 + \cdots + x_{mn}^2) - CF$

$$= (3^2 + 4^2 + \cdots + 2^2) - 228.17 = 47.83$$

误差　$Q_E = Q_T - Q_A - Q_B = 18.09$

(2)求自由度 f

试样　　　$f_A = m - 1 = 3 - 1 = 2$

评审员　　$f_B = n - 1 = 8 - 1 = 7$

总自由度　$f_T = m \times n - 1 = 24 - 1 = 23$

误差 $f_E = f_T - f_A - f_B = 14$

（3）方差分析

求平均离差平方和 $V_A = Q_A/f_A = 14.58/2 = 7.29$

$V_B = Q_B/f_B = 15.16/7 = 2.17$

$V_E = Q_E/f_E = 18.09/14 = 1.29$

求 $F_。$ $F_A = V_A/V_E = 7.29/1.29 = 5.65$

$F_B = V_B/V_E = 2.7/1.29 = 1.68$

查 F 分布表，求 $F(f, f_E, \alpha)$。若 $F_。 > F(f, f_E, \alpha)$，则对信度 α，有显著性差异。

本例中，$F_A = 5.65 > F(2, 14, 0.05) = 3.74$

$F_B = 1.68 < F(7, 14, 0.05) = 2.76$

故对信度 $\alpha = 5\%$，产品之间有显著性差异，而评定员之间无显著性差异。

将上述计算结果列入表7.8。

表 7.8   方差分析结果

方差来源	平方和(Q)	自由度)(f)	均方和(V)	$F_。$	F
产品 A	14.58	2	7.29	5.65	$F(2, 14, 0.05) = 3.74$
评审员 B	15.16	7	2.17	1.68	$F(7, 14, 0.05) = 2.76$
误差 E	18.09	14	1.29		
合计	47.83	23			

（4）检验试样间显著性差异   方差分析结果，试样之间有显著性差异时，为了检验哪几个试样间有显著性差异，采用重范围实验法，即

求试样平均分：

	A	B	C
	$18/8 = 2.25$	$33/8 = 4.13$	$23/8 = 2.88$
	1 位	2 位	3 位

按大小顺序排列：

	B	C	A
	4.13	2.88	2.25

求试样平均分的标准误差：$dE = \sqrt{V_E/n} = \sqrt{1.29/8} = 0.4$

查斯图登斯化范围表，求斯图登斯化范围 rp，计算显著性差异最小范围 $Rp = rp \times$ 标准误差 dE，如表7.9所示。

表 7.9   计算结果

P	2	3
$rp(5\% f = 14)$	3.03	3.70
Rp	1.21	1.48

1 位 – 3 位 $= 4.13 - 2.25 = 1.88 > 1.48(R_3)$

1 位 – 2 位 $= 4.13 - 2.88 = 1.25 > 1.21(R_2)$

即 1 位(B)和 2、3 位(C,A)之间有显著性差异。

2 位–3 位 = 2.88–2.25 = 0.63 < 1.21(R_2)

即 2 位(C)和 3 位(A)之间无显著性差异。

故对信度 α = 5%,产品 B 和产品 A、C 比较有显著性差异,产品 B 明显不好。

【例7.5】 有原料配比不同的 4 种香肠制品,通过评分法判定这 4 种香肠的弹性、色泽等有无差别。由 8 个评定员进行评定,统计评定的结果,并转变为评分,列表 7.10(以弹性为例说明结果的分析过程)。

根据表中的评分数值,进行以下计算:

误差校正值(CF) = (评分总和)^2/实验总次数(8 个评定员×4 个样品)

$$= 18^2/32 = 10.125$$

表7.10 各评定员评分表

评定员	样品弹性				合计
	A	B	C	D	
1	−2	3	−1	3	3
2	1	3	0	−2	2
3	−3	3	1	−2	−1
4	−2	3	2	3	6
5	−1	3	2	1	5
6	3	3	−2	2	6
7	0	3	−1	−2	0
8	−3	−2	1	1	−3
合计	−7	19	2	4	18

样品平方和 = 各样品合计的平方和/各样品的实验数 − CF

$$= [(−7)^2 + 19^2 + 2^2 + 4^2]/8 − CF$$

$$= 53.75 − 10.125 = 43.625$$

评定员平方和 = 各评定员合计评分的平方和/各评定员的实验数 − CF

$$= \{[3^2 + 2^2 + (−1)^2 + 6^2 + 5^2 + 6^2 + 0^2 + (−3)^2]/4\} − CF$$

$$= 120/4 − 10.125 = 19.875$$

总平方和 = 各评分数的平方和 − CF

$$= [(−2)^2 + 1^2 + (−3)^2 + (−2)^2 + (−1)^2 + \cdots + 3^2 + 1^2 + 2^2 + (−2)^2 + 1^2] − CF$$

$$= 156 − 10.125 = 145.875$$

表 7.11 为方差分析结果。

表 7.11　方差分析结果

差异原因	自由度	平方和	方差	F 值
样　品	3	43.625	14.541 7	3.707 2
评定员	7	19.875	2.839 3	0.723 8
误　差	21	82.375	3.922 6	
总　计	31	145.875		

自由度:样品自由度为样品总数减 1,本例中有 4 个样品,所以样品自由度为 3。评定员自由度为评定员总数减 1,本例中有 8 人参加评定,所以评定员自由度为 7。总自由度为实验总数减 1,即(32-1)=31。

误差:①计算"误差"自由度时,以总自由度 31 减去其他变量的自由度。这里样品自由度为 3,评定员自由度为 7,"误差"自由度为 31-3-7=21。②计算"误差"平方和时,以总平方和(145.875)减去其他变量的平方和。这里样品平方和为 43.625,评定员平方和为 19.875,所以"误差"平方和为:145.875-43.625-19.875=82.375。

方差:各变量方差的计算为以各自的平方和除以各自的自由度。

F 值:样品 F 值的计算为,样品方差除以"误差"方差,即 14.541 7÷3.922 6=3.707 2。评定员 F 值的计算方式,评定员方差除以"误差"方差,即 2.839 3÷3.922 6=0.723 8。

在判定样品间是否存在差异时,以样品自由度为分子自由度,误差自由度为分母自由度,查 F 分布表(附表 3)中相应的临界值,并与所计算的 F 值比较,若所计算的 F 值大于某显著水平的 F 临界值,表示在此显著水平存在显著差异。反之则不存在显著差异。本例的 F 值(3.707 2)大于 F 临界值$[F_{21}^3(0.05)=3.07]$,同时 3.707 2 小于 $F_{21}^3(0.01)=$ 4.874,说明在 5% 显著水平存在差异。那么结论就可以为:A、B、C、D 四个样品,由于原料配比不同,成品的弹性在 5% 显著水平存在显著差异。

由于样品间存在有显著差异,可应用 Duncan 复合比较实验来确定各样品间的差异程度。

样品	A	B	C	D
样品评分	-7	19	2	4
样品平均(评分/评定员数)	-7/8	19/8	2/8	4/8
样品平均数依大小排列样品	B	D	C	A
样品平均	2.375	0.5	0.25	-0.875

计算样品平均数的标准误差(SE)

$$SE=\sqrt{误差方差/各样品的实验数}=\sqrt{3.922\ 6/8}=0.70$$

中值 2,3,4 的"最短有效差异范围"可在附录查出概率在 5% 显著水平的数值,以误差自由度 21 查附录,查得中值 2,3,4 的标准范围 rp(studentized ranges)。

然后,把这些值与"平均数的标准误差"相乘,得出最短有效差异范围 Rp 如下:

p	2	3	4
$rp(5\%)$	2.95	3.10	3.18
Rp	2.07	2.17	2.23

按照下列几点,把样品平均数间的差异与最短有效差异范围比较。

a. 最大的减去最小的,最大的减去第 2 小的,如此下去至最大的减去第 2 大的。

b. 第 2 大的减去最小的,并如此下去至第 2 大的减去第 3 大的。

c. 依上述顺序至第 2 最小的减去最小的。

对于任何步骤,如果存在的差异未超过最短有效差异范围的话,那么比较就可至此为止,并可进行说明。

最短有效差异范围的确定:

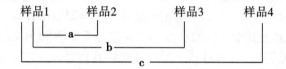

范围:a=2,b=3,c=4,于是,就可进行如下比较:

B−A = 2.375−(−0.875) = 3.25 > 2.23(Rp_4)

B−C = 2.375−0.25 = 2.125 < 2.17(Rp_3)

D−A = 0.5−(−0.875) = 1.375 < 2.17(Rp_3)

结果可表示如下:

B D C A

最后分为 3 组,即

B D C A

结论:在 5% 显著水平,B 样品的香肠弹性最好,D 样品和 C 样品次之,A 样品最次,D、C 样品在弹性方面无显著性差别。

7.3　成对比较法

7.3.1　成对比较法特点

当试样数 n 很大时,一次把所有的试样进行比较是困难的。此时,一般采用将 n 个试样两个一组、两个一组地加以比较,根据其结果,最后对整体进行综合性的相对评定,判断全体的优劣,从而得出数个样品相对结果的评定方法,这种方法称为成对比较法。本法的优点很多,如在顺序法中出现样品的制备及实验实施过程中的困难等大部分都可以得到解决,并且在实验时间上,长达数日进行也无妨。因此,本法是最近应用最广泛的方法之一。如舍菲(Scheffe)成对比较法,其特点是不仅回答了两个试样中"喜欢哪个",即排列两个试样的顺序,而且还要按设定的评定基准回答"喜欢到何种程度",即评定试

样之间的差别程度(相对差)。

成对比较法可分为定向成对比较法(2-选项必选法)和差别成对比较法(简单差别检验或异同检验)。二者在适用条件及样品呈送顺序等方面都存在一定差别。

7.3.2 问答表的设计和做法

设计问答表时,首先应根据检验目的和样品特性确定是采用定向还是差别成对比较法。

由于该方法主要是在样品两两比较时用于鉴评两个样品是否存在差异,故问答表应便于评定员表述样品间的差异,最好能将差异的程度尽可能准确地表达出来。同时还要尽量简洁明了。可参考表 7.12 所给的形式。

表 7.12 成对比较法问答表参考形式

姓名　　　　性别　　　　试样号　　　　　　年　月　日
评定你面前两种试样的质构并回答下列问题。
①两种试样的质构有无差别? 　　　　　　　　　有　　　　　　　无
②按下面的要求选择两种试样质构差别的程度,请在相应的位置上画"○"。 　先品尝的比 　后品尝的 　非　　很　　不　　无　　好　　很　　非 　常　　不　　好　　差　　　　好　　常 　不　　好　　　　别　　　　　　好 　好
③请评定试样的质构(相应的位置上画"○")。 　No. 21　　　好　　　　一般　　　　不好 　No. 13　　　好　　　　一般　　　　不好
意见:

定向成对比较法用于确定两个样品在某一特定方面是否存在差异,如甜度、色彩等。对实验实施人要求:将两个样品同时呈送给评定员,要求评定员识别出在这一指标感官属性上程度较高的样品。样品有两种可能的呈送顺序(AB,BA),这些顺序应在评定员间随机处理,评定员先收到样品 A 或样品 B 的概率应相等;感官专业人员必须保证两个样品只在单一的所指定的感官方面有所不同。此点应特别注意,一个参数的改变会影响产品的许多其他感官特性。例如,在蛋糕生产中将糖的含量改变后,不只影响甜度,也会影响蛋糕的质地和颜色;对评定员的要求:必须准确理解感官专业人员所指的特定属性的含义,应在识别指定的感官属性方面受过训练。

差别成对比较法使用条件:没有指定可能存在差异的方面,实验者想要确定两种样品的不同。该方法类似于三点检验或二-三点检验,但不经常采用。当产品有一个延迟效应或是供应不足以及三个样品同时呈送不可行时,最好采用它来代替三点检验或二-三点检验。对实施人员的要求:同时被呈送两个样品,要求回答样品是相同还是不同。差别成对比较法有 4 种可能的样品呈送顺序(AA,AB,BA,BB)。这些顺序应在评定员中交叉进行随机处理,每种顺序出现的次数相同。对评定员的要求:只需比较两个样品,判断它们是相似还是不同。

7.3.3 结果分析与判断

和评分法相似,成对比较法在进行结果分析与判断前,首先要将问答表的评定结果按选定的标度类型转换成相应的数值。以上述问答表的评定结果为例,可按$-3\sim3$(7级)等值尺度转换成相应的数值。非常好$=3$;很好$=2$;好$=1$;无差别$=0$;不好$=-1$;很不好$=-2$;非常不好$=-3$。当然,也可以用十分制或百分制等其他尺度。然后通过相应的统计分析和检验方法来判断样品间的差异性。下面结合例子来介绍这种方法的结果分析与判断。

【例7.6】 为了比较用不同工艺生产的3种(n)试样的好坏,由22名(m)评定员按问答表的要求,用$+3\sim-3$的7个等级对试样的各种组合进行评分。其中11名评定员是按 A→B、A→C、B→C 的顺序进行评判,其余11名是按 B→A、C→A、C→B 的顺序进行评判(各对的顺序是随机性的),结果列于表7.13、表7.14,请对它们进行分析。

表7.13 各评定员结果

评审员	1	2	3	4	5	6	7	8	9	10	11
(A,B)	1	1	3	1	1	−1	−2	1	−1	2	0
(A,C)	2	−2	0	0	−2	−1	0	1	−1	−1	−1
(B,C)	1	−1	−3	2	1	−1	−2	−2	−1	−1	−1
(B,A)	1	1	3	1	1	−1	−2	1	−1	2	0
(C,A)	2	−2	0	0	−2	−1	0	1	−1	−1	−1
(C,B)	1	−1	−3	2	1	−1	−2	−2	−1	−1	−1

表7.14 各评定员计算结果

组合	评分							总分	$\hat{\mu}_{ij}$	$\hat{\pi}_{ij}$
	−3	−2	−1	0	1	2	3			
(A,B)		1	2	1	5	1	1	6	0.545	0.045
(B,A)			4	2	3		2	5	0.455	
(A,C)		2	4	3	1	1		−5	−0.455	−0.955
(C,A)				2	3	5	1	16	1.455	
(B,C)	1	2	5		2	1		−8	−0.727	−0.636
(C,B)		2	3		1	3	2	6	−0.545	
合计	1	7	18	8	15	11	6			

解 (1)整理实验数据,求总分,嗜好度 $\hat{\mu}_{ij}$,平均嗜好度 $\hat{\pi}_{ij}$ (除去顺序效果的部分)和顺序效果 δ_{ij} 。

其中 总分 $=(-2)\times1+(-1)\times2+0\times1+1\times5+2\times1+3\times1=6$

$\hat{\mu}_{ij} =$ 总分/得分个数 $= 6/11 = 0.545$

$\hat{\pi}_{ij} = \dfrac{1}{2}(\hat{\mu}_{ij} - \hat{\mu}_{ji}) = \dfrac{1}{2}(0.545 - 0.455) = 0.045$

按照同样的方法计算其他各行的相应数据,并将计算结果列于表7.14。

(2)求各试样的主效果 α_i

$$\alpha_A = \dfrac{1}{3}(\hat{\pi}_{AA} + \hat{\pi}_{AB} + \hat{\pi}_{AC}) = \dfrac{1}{3}(0 + 0.045 - 0.955) = -0.303$$

$$\alpha_B = \dfrac{1}{3}(\hat{\pi}_{BA} + \hat{\pi}_{BB} + \hat{\pi}_{BC}) = \dfrac{1}{3}(-0.045 + 0 - 0.636) = -0.227$$

$$\alpha_C = \dfrac{1}{3}(\hat{\pi}_{CA} + \hat{\pi}_{CB} + \hat{\pi}_{CC}) = \dfrac{1}{3}(0.955 + 0.636 + 0) = -0.303$$

(3)求平方和

总平方和 $Q_T = 32 \times (1+6) + 22 \times (7+11) + 12 \times (18+15) = 168$

主效果产生的平方和　$Q_a =$ 主效果平方和 × 试样数 × 评定员数

$$Q_a = 22 \times 3 \times (0.303^2 + 0.227^2 + 0.530^2) = 28.0$$

平均嗜好度产生的平方和 $Q_\pi = \sum \hat{\pi}_i^2 \times$ 评定员数

$Q_\pi = 22 \times (0.045^2 + 0.955^2 + 0.636^2) = 29.0$

离差平方和 $Q_T = Q_\pi - Q_a = 1.0$

平均效果 $Q_\mu =$ 平均平方和 × 评定员数的一半

$Q_\mu = 11 \times [0.545^2 + 0.455^2 + (-0.455)^2 + 1.455^2 + (-0.727)^2 + 0.545^2] = 40.2$

顺序效果 $Q_\delta = Q_\mu - Q_\pi = 40.2 - 29.0 = 11.2$

误差平方和 $Q_E = Q_T - Q_\mu = 168 - 40.2 = 127.8$

(4)求自由度 f

$f_a = n - 1 = 3 - 1 = 2$

$f_r = \dfrac{1}{2}(n-1)(n-2) = \dfrac{1}{2} \times (3-1) \times (3-2) = 1$

$f_\pi = \dfrac{1}{2} n(n-1) = 3$

$f_\delta = \dfrac{1}{2} n(n-1) = \dfrac{1}{2} \times 3 \times (3-1) = 3$

$f_\mu = n(n-1) = 3 \times (3-1) = 6$

$f_E = n(n-1)\left(\dfrac{m}{2}-1\right) = 3 \times (3-1) \times (11-1) = 60$

$f_T = n(n-1)\dfrac{m}{2} = 3 \times (3-1) \times 11 = 66$

(5)做方差分析结果表

做方差分析结果见表7.15。

表 7.15 方差分析结果表

方差来源	平方和(Q)	自由度(f)	均方和(V)	F_o	F
主效果(α)	28.0	2	14.0	6.57**	$F(2,60,0.01)=4.98$
离差(r)	1.0	1	1.0	0.47	$F(1,60,0.05)=4.0$
平均嗜好度(π)	29.0	3			$F(3,60,0.05)=2.76$
顺序效果(δ)	11.2	3	3.7	1.74	
平均(μ)	40.2	6			
误差(E)	127.8	60	2.13		
合计	168	66			

求 F_o 的结果表明,对信度 $\alpha=1\%$,主效果有显著性差异,离差和顺序效果无显著性差异。即 A、B、C 之间的好坏很明确,只用主效果表示也足够,如下所示:

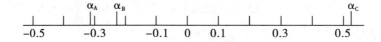

(6)主效果差($\alpha_i-\alpha_j$)

先求 $Y_{0.05}=q_{0.05}\sqrt{误差均方和/(评价员数×试样数)}$

其中 $q_{0.05}=3.4(n=3,f=60)$,所以

$$Y_{0.05}=3.4\times\sqrt{\frac{2.13}{(22\times3)}}=0.612$$

$|\alpha_A-\alpha_B|=|-0.303+0.227|=0.076<Y_{0.05}$,故 A,B 之间无显著性差异。

$|\alpha_A-\alpha_C|=|-0.303-0.530|=0.833>Y_{0.05}$,故 A,C 之间有显著性差异。

$|\alpha_B-\alpha_C|=|-0.227-0.530|=0.757>Y_{0.05}$,故 B,C 之间有显著性差异。

结论:对信度 $\alpha=5\%$,A 和 B 之间无差异,A 和 C,B 和 C 之间有差异。

【例 7.7】 要求评定员评定 4 种香肠的组织,运用成对比较法,两个两个地提供给评定员进行评定,其中 1 对样品的编码为 483 和 157(见表 7.16)。

表 7.16 成对比较法问答表

姓名_____ 日期_____ 产品_____ 组_____

请评定这 2 种香肠的组织结构,并在适当的空格内画"√"。

1. 这 2 个样品的组织有差异吗?

是_____ 否_____

2. 在下列的说明中任选一条,以表示 2 个样品组织的差异程度。

$$
483 \text{ 比 } 157 \begin{cases} \text{好得多} _____ \\ \text{好} \quad _____ \\ \text{稍 好} _____ \end{cases}
$$

无差异 _____

$$
157 \text{ 比 } 483 \begin{cases} \text{稍 好} _____ \\ \text{好} \quad _____ \\ \text{好得多} _____ \end{cases}
$$

3. 评定样品的组织结构

157	483
好_____	好_____
一般_____	一般_____
不好_____	不好_____

结果分析:现有 4 个样品 A、B、C、D,每个样品都与其他样品配对比较,这样就形成 6 对样品[4×(4−1)/2=6]。每对样品都由 8 个评定员根据问答表进行评定。检验要求有一半评定员需先评定一对样品中的第 1 个样,另一半评定员需先评定该对样品中的第 2 个样品。

结果分析时,把评定员的评定转换为评分数值:+3、+2、−1、0、−2、−3。例:

	样品	编号
一对	A	483
	C	157

提供 4 个先评定 483 号样品,结果分析的评分数值见下列:

$$
483 \text{ 比 } 157 \begin{cases} \text{好得多}(+3) \\ \text{好} \quad (+2) \\ \text{稍 好}(+1) \end{cases}
$$

无差异 (0)

$$
157 \text{ 比 } 483 \begin{cases} \text{稍 好}(-1) \\ \text{好} \quad (-1) \\ \text{好得多}(-3) \end{cases}
$$

提供 4 个先评定 157 样品,结果分析的评分数值见下列:

$$157 \text{ 比 } 483 \begin{cases} \text{好得多}(+3) \\ \text{好}\quad(+2) \\ \text{稍}\quad\text{好}(+1) \end{cases}$$

$$\text{无差异}\quad(0)$$

$$483 \text{ 比 } 157 \begin{cases} \text{稍}\quad\text{好}(-1) \\ \text{好}\quad(-1) \\ \text{好得多}(-3) \end{cases}$$

如果先评定 157 的评定员指出 483 比 157 好,那么他的评分应为 2。

把所有评定员评定的 6 对样品的总评分结果列于表 7.17。

表中数值按下法计算:

平均 = 总评分/评定员数 = 1/4 = 0.25

$$\text{平均嗜好} = \frac{1}{2}(\text{A、B 的平均} - \text{B、A 的平均})$$

$$= \frac{1}{2}[0.25 - (-1.75)] = \frac{1}{2} \times 2.00 = 1.00$$

从 A–B 的平均嗜好为 1,从 B–A 的平均嗜好就为 –1。这样,A–C 的平均嗜好为 C–A 的平均嗜好的负数。

每个样品的平均结果(a)是通过该样品与其他样品比较的平均嗜好总和除以样品数获得。

$$a_A = \frac{1}{4}(\text{A–B 的平均嗜好} + \text{A–C 的平均嗜好} + \text{A–D 的平均嗜好})$$

$$= \frac{1}{4}(1.00 + 0.75 + 1.25) = 0.75$$

$$a_B = \frac{1}{4}(-1.00 - 0.25 + 0.625) = -0.15625$$

$$a_C = \frac{1}{4}(-0.75 + 0.25 - 0.75) = -0.3125$$

$$a_D = \frac{1}{4}(-1.25 - 0.625 + 0.75) = -0.28125$$

表7.17　各样品评分结果

样品评价顺序	各评分出现的频率							总评分	平均	平均嗜好
	-3	-2	-1	0	1	2	3			
A、B			2		1	1		1	0.25	1.00
B、A		3	1					-7	-1.75	
A、C					1	1	2	5	1.25	0.75
C、A		2			1	1		-1	-0.25	
A、D					1	2	1	-1	-0.25	-0.25
D、A		2			2			-2	-0.50	

续表7.17

样品评价顺序	各评分出现的频率							总评分	平均	平均嗜好
	-3	-2	-1	0	1	2	3			
B、C		1	1		2			-1	-0.25	
C、B			1	1	2			1	0.25	-0.25
B、D				2	1	1		3	0.75	
B、D			3		1			-2	-0.50	+0.625
C、D		1	1	2				-3	-0.75	
D、C				2	1	1		-3	+0.75	-0.75
合计	0	9	9	8	13	8	1			

顺序效果($\hat{\delta}$)的计算为：各有序配对平均数的总和除以有序配对数(即6对×2各顺序=12)。

$$\hat{\delta} = \frac{1}{4} \times (0.25 - 1.75 + 1.25 - 0.25 - 2.00 - 0.50 - 0.25 + 0.25 + 0.75 - 0.50 - 0.75 + 0.75)$$

$$= 0.104$$

样品平方和 = 评定每对样品的评定员数 × 样品数 × 各平均结果 a 的平方和

$$= 8 \times 4 \times [0.75^2 + (-0.15625)^2 + (-0.3125)^2 + (-0.28125)^2]$$

$$= 24.4375$$

顺序平方和 = 评定每对样品的评定员数 × 配对数 × 顺序效果的平方和($\hat{\delta}$)^2

$$= 8 \times 6 \times 0.104^2$$

$$= 0.5192$$

总平方和用"评分结果表"中的各评分概率进行计算：

总平方和 $= 3^2(0+1) + 2^2(9+8) + 1^2(9+13) + 0^2(8) = 99$

误差平方和 = 总平方和 - 样品平方和 - 顺序平方和

$$= 99 - 24.4375 - 0.5192 = 74.0433$$

样品自由度 = 样品数 - 1 = 4 - 1 = 3

顺序自由度 = 每对样品的评定顺序 - 1 = 2 - 1 = 1

总自由度 = 整个检验的测定总数 = 48

误差自由度 = 总自由度 - 样品自由度 - 顺序自由度

$$= 48 - 3 - 1 = 44$$

各变量的方差为各变量的平方和除以各变量的自由度。

样品方差 = 24.4375/3 = 8.1458

顺序方差 = 0.5192/1 = 0.5192

误差方差 = 74.0433/44 = 1.6828

F 值 = 各变量方差/误差方差

把上面的计算数值列入方差分析结果表7.18中：

表7.18　方差分析结果表

差异原因	自由度	平方和	方差	F值
样品	3	24.4375	8.1458	4.84
顺序	1	0.5192	0.5192	
误差	44	74.0433	1.6828	
总计	48			

查 F 分布表。本例中 $F_{44}^3(0.05)=2.84$。由于所计算的 F 值 $=4.84>F_{44}^3(0.01)=$ 4.31，以可说明，在 1% 显著水平，4 种香肠的组织结构有显著差别。

为了进一步确定哪些样品有差别，差别情况如何，可根据样品平均结果的标准误差（SE），应用 Duncan 复合比较实验，对各样品的平均结果进行比较，从而得出各样品之间的差别情况。

$$SE=\sqrt{误差方差/每一样品的实验数}$$

具体分析方法、步骤与评分检验法相同。最后结果为：

<u>A</u>　　B　　D　　C

即 A 样的组织结构最好，B、D、C 样品的次之，且 B、D、C 3 个样品的组织结构在 5% 水平无显著差别。但这并不意味 B、D、C 3 个样品的组织结构不好，若要确定样品的质量，还要把评定员评出的结果转换成数值，再确定样品质量好坏。

如设定样品的结果好 =3，一般 =2，差 =1。计算各样品的平均数，这样就可确定样品的组织结构，如某样品的平均评分数为 2.8，则说明该样品的质量偏好。

7.4　加权评分法

7.4.1　加权评分法的特点

7.2 中所介绍的评分法，没有考虑到食品各项指标的重要程度，从而对产品总的评定结果造成一定程度的偏差。事实上，对同一种食品，由于各项指标对其质量的影响程度不同，它们之间的关系不完全是平权的，因此，需要考虑它的权重，所谓加权评分法是考虑各项指标对质量的权重后求平均分数或总分的方法。加权评分法一般以十分或百分为满分进行评定。加权平均法比评分法更加客观、公正，因此可以对产品的质量做出更加准确的评定结果。

7.4.2　权重的确定

所谓权重是指一个因素在被评定因素中的影响和所处的地位。权重的确定是关系到加权评分法能否顺利实施以及能否得到客观准确的评定结果的关键。权重的确定一般是邀请业内人士根据被评定因素对总体评定结果影响的重要程度，采用德尔菲法进行

赋权打分,经统计获得由各评定因素权重构成的权重集。通常,要求权重集所有因素 a_i 的总和为1,这称为归一化原则。

设权重集 $A = \{a_1, a_2, \cdots, a_n\} = \{a_i\}, (i = 1, 2, 3, \cdots, n)$

则
$$\sum_{i=1}^{n} a_i = 1 \tag{7.10}$$

工程技术行业采用常用的"0~4评判法"确定每个因素的权重。一般步骤如下:首先请若干名(8~10人)业内人士对每个因素两两进行重要性比较,根据相对重要性打分,很重要~很不重要,打分4~0;较重要~不很重要,打分3~1;同样重要,打分2~2。据此得到每个评委对各个因素所打分数表。然后统计所有人的打分,得到每个因素得分,再除以所有指标总分之和,便得到各因素的权重因子。例如为获得番茄的颜色、风味、口感、质地这4项指标对保藏后番茄感官质量影响的权重,邀请10位业内人士对上述4个因素按0~4评判法进行权重打分。统计10张表格各项因素的得分列于表7.19。

表 7.19 各因素得分表

评委打分	A	B	C	D	E	F	G	H	I	J	总分
颜色	10	9	3	9	2	6	12	9	2	9	71
风味	5	4	10	5	10	6	5	6	9	8	68
口感	7	6	9	7	10	6	5	6	8	4	68
质地	2	5	2	3	2	6	2	3	5	3	33
合计	24	24	24	24	24	24	24	24	24	24	240

将各项因素所得总分除以全部因素总分之和便得权重系数:
$$A = [0.296, 0.283, 0.138]$$

7.4.3 加权评分的结果分析与判断

该方法的分析及判断方法比较简单,就是对各评定指标的评分进行加权处理后,求平均得分或求总分的办法,最后根据得分情况来判断产品质量的优劣。加权处理及得分计算可按下式进行。

$$P = \sum_{i=1}^{n} a_i x_i / nf \tag{7.11}$$

式中 P——总得分;

      n——评定指标数目;

      a——各指标的权重;

      x——评定指标得分;

      f——评定指标的满分值。如采用百分制,则 $f=100$;如采用十分制,则 $f=10$;如采用五分制,则 $f=5$。

【例7.8】 评定茶叶的质量时,以外形权重20分、香气与滋味权重60分、水色权重10分、叶底权重10分作为评定的指标。若评定标准为一级91~100分、二级81~90分、三级71~80分、四级61~70分、五级51~60分。现有一批花茶,经评审员评审后各项指标的得分数分别为:外形83分;香气与滋味81分;水色82分;叶底80分。问该批花茶是几级茶?

解 该批花茶的总分为

$$\frac{(83 \times 20) + (81 \times 60) + (82 \times 10) + (80 \times 10)}{4 \times 100} = 81.4 (分)$$

故该批花茶为二级茶。

7.5 模糊数学法

在加权评分法中,仅用一个平均数很难确切地表示某一指标应得的分数,这样使结果存在误差。如果评定的样品是两个或两个以上,最后的加权平均数出现相同而又需要排列出它们的各项时,现行的加权评分法就很难解决。如果采用模糊数学关系的方法来处理评定的结果,以上的问题不仅可以得到解决,而且它综合考虑到所有的因素,获得的是综合且较客观的结果。模糊数学法是在加权评分法的基础上,应用模糊数学中的模糊关系对食品感官评定的结果进行综合评判的方法。

7.5.1 模糊数学基础知识

模糊综合评判的数学模型是建立在模糊数学基础上的一种定量评定模式。它是应用模糊数学的有关理论(如隶属度与隶属函数理论),对食品感官质量中多因素的制约关系进行数学化的抽象,建立一个反映其本质特征和动态过程的理想化评定模式。由于我们的评判对象相对简单,评定指标也比较少,食品感官质量的模糊评判常采用一级模型。模糊评判所应用的模糊数学的基础知识,主要为以下内容:

(1)建立评判对象的因素集因素 $U = \{u_1, u_2, \cdots, u_n\}$ 就是对象的各种属性或性能。例如评定蔬菜的感官质量,就可以选择蔬菜的颜色、风味、口感、质地作为考虑的因素。因此,评判因素可设 $u_1 =$ 颜色;$u_2 =$ 风味;$u_3 =$ 口感;$u_4 =$ 质地;组成评判因素集合:

$$U = \{u_1, u_2, u_3, u_4\}$$

(2)给出评语集 V

$$V = \{V_1, V_2, \cdots, V_n\}$$

评语集由若干个最能反映该食品质量的指标组成,可以用文字表示,也可用数值或等级表示。

如保藏后蔬菜样品的感官质量划分为4个等级,可设:

$$V_1 = 优;V_2 = 良;V_3 = 中;V_4 = 差$$

则 $V = \{V_1, V_2, V_3, V_4\}$

（3）建立权重集　确定各评判因素的权重集 X，所谓权重是指一个因素在被评定因素中的影响和所处的地位。其确定方法与前面加权评分法中介绍的方法相同。

（4）建立单因素评判　对每一个被评定的因素建立一个从 U 到 V 的模糊关系 R，从而得出单因素的评定集；矩阵 R 可以通过对单因素的评判获得，即从 U_i 着眼而得到单因素评判，构成 R 中的第 i 行。

$$R = \begin{pmatrix} r_{11} & r_{12} & \cdots & r_{1n} \\ r_{21} & r_{22} & \cdots & r_{2n} \\ \vdots & \vdots & & \vdots \\ r_{m1} & r_{m2} & \cdots & r_{mn} \end{pmatrix}$$

即 $R = (r_{ij})$　$i = 1, 2, \cdots, n; j = 1, 2, \cdots, m$。这里的元素 r_{ij} 表示从因素 u_i 到该因素的评判结果 V_j 的隶属程度。

（5）综合评判　求出 R 与 X 后，进行模糊变换：

$$B = X \cdot R = \{ b_1, b_2, \cdots, b_m \}$$

$X \cdot R$ 为矩阵合成，矩阵合成运算按照最大隶属度原则。再对 B 进行归一化处理得到 B'。

$$B' = \{ b_1', b_2', \cdots, b_m' \}$$

B' 便是该组人员对高食品感官质量的评语集。最后，再由最大隶属原则确定该种食品感官质量的所属评语。

7.5.2　模糊数学评定方法

根据模糊数学的基本理论，模糊评判实施主要有：因素集、评语集、权重、模糊矩阵、模糊变换、模糊评定等部分组成。下面结合实例来介绍模糊数学评定法的具体实施过程。

【例 7.9】　设花茶的因素集为 U。$U = \{$外形 u_1，香气与滋味 u_2，水色 u_3，叶底 $u_4\}$。评语集为 $V = \{$一级、二级、三级、四级、五级$\}$，其中一级 91 ~ 100 分，二级 81 ~ 90 分，三级 71 ~ 80 分，四级 61 ~ 70 分，五级 51 ~ 60 分。设权重集为 X：$X = \{0.2, 0.6, 0.1, 0.1\}$。即外形 20 分，香气与滋味 60 分，水色 10 分，叶底 10 分，共计 100 分。10 名评定员（$k = 10$），对花茶各项指标的评分见表 7.20。

问该花茶为几级茶？

表 7.20　各指标评分表　　　　　　　单位：人

分数	71 ~ 75	76 ~ 80	81 ~ 85	86 ~ 90
外形	2	3	4	1
香气与滋味	0	4	5	1
水色	2	4	4	0
叶底	1	4	5	0

分析:本例中,因素集为 $U:U=\{$外形 u_1,香气与滋味 u_2,水色 u_3,叶底 $u_4\}$。评语集为 $V:V=\{$一级、二级、三级、四级、五级$\}$;权重集$X=\{x_1,x_2,x_3,x_n\}$,均已经给出,即前面 3 个步骤都已经完成。下面只需要根据模糊矩阵的计算方法,求出模糊矩阵,然后再进行模糊评判就可以了。

其模糊矩阵为:

$$R = \begin{pmatrix} 2/k & 3/k & 4/k & 1/k \\ 0 & 4/k & 5/k & 1/k \\ 2/k & 4/k & 4/k & 0 \\ 1/k & 4/k & 5/k & 0 \end{pmatrix} \quad \text{本例中,} R = \begin{pmatrix} 0.2 & 0.3 & 0.4 & 0.1 \\ 0 & 0.4 & 0.5 & 0.1 \\ 0.2 & 0.4 & 0.4 & 0 \\ 0.1 & 0.4 & 0.5 & 0 \end{pmatrix}$$

进行模糊变换:

$$Y = X \cdot R = (0.2, 0.6, 0.1, 0.1) \cdot \begin{pmatrix} 0.2 & 0.3 & 0.4 & 0.1 \\ 0 & 0.4 & 0.5 & 0.1 \\ 0.2 & 0.4 & 0.4 & 0 \\ 0.1 & 0.4 & 0.5 & 0 \end{pmatrix}$$

其中 $y_1 = (0.2 \wedge 0.2) \vee (0.6 \wedge 0) \vee (0.1 \wedge 0.2) \vee (0.1 \wedge 0.1)$
$= 0.2 \vee 0 \vee 0.1 \vee 0.1 = 0.2$

"$\vee$"表示二值比较取其大;"$\wedge$"表示值比较取其小。

同理得 y_2, y_3, y_4 分别为 0.4,0.5,0.1,即

$$Y = (0.2, 0.4, 0.5, 0.1)$$

归一化后得

$$Y = (0.17, 0.33, 0.42, 0.08)$$

得到此模糊关系综合评判的峰值为 0.42,与原假设相比,得出结论:该批花茶的综合评分结果为 81~85,因此,应该是二级花茶。

如果按加权评分法得到的总分相同,无法排列它们的名次时,可用下述方法处理。

设两种花茶评定的结果见表 7.21。

表 7.21　两种花茶评定结果

评定	外形	香气与滋味	水色	叶底
1	90	94	92	88
2	90	94	89	91

1 号花茶各项指标的评定结果见表 7.22。

表 7.22　1 号花茶各项指标评定结果　　　　单位:人

分数	86~88	89~91	92~94	95~97	98~100
外形	1	5	3	1	0
香气与滋味	0	3	4	2	1
水色	2	4	3	1	0
叶底	3	4	2	1	0

2 号花茶各项指标的评定结果见表 7.23。

表 7.23 2 号花茶各项指标评定结果　　　　　　　　　　　　单位:人

分数	86 ~ 88	89 ~ 91	92 ~ 94	95 ~ 97	98 ~ 100
外形	2	3	3	2	0
香气与滋味	1	2	4	2	1
水色	2	4	2	1	0
叶底	1	6	3	0	0

两种花茶的模糊矩阵分别为:

$$R_1 = \begin{pmatrix} 0.1 & 0.5 & 0.1 & 0 \\ 0 & 0.3 & 0.2 & 0.1 \\ 0.2 & 0.4 & 0.1 & 0 \\ 0.3 & 0.4 & 0.1 & 0 \end{pmatrix}$$

$$R_2 = \begin{pmatrix} 0.2 & 0.3 & 0.3 & 0 \\ 0.1 & 0.2 & 0.4 & 0.1 \\ 0.2 & 0.4 & 0.2 & 0.1 \\ 0.1 & 0.6 & 0.3 & 0 \end{pmatrix}$$

权重都采用 $X = (0.2, 0.6, 0.1, 0.1)$ 处理得到

$$Y_1 = (0.1, 0.3, 0.4, 0.2, 0.1)$$
$$Y_2 = (0.2, 0.2, 0.4, 0.2, 0.1)$$

归一化处理后

$$Y_1 = (0.09, 0.27, 0.37, 0.18, 0.09)$$
$$Y_2 = (0.18, 0.18, 0.37, 0.18, 0.09)$$

两种茶叶的评定结果峰值均为 0.37,表明这两种茶叶均为一级品。这样无法评定出哪一种茶叶更好一些,这时可以采用模糊关系曲线来进一步评判这两种茶叶的优劣。

Y_1 和 Y_2 可用图 7.1 所示的模糊关系曲线表示。

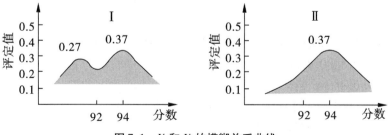

图 7.1 Y_1 和 Y_2 的模糊关系曲线

由图 7.1 可知,虽然它们的峰值都出现在同一范围内,均为 0.37,但 Y_1 和 Y_2 中各数的分布不一样,Y_1 中峰值左边出现一个次峰 0.27,这表明分数向低位移动,产生"重心偏

移"。而 Y_2 中各数平均分布,表明评审员的综合意见比较一致,分歧小。因此,虽然这两种花茶都属于一级茶,但 2 号花茶的名次应排在 1 号花茶之前。

【例 7.10】 请 10 位评委对某玉米营养方便粥各项指标进行评分,玉米营养方便粥的评定论域为色泽、香气与滋味、口感、冲调性,评语论域为优、好、一般、差,专家评定的结果见表 7.24。

表 7.24　各专家评定结果

评语	优 v_1	好 v_2	一般 v_3	差 v_4
色泽 u_1	1	4	3	2
香气与滋味 u_2	1	5	3	1
口感 u_3	0	4	4	2
冲调性 u_4	0	5	4	1

将表 7.24 中的数据都除以评定员人数(本例为 10),即得到模糊评判矩阵

$$R = \begin{pmatrix} 0.1 & 0.4 & 0.3 & 0.2 \\ 0.1 & 0.5 & 0.3 & 0.1 \\ 0 & 0.4 & 0.4 & 0.2 \\ 0 & 0.5 & 0.4 & 0.1 \end{pmatrix}$$

4 个评判论域的权重分配为 $\tilde{A} = \{a_1, a_2, a_3, a_4\} = \{0.1, 0.4, 0.3, 0.2\}$。

用 $\tilde{Y}$ 表示评定结果向量,$\tilde{Y} = \tilde{A}O\tilde{R}$,式中,"O"叫称成算子,一般采用最大最小算子,"∧"表示二值比较取其小,"∨"表示二值比较取其大。本例中

$$\tilde{Y} = \tilde{A}O\tilde{R} = (0.1, 0.4, 0.3, 0.2) \begin{pmatrix} 0.1 & 0.4 & 0.3 & 0.2 \\ 0.1 & 0.5 & 0.3 & 0.1 \\ 0 & 0.4 & 0.4 & 0.2 \\ 0 & 0.5 & 0.4 & 0.1 \end{pmatrix}$$

$Y_1 = (0.1 \wedge 0.1) \vee (0.4 \wedge 0.1) \vee (0.3 \wedge 0) \vee (0.2 \wedge 0)$
$\quad = 0.1 \vee 0.1 \vee 0 \vee 0$
$\quad = 0.1$

$Y_2 = (0.1 \wedge 0.4) \vee (0.4 \wedge 0.5) \vee (0.3 \wedge 0.4) \vee (0.2 \wedge 0.5)$
$\quad = 0.1 \vee 0.4 \vee 0.3 \vee 0$
$\quad = 0.4$

$Y_3 = (0.1 \wedge 0.3) \vee (0.4 \wedge 0.3) \vee (0.3 \wedge 0.4) \vee (0.2 \wedge 0.4)$
$\quad = 0.1 \vee 0.3 \vee 0.3 \vee 0.2$
$\quad = 0.3$

$Y_4 = (0.1 \wedge 0.2) \vee (0.4 \wedge 0.1) \vee (0.3 \wedge 0.2) \vee (0.2 \wedge 0.1)$
$\quad = 0.1 \vee 0.1 \vee 0.2 \vee 0.1$
$\quad = 0.2$

即 $\tilde{Y} = \{0.1, 0.4, 0.3, 0.2\}$

如果计算结果之和不等于1,就要把计算结果归一化,即保持之间的比例不变。评判把归一化后的结果向量和评语论域相比较,Y 中最大分量(峰值)所对应的评语就是该产品感官质量模糊综合评判的结果。本例中最大分量0.4出现在第二位,评语论域中的第二位是"好",所以这批玉米营养方便粥的综合评定级别是"好"级。

7.6 阈值实验

7.6.1 概念

7.6.1.1 刺激阈

能够分辨出感觉的最小刺激量叫刺激阈(RL)。刺激阈分为敏感阈、识别阈和极限阈。例如大量的统计实验表明,食盐水质量分数为0.037%时人们才能识别出它与纯水之间有区别,当食盐水质量分数为0.1%时,人们才能感觉出有咸味。我们把前者称为敏感阈,把后者称为识别阈,即所谓敏感阈(味阈)是指某物质的味觉尚不明显的最低浓度。所谓极限阈是指超过某一浓度后溶质再增加也无味觉感变化的最低浓度。感觉或者识别某种特性时并不是在刺激阈附近有突然变化,而是刺激阈值前后从 0 ~ 100% 的概率逐渐变化,我们把概率为 50% 刺激量叫阈值。阈值大小取决于刺激的性质和评判员的敏感度,阈值大小也因测定方法的不同而发生变化。

7.6.1.2 分辨阈

感觉上能够分辨出刺激量的最小变化量称分辨阈(DL)。若刺激量是由 S 增大到 $S+\Delta S$ 时,能分辨出其变化,则称 ΔS 为上分辨阈,用 ΔS 来表示;若刺激量由 S 减少到 $S-\Delta S$ 时,能分辨出其变化,则称 ΔS 为下分辨阈,用 $-\Delta S$ 来表示,上下分辨阈的绝对值的平均值称平均分辨阈。

7.6.1.3 主观等价值

对某些感官特性而言,有时两个刺激产生相同的感觉效果,我们称之为等价刺激。主观上感觉到与标准相同感觉的刺激强度称为主观等价值(DSE)。例如当质量分数为10%的葡萄糖为标准刺激时,蔗糖的主观等价值质量分数为6.3%,主观等价值与评判员的敏感度关系不大。

7.6.2 阈值的影响因素

影响阈值(味觉)的因素很多,例如年龄、健康状态、吸烟、睡眠、温度等,简述如下。

7.6.2.1 年龄和性别

随着年龄的增长,人们的感觉器官逐渐衰退,对味觉的敏感度降低,但相对而言,对酸度的敏感度的降低率最小。在青壮年时期,生理器官发育成熟并且也积累了相当的经验,处于感觉敏感期。另外,女性在甜味和咸味方面比男性更加敏感,而男性在酸味方面比女性较为敏感,在苦味方面基本上不存在性别的差异。男女在食感要素的诸特性构成上均存在一定的差异(见表 7.25)。

表 7.25 男女在构成食感要素各种特性上的差异

性别	质构	口感香味	色泽	外形	嗅感香味	其他
男性	27.2%	28.8%	17.5%	21.4%	2.1%	3.0%
女性	38.2%	26.5%	13.1%	16.6%	1.8%	3.8%

7.6.2.2　吸烟

有人认为吸烟对甜、酸、咸的味觉影响不大,其味阈与不吸烟者比较无明显差别,但对苦味的味阈值却很明显。这种现象可能是由于吸烟者长期接触有苦味的尼古丁而形成了耐受性,从而使得对苦味敏感度下降。

7.6.2.3　饮食时间和睡眠

饮食时间的不同会对味阈值产生影响。饭后 1 h 所进行的品尝实验结果表明,实验人员对甜、酸、苦、咸的敏感度明显下降,其降低程度与膳食的热量摄入量有关,这是由于味觉细胞经过了紧张的工作后处于一种"休眠"状态。所以,其敏感度下降。而饭前的品尝实验结果表明实验人员对 4 种基本味觉的敏感度都会提高。为了使实验结果稳定可靠,更具有说服力,一般品尝实验安排在饭后 2~3 h 内进行。睡眠状态对咸味和甜味的感觉影响不大,但是睡眠不足会使酸味的味阈值明显提高。

7.6.2.4　疾病

疾病常是影响味觉的一个重要因素。很多病人的味觉敏感度会发生明显变化,降低、提高、失去,甚至改变感觉。例如,糖尿病人,即使食品中无糖的成分也会被说成是甜味感觉;肾上腺功能不全的病人会增强对甜、酸、苦、咸味的敏感性;对于黄疸病人,清水也会被说成苦味;等等。因此在实验之前,应该了解评审员的健康状态,避免实验结果产生严重失误。

7.6.2.5　温度

温度对味觉的影响较为显著,甘油的甜味味阈由 17 ℃的 $2.5×10^{-1}$ mol/L(2.3%)降至 37 ℃的 $2.8×10^{-2}$ mol/L(0.25%)有近 10 倍之差。温度对酸、苦、咸味也有影响,其中苦味的味阈值在较高温度时增加较快。在食品感官评定中,除了按需要对某些食品进行热处理外,应尽可能保持同类型的实验在相同温度下进行。

7.6.3　阈值的测定

7.6.3.1　最小变化法

这是测定阈值的一种最直接的方法。刺激信号按强度大小顺序呈现,刺激强度变化很小,每两次刺激的时间间隔相等。每次呈现刺激后让分析员报告是否感觉到,并回答"有"或"没有"。刺激强度从小到大依次呈现的叫渐增法,反之叫渐减法。渐减法不宜用来测定刺激物的味觉和嗅觉阈值,因为嗅觉适应的速度很快,味觉的后作用不易消除。采用渐增法,刺激的起点要远在阈值以下,逐渐以较小的强度梯级增加,直到分析员报告

"有"为止。分析员最后一次报告"没有"的刺激强度和第一次报告"有"的刺激强度的平均值就是阈值。

【例 7.11】　用渐增法测定某甜味剂的绝对阈值。

呈现的甜味剂浓度范围为 0.01 ~ 0.008 mol/L,每次增加 0.05 mol/L。每次呈现刺激后,如分析员回答"甜"就以"+"号记录,如回答"无味"就以"-"号记录。15 次的测定结果见表 7.26。

把表 7.26 中所列的 15 次测定结果加在一起,求出平均值 0.050 2 mol/L,就是该甜味剂的绝对阈值。

【例 7.12】　用渐增法测定柠檬酸的差别阈值。

为了提高橘粉夹心糖的酸度,需了解柠檬酸的差别阈值,以质量分数为 0.0% 柠檬酸制成的夹心糖为标准刺激,并以质量分数为 0.002% ~ 0.02% 柠檬酸制成的夹心糖作为比较刺激。先向分析员呈现标准刺激,然后呈现比较刺激,让分析员分辨比较刺激比标准刺激的弱、强,还是相等。

以比标准刺激弱得多的比较刺激为起点,以小的梯级(0.002%)增加直到分析员报告"相等"并第一次报告"强"为止。表 7.27 列出了测定结果。

表 7.26　以渐增法测定甜味剂绝对阈值的记录

浓度	测定次数														
	1	2	3	4	5	6	7	8	9	10	11	12	13	14	15
0.080															
0.075															
0.070															
0.065						+				+					
0.060	+		+			+		+	+	+					+
0.055	+	+	+	+	+	-	+	+	+	-	+	+		+	+
0.050	-	+	-	+	+		+	-	-	-	+	+	+	+	-
0.045	-	-	-	-	-		-	-	-	-	-	-	-	-	-
0.040	-														
0.035	-														
0.030	-	-	-	-	-	-	-	-	-	-	-	-	-	-	-
0.025	-														
0.020	-														
0.015	-														-
0.010	-			-			-								-
阈值	0.0525	0.0475	0.0525	0.0475	0.0475	0.0575	0.0475	0.0525	0.0525	0.0575	0.0475	0.0475	0.0425	0.0475	0.0525

表7.27　以渐增法测定柠檬酸差别阈值的记录

刺激	测定次数							
	1	2	3	4	5	6	7	8
0.020								
0.018								
0.016	+							+
0.014	+	+		+	+	+	+	=
0.012	=	=	+	=	=	=	+	=
0.010	−	−	−	=	=	=	=	=
0.008	−	−	−	−	−	=	−	−
0.006	−	−	−	−	−	=	−	−
0.004	−			−				
0.002	−						−	
上限	0.002	0.002	0.001	0.002	0.002	0.003	0.001	0.005
下限	0.001	0.001	0.003	0.001	0.001	0.003	0.001	0.003
DL	0.0015	0.0015	0.002	0.0015	0.0015	0.003	0.001	0.003
K	0.15	0.15	0.20	0.15	0.15	0.30	0.10	0.30

　　表7.27中第一纵列,标准刺激为0.01%,呈现的比较刺激从0.002%开始。从表7.27可以看出,0.008%为分析员最后一次报告比标准刺激弱的浓度,0.01%为第一次和标准刺激相等的浓度,0.014%为第一次报告比标准刺激强的浓度。因此,分析员判断从较标准刺激弱到等于标准刺激的转折点在0.008%～0.01%;从比较刺激等于标准刺激到大于标准刺激的转折点在0.01%～0.014%。把0.008%和0.01%的平均值0.009%叫相等地带的下限,记为Le,把0.01%和0.014%的平均值0.012%叫相等地带的上限,记为Lu。也可以说0.009%是分析员判断为刚刚小于标准刺激的比较刺激,0.012%则是判断为刚刚大于标准刺激的比较刺激,处于0.009%～0.012%的刺激与标准刺激不能分辨,因而把0.009%～0.012%这段距离叫不肯定间距,记为IU,不肯定间距的中点叫主观相等点,记为PSE,比较刺激比标准刺激大多少才刚能觉得比它大,比标准刺激小多少才刚能觉得比它小呢？这可以分别用相等地带的上限减去标准刺激(St)和用标准刺激减去相等地带的下限求得。前者叫上差别阈限,记为DLu;后者叫下差别阈限,记为DLe。二者不一定相等,其平均值就是差别阈限(DL)。这个差别阈值限是当标准刺激为0.01时求得的,如果标准刺激变了,这个差别阈限也会随之发生变化,所以这个差别阈限叫绝对差别阈限,绝对差别阈限和标准刺激的比叫相对差别阈限(K)。

　　上述计算方法用公式表示如下:

$$DLu = Lu - St$$

$$DLe = St - Le$$

$$\begin{aligned} DL &= (DLu + DLe)/2 \\ &= [(Lu - St) + (St - Le)]/2 \\ &= (Lu - Le)/2 \end{aligned}$$

7.6.3.2 极限法

【例7.13】 果汁饮料生产中,用葡萄糖代替砂糖时,用极限法求10%的砂糖具有相同甜味的葡萄糖浓度。

解 此题是求与质量分数为10%的砂糖相对应的葡萄糖的主观等价值

(1)实验步骤

1)根据预备实验,先求出10%的砂糖相对应的葡萄糖的大体浓度,然后以此浓度为中心,往浓度两侧做一系列不同浓度的葡萄糖样品 $C_0, C_1, C_2, \cdots, C_n$。此时要注意,如果葡萄糖的浓度变化幅度太小,虽然可以提高实验精度,但会增大样品个数,引起疲劳效应。样品数 n 一般取 $10 \sim 20$ 为宜。

2)根据浓度上升、下降系列和品尝顺序,做实验计划表。

3)制作记录表(表7.28)。

4)确定浓度上升或者是下降系列的实验开始浓度。实验中,由于评审员具有盼望甜度关系早点变化的心理,故评审员实际指出的甜度关系(砂糖与葡萄糖的甜度比)变化区域可能超前(称为盼望效应),因此实验时应制作不同长度的实验系列。例如实验次数为64次时,先准备20张卡片,其中6张卡写"长"字,表示样品从 C_1 至 C_{12},7张卡写"中"字,表示样品从 C_2 至 C_{11},7张卡写"短"字,表示样品从 C_3 至 C_{10}。然后把20张卡片随机混合后(像洗扑克牌一样),从上边开始按卡片顺序做实验,反复循环即可。

5)按葡萄糖浓度上升或下降系列从右至左排好样品 C_i,同时准备好足够的标准样 S_i(即质量分数为10%的砂糖溶液),评审员把根据实验要求按顺序比较 S_i 和 C_i,每次判断结果记入记录表中(表7.28)。

表 7.28 极限法测定结果

实验次数	1	2	3	4	5	6	7	8	9	10	11	12	…	61	62	63	64
评审员			1				2				3		…			16	
系 列	↓	↑	↑	↓	↑	↓	↓	↑	↓	↑	↑	↓	…	↑	↑	↓	↑
品尝顺序	I	I	II	II	I	I	II	II	I	I	II	II	…	I	I	II	II
C_{12}																	
C_{11}	+					+											
C_{10}	+			+		+											
C_9	+	+		+		+	+										
C_8	?	?	+	+		+	+	+									
C_7	?	?	?	?		+	+	+	?								
C_6	−	?	?	?		?	−	?	?								
C_5			−	?		−			?	−							
C_4																	
C_3																	
C_2		−															
C_1																	

注:↑表示浓度上升系列,↓表示下降系列;+表示 C_i 比 S_i 甜,−表示 C_i 没有 S_i 甜,? 表示 C_i 与 S_i 无差异;I 表示砂糖→葡萄糖顺序,II表示葡萄糖→砂糖顺序。

6）浓度下降系列中，从"?"变为"−"或者从"+"变为"−"时；浓度上升系列中，从"?"变为"+"或者从"−"变为"+"时，结束实验。

（2）解题步骤

1）设浓度下降系列中，从"+"变为"?"时的 C_i 为 x_u，从"?"变为"−"时的 C_i 为 x_L，浓度上升系列中，从"−"变为"?"时的 C_i 为 x_L，从"?"变为"+"时的 C_i 为 x_u，从"+"变为"−"或者从"−"变为"+"时 x_L 与 x_u 相同。

例如表7.28第一次实验（下降系列）中

$$x_u = \frac{C_9 + C_8}{2} \,, \quad x_L = \frac{C_7 + C_8}{2}$$

第二次实验：$x_L = \frac{C_5 + C_6}{2} \,, \quad x_u = \frac{C_8 + C_9}{2}$

依此类推……

第六次实验：$x_u = x_L = \frac{C_7 + C_6}{2}$

2）用下式计算阈值和主观等价值

上阈：$L_u = \frac{1}{N} \sum x_u$

下阈：$L_L = \frac{1}{N} \sum x_L$

主观等价值：$RSE = \frac{L_u + L_L}{2}$

3）求葡萄糖的分辨阈时，可以把葡萄糖作为标准液。例如求质量分数为10%的葡萄糖的分辨阈时，用10%质量分数的葡萄糖 C_0 代替上述实验16中的10%质量分数的砂糖 S_i 做实验，此时上分辨阈 DLu = Lu−C_0，下分别阈 DL L=C_0−L_L。

4）求葡萄糖的刺激阈时，在浓度下降系列中，从明显感到甜味的浓度（+）出发逐渐减小浓度。开始感觉不出甜味（−）时的浓度与它前面浓度的平均值即为未知刺激阈，用 r_d 表示。在浓度上升系列中，从明显感到无甜味的浓度（−）出发逐渐增加浓度，最初感到甜味（+）时的浓度与它前面浓度的平均值即为可知刺激阈，用 r_a 表示，则

$$R_L = \frac{r_d + r_a}{2} \tag{7.12}$$

5）极限法中，为了避免盼望误差的影响，一般取上升系列和下降系列个数相同，但对于苦味实验来说，由于存在着先品尝的样品的残留效应，一般只用上升系列而不用下降系列。

⇨ **思考与练习**

1. 如何区分排列实验和分级实验？两者在实践中如何应用？
2. 评分法主要应用在哪些领域？茶叶的分级能用评分法吗？
3. 成对比较法对样品的要求如何？

4. 加权评分法与评分法的区别在哪里？加权评分法的特点如何？

5. 模糊数学应用于食品感官评定的优势和特点如何？

6. 何为阈值？如何测定？

第 8 章　分析或描述实验

分析或描述性检验是评定员对产品的所有品质特性进行定性、定量地分析与描述的一种评定方法,通常分简单描述检验法(定性)、定量描述检验法和感官剖面检验法三类。

8.1　概述

食品的感官特性是多方面、多层次的,如其外观色泽、香气、入口后的风味(味觉、嗅觉、口腔的冷、热、涩、辣等感觉)及回味质地物性等。回味也称余味,是食物样品被吞下或吐出后出现的与原来不同的特性、特征的风味;质地则主要是由食物样品的机械特性如硬度、凝聚度、精度、附着度、弹性5个基本特性和碎裂度、固体食物咀嚼度、半固体食物胶密度3个从属特性等来决定;物性主要指产品的颗粒、形态及方向物性,如食品食用时的平滑感、层状感、丝状感、粗粒感、油腻感、湿润感等。

8.1.1　描述检验的作用

为获得一个产品的详细感官特性说明,或对几个产品进行比较时,描述分析通常是非常有用的。这种技术可以被准确地显示在感官范围内,反映产品间的差别。可用于检验货架寿命,尤其是评定人员受过良好的训练,并随着时间的流逝能保持一致。

在产品开发中,描述技术经常用来测定一个新内容与目标之间的紧密程度,或用来评定原型产品的适用性。在质量保证体系中,当必须定义一个问题时,描述技术是无价的。

这种技术不适用于每天的质量控制,但在调解大多数消费者意见时,很有帮助。大多数描述方法可以用来定义感官-仪器之间的相互关系。描述分析技术不能与消费者一起使用,因为在所有的描述方法中,评定小组成员应该经过训练,至少达到一致性和重复性。

8.1.2　描述检验所使用的语言

8.1.2.1　描述检验使用语言的种类

日常语言、词汇语言和科学语言3种类型的语言有各自的使用场合。日常语言是日常谈话用的,而且可能会由于文化组织和地理区域的不同而有所差异。词汇语言是词典中的语言,也可以用于日常的谈话。但是,几乎没有人会在谈话中使用原始的词汇语言。对于大多数人来说,在我们的书面材料中,最好用词汇语言来表示。科学语言是为了科学的目的而特别创造的,而且对其术语通常是进行了非常精确的定义,这经常是与特殊的科学学科有关的"行话"。

大多数描述分析技术的训练阶段包括对评定小组成员进行教导工作,或者让评定小组成员为了产品或按照自己的兴趣对产品类项,创造出他们自己的科学语言。有证据表明:人类是为了便于形成类项和概念,而去学习如何去组织相关感官特征的模型。标示出形成的概念(以语言描述的方式提供)以便于人们交流,概念的形成主要依赖于以前的经验。因此,从相同的特征中,不同的人或文化可能会形成不同的概念。

概念的形成包括归纳和演绎的过程。一些研究结果已经表明,如果在一群人中间,最终的结果与概念相一致的话,那么,概念的形成可能需要面对许多相似的产品。一个简单的例子可能可以定义概念的原型(在感官研究中,通常称之为描述符),但是没有必要要求评定小组成员进行演绎、归纳,或者学习概念的边界在哪里。在实践中,这意味着我们训练一个描述评定小组时,必须很仔细地使评定小组面对尽可能多的标准,以便于形成有意义的概念。

8.1.2.2　描述分析术语选择标准

形成的描述分析术语应该有统一的标准或指向。如果感官评定人员要使用精确的风味描述的话,他们必须经过一定的训练。这样做的目的就是要使所有的感官评定人员都能使用相同的概念,并且能够与其他人进行准确的交流。因此,几乎是作为一种预先的假设,描述分析要求使用精确的、特定的概念,并采用仔细筛选过的科学语言,清楚地把这种概念表达出来。而消费者用来描述感官特征的语言几乎总是不太精确,也不太特定,因此,在这种提供了有意义数据的方式下,也无法让感官专家测定和理解基本概念。

对于正常成年人,颜色是被很好构建的概念,描述所用科学语言也被广泛理解,在不同个体之间有很好的一致性。但风味却不一样。缺乏明确的术语描述一种特定风味。有一些图表上有经编码标记的标准颜色(也就是 Munsell 的颜色标准),但是对于味道、气味和质地而言,没有"Munsell 标准",如在印刷、出版行业有专业的色标,但与现在的计算机屏幕显示存在差异。因此,当我们希望研究这些概念时,我们需要准确定义(最好与参考标准相符)的科学语言,而这些科学语言经常用于描述与研究产品有关的所有感官的感觉。

选择的术语应当能反映对象。选择的描述符在样品间应该能区别出不同来,应该表示出样品之间可感知的差异。因此,如果我们评定酸果蔓汁样品,而所有的样品具有颜色深浅完全相同的红色时,那么"色泽强度"就不再是一个有用的描述符了。另一方面,如果酸果蔓汁样品的红色不同,例如,由于加工条件的原因,那么"红色强度"就会是一个令人满意的描述符。当我们选择术语(描述符)来描述产品的感官特性时,我们必须在头脑中保留描述符的一些特征。

Civille 和 Lawless 及其他人所讨论的描述符的适当特征,按它们大致的重要性顺序列于表 8.1 中。

表 8.1 描述分析研究选择术语时应遵循的特例原则(按重要性的次序)

区别	原则
不多余	比较重要
相对于消费者的可接受性/拒绝	
相对于仪器或物理的测定	
单一性	
精确和可靠性	
意义的一致性	比较不重要
不含糖	
容易获得参比	
联系	
相对现实	

所选择的术语对于其他术语来说应当是必需的、不多余的。它应当与其他使用的术语很少或没有重叠,而且它应该是正交的。正交的描述符相互之间没有相关性。当要求评定小组成员用多余的术语评分时,他们会感到十分困惑,没有激情,精神受挫。一个有关多余术语的例子就是:当评定小组成员在评定一块牛排时,既要求他们评估感知到的肉嫩程度,又要他们评估肉老的程度。在评定肉的样品时,或者决定用术语"老度",或者用术语"嫩度",都会好得多。有时,要完全清除过多的术语并且确信所有的术语都是正交的,这是不可能的事情。例如,在一项区别香草香精的研究中,Heymann 训练了一个评定小组,对咸味奶油硬糖的气味和甜牛奶风味进行评定。这个评定小组确信,这两个术语描述了不同的感觉。然而,在数据的分析过程中,从基本组成的分析中越来越清楚地看到,这两个术语是多余的,而且它们有计量的重叠部分。但是,有可能是因为这些术语在这个产品类项中具有相关性,而另一类产品就没有。评定小组成员对哪些术语有相关性,而哪些术语没有相关性,经常有预见的概念。在训练期间,经常有必要帮助评定小组成员对术语除去相关性。在质地分析中,由于稠度和硬度这两个术语在许多食品,但不是所有食品中都具有相关性,因此,评定小组成员经常难以掌握这两个术语之间的差异。有些食品很稠但是不硬(冰激凌乳酪、冷黄油),而另一些食品很硬但不稠(美国麦乳精糖、英国的冷冻"充气巧克力糖")。让评定小组成员面对这些产品,有助于除去这些术语的相关性,可以让评定小组成员明白这两个术语并非总是一起变化的。

由描述分析得到的数据经常用来解释消费者对相同样品的快感反应。因此,如果用于描述分析的描述能与导致消费者接受或拒绝这个产品的概念有相关性,那么,它是非常有帮助的。

同时,理想的描述符能与产品的基本结构性质(如果已经存在)相关。例如,与质地剖面相关的许多术语,是与流变学原理相联系的。也有可能使用一些术语,它们与产品中发现的风味化合物的化学性质相关。例如,Heymann 和 Noble(1987)使用术语"胡椒粉",来描述葡萄酒中与化合物 2-甲氧基-3-异丁基吡嗪有关的气味感觉。吡嗪气味出现在红葡萄酒中,同时,它也是胡椒粉芳香成分的主要化合物。Heisserer 和 Chambers (1993)对用来描述老的乳酪中一种特定的气味的"丁酸"的使用,与产品这种气味的化合物有关。

采用单一的描述符要好于一些术语的组合。术语的组合或整体的术语,例如,像奶油的、软的、干净的、新鲜的这些词,对评定小组的成员会感觉不够清晰。结合的术语可能在产品广告中使用十分受欢迎,但它并不适用于感官评定。这些术语应当被分成元素的、可分析的和基本的部分。例如,许多科学家已经发现奶油的感知是光滑度、黏度、脂肪口感和奶油风味的函数。如果人们已经测定了大部分的或所有这些术语,那么,就很有可能比较容易地说明和理解这一项包括奶油在内的研究。同时,术语"辛辣"是对人们的芳香感和触觉感知的组合,应当训练评定小组成员去评定辛辣的组成,而不是结合术语本身。用于织物的术语"柔软",是触摸的可压缩性、弹性、平滑度,与折叠时缺乏脆度界限的组合。采用像"乳脂状"复合描述符的最大问题就是:它们不具有实际性。如果数据表明这个描述符中有这一问题,那么,产品的开发者就会不知道要修正什么。他们是要改变黏度、颗粒大小,还是芳香? 有可能所有的评定小组成员对这个术语进行评估时,都不会是相似的结果,一些人可能强调厚度概念,而另一些人侧重于经常独立变化的奶油芳香味,因此,会将分析"搅乱"。

对于合适的描述符,评定小组成员可以精确地、可靠地使用它们。评定小组成员应当很容易对某一特定术语的含义达成一致意见,这样,这个术语就不含糊了。他们应该能够对与描述符相关的原型事例达成一致意见,同时,他们应该对描述符的边界取得共识。我们鼓励采用参比标准来说明这些边界。如果很容易获得这个描述符物理参比标准,那么,这些情况就会使评定小组领导的生活简化。然而,在获取物理参比标准时所遇到的困难,不应阻止评定小组领导或评定小组成员通过所有其他的方式来使用理想的术语。选择出的描述符应当具有次序的价值,而不仅仅是行话。换言之,在研究中获得信息的使用者应当能够理解这些术语,而不仅仅是描述的评定小组或他们的领导能够理解。如果这个术语已经被传统地用于这个产品,或者它能够与存在的文化具有相关性的话,这也是十分有益的事情。

用于简单概念的多参比标准的使用,会增强人们对这个概念的学习和使用机会(Ishii 和 O'Mahony,1991)。另外,具有广泛的感官参比基础的评定小组领导也会很容易地学会这些。例如,评定小组成员对苦杏仁油气味的反应,可能要包括例如苦杏仁、樱桃、咳嗽滴剂、酸樱桃和丹麦点心的描述符在内。所有这些描述符都谈到了苯甲醛的特征,这是所有产品中的基本特征。在另一项研究中,评定小组成员可能会认为,这个产品令他们想起了硬纸板、颜料和亚麻籽油。有经验的评定小组领导会意识到,所有这些术语都是对于脂肪酸氧化相关的感觉的描述。如果评定小组领导对产品类项的背景知识有所了解的话,这也会是十分有帮助的。

8.2 简单描述实验

8.2.1 方法特点

简单描述法就是用特定的语言尽可能确切地把感知到的食品感官质量特性的各个指标定性地表达出来。简单描述检验法可用于识别或描述某一特殊样品或许多样品的特殊指标,可用于质量控制、产品原料变化的结果描述,或已经确定的差别检测,也可用于培训评定员。

简单描述检验可用于多个产品的描述,所用词语要简洁、规范,如果有对照样品,最好先由评定小组组织者主持一次讨论,明确描述的指标,然后再评定。评定时对照样品作为第一个样品分发。检验时应提供指标检查表(表8.2),使评定员能根据指标检查表进行评定,评定完成后由评定小组组织者进行统计,根据每一描述性词语的使用频数得出评定结果。

表8.2 简单描述检验法问答表(例)

姓名_____ 日期_____ 组号_____

请根据词汇表分别描述下列白酒的特征。

色泽:无色、白色、乳白色、微黄、发黄、带黄色、微青色、黄青色、棕色、褐色、清亮、清澈、透明、清亮透明、清澈透明、微浑、浑浊、沉淀、失光。

香气:芳香、特殊芳香、芳香浓郁、芳香优雅、檀香、曲香、酯香、果香、米香、清香、酱香、窖香,窖底香、浓香、窖香浓郁、清香纯正、醇香浓郁、酱香突出、固有的香、特殊的香、异香、溢香、留香、微香、香短、香不明显、放香小、不香、香不纯、不正、有醛臭、焦臭、煳臭、腐败臭、丙酮臭、杂醇油臭。

口味:醇和、醇厚、酒体醇厚、入口甘美、爽口、圆润、柔和、醇甜柔和、清爽甘冽、入喉净爽、绵甜甘冽、甘爽、甘润、入口绵、酸甜适口、有回味、回味悠长、回甜、有余香、有药味、苦仁味、久绵软、入口冲、冲劲大、久回甜、后味短、味寡淡、刺激感、有辅料味、生粮味、窖泥味、腥味、酸味、霉味、杂醇油味、焦煳味、有涩味、微苦、后苦、极苦、苦涩味、苦酸味、冲辣、刺喉、麻嘴、苦涩麻辣味及有其他邪味和不愉快味等。

风格:独特、固有、优雅、美好、清香型、酱香型、浓香型、米香型、兼香型、其他香型、小曲白酒型、麸曲白酒型、一般风味、风格不突出、偏格、错格、香味协调、诸味调和、自然协调、恰到好处。

样品735_____

样品549_____

样品216_____

8.2.2 组织设计

按评定方式可分为自由式描述和界定式描述,自由式描述即评定员可用任意的词语,对样品特性进行描述,但评定员一般需要对产品特性非常熟悉或受过专门训练,界定式描述则在评定前由评定组织者提供指标检查表,评定员是在指标检查表的指导下进行评定的。

该方法多用在食品加工中质量控制、产品储存期间质量变化,以及鉴评员培训等情况。

8.2.3 结果分析

最后,在完成鉴评工作后,要由评定小组组织才统计结果,并将结果公布由小组成员讨论。例如在两粉质量评定中可提供的指标检查表内容如下。

色泽:有色至微黄色,均匀一致,不发暗,没有杂色。

组织:呈粉末状,不含杂质,无粗粒感,没有虫和结块,放在手中紧压后放开不成团。

气味:气味正常,没有酸臭味、霉味、煤油味、苦味等异味。

口味:淡而微甜,可口,没有发酸味道,咀嚼时无砂感。

8.3 定量描述和风味剖面检验法

它是评定员尽量完整地描述食品感官特性以及这些特性的强度的检验方法。

这种方法除用于产品质量控制、质量分析、判定产品差异性、新产品开发和产品品质改良等方面,还可以为仪器检验结果提供可对比的感官数据,使产品特征可以相对稳定地保存下来。

这种方法依照检验方式的不同可分为一致方法和独立方法两大类。一致方法的是指在检验中所有的评定员(包括评定小组长)作为一个集体的一部分而工作,目的是获得一个评定小组赞同的综合印象,使描述产品风味特点达到一致,获得同感的方法。在检验过程中如果不能一次达成共识,可借助参比样来进行,有时需要多次讨论方可达到目的。

独立方法是由评定员先在小组内讨论产品风味,然后由每个评定员单独工作,记录对食品感觉的评估成绩,最后用计算平均质的方法,获得评定结果。无论是一致方法还是独立方法,在检验开始前,评定组织者和评定员应完成以下准备工作:①制定记录样品的特性目录;②确定参比样;③规定描述特性的词汇;④建立描述和检验样品的方法。

在此种检验中一般包括以下几方面内容。

(1)特性特征的鉴定 用叙词或相关的术语规定感觉到的特性特征;感觉顺序的确定;记录显现和察觉到各风味的特性所出现的顺序。

(2)强度评定 每种特性特征的强度(质量和持续时间)由评定小组或独立工作的评定员测定。特性特征强度可用以下几种标度来评估。

1)标度A 用数字评估。

0=不存在 1=刚好可识别或阈 2=弱 3=中等 4=强 5=很强

2)标度B 用标度点"○"评估。

弱 ○○○○○○○ 强

在每个标度的两端写上相应的叙词,其中间级数或数根据特性改变,在标度点"○"

上写出的 1 ~ 7 数值,符合该点的强度。

3)标度 C　用直线评估。

例如,在 100 mm 长的直线上,距每个末端大约 10 mm 处,写上叙词。评定员在直线上做一个记号表明强度,然后测量评定员做的记号与线左端之间的距离(mm),表示强度数值。

弱　　　　　　　　　　　　　　　　　　　　　　强

(3)余味审查和滞留度测定　样品被吞下之后(或吐出后),出现的与原来不同的特性特征称为余味。样品已经被吞下(或吐出后),继续感觉到的同一风味称为滞留度,某些情况下,可能要求评定员评定余味,并测定其强度,或者测定滞留度的强度和持续时间。

(4)综合印象的评估　综合印象是对产品的总体评估,它考虑到特性特征的适应性、强度、相一致的背景风味和风味的混合等。综合印象通常在三点标度上评估:

高　　　中　　　低

3　　　2　　　1

8.3.1　定量描述

(1)选用目的　定量描述分析(QDA)是 20 世纪 70 年代发展起来的,目的是纠正与风味剖面有关的一些感知问题(Stone,Sidel,Oliver,Woolsey 和 Singleton,1974;Stone 和 Sidel,1993)。与 EP 和 PAA 相反,其数据不是通过一致性讨论而产生的,评定小组领导者不是一个活跃的参与者,同时使用非线性结构的标度来描述评估特性的强度。Stone 等人(1974)选择了线性图形标度,这条线延伸到固定的语音终点之外,他们发现这样可以减少评定人员只使用标度的中间部分,避免出现过高或过低分数的倾向。QDA 有许多拥护者。

(2)实验设计实施人的准备工作　为形成准确的概念,在训练期间,10 ~ 12 位评定人员将面对许多可能类型的产品。样品范围的选择取决于研究目的。与 FP 相似评定人员形成一套用于描述产品差异的术语。这样,评定人员就通过一致性,确定了一个标准化的词语来描述样品中的感官差异。评定人员还要决定参比标准和词语定义,定义用于固定描述术语。此外,在训练期间,评定小组成员还要决定每个特征的评定顺序。在训练的后期,要进行一系列的实验性评估,要求领导者根据相对于整体评定小组的个别评定人员表现的统计分析,来评定特定人员。在研究的评定阶段,可能进行评定小组人员表现的评估。

(3)评定员的工作　产生一致性词汇,决定参比标准和词语定义。通过这种产生一致性词汇的方式,评定小组成员开始训练。

(4)实验实施要点　在早期会议中,领导者只作为一个推动者来指导讨论,并且提供评定小组所需要的物资,如参比标准和产品样品等。领导者不参加最终的产品评定。与 FP 不一样的是,QDA 的样品不能像消费者看到的那样。和 FP 不同。QDA 评定小组领导

者无论在语言形成还是研究的评定阶段,都不是一个活跃的角色。领导者只是一个提供便利的人,既不领导,也不指导这个评定小组。这个人将负责评定小组的交流,并且准备样品及参比标准。

实际的产品评定是由若干个评定人员坐在隔离的座位前单独进行的。标准的感官练习,就像在使用样品进行评定的阶段一样,包括样品的编码、摊位的照明、咳嗽以及样品之间的清洗。其间使用了评定小组产生的固定词语所表示的一个 15.24 cm 的图形线性标度。

结论性的数据可以进行方差分析,有必要重复评定,这样可以对单个评定人员和整个评定小组的一致性进行检验。也可以考虑评定人员是否可以区别出产品,还是需要更多的训练。在实验进行之前,应根据产品特性,初步确定评定的重复次数。

在使用 QDA 技术来完整地描述感官感觉时,注意不能遗漏样品间存在的显著性感官特征。可以在标度问题上处理以解决。即加一个其他标度,或允许评定员产生其他的特征(当然,避免由快感反应引起)。

尽管对这种方法进行广泛地训练,但大多数研究者认为评定人员会使用标度中的不同部分(不同标度水平)作为判定。因此,绝对的标度值不重要,产品的相对差异提供了有价值的信息。例如,评定人员 A 对土豆片样品 1 的脆度评分为 8,但评定人员 B 对相同的样品评分仅为 5。这并不意味着这两个评定人员没有使用相同的方法对同一特征进行测定。这可能只是说明了他们使用的是标度中的不同部分(见图 8.1)。这两个评定人员对第二个不同样品的相对反应结果(假设分别为 6 和 3)将表明:这两位评定人员是着眼于样品间的相对差异进行评估的。可以利用统计方法消除使用标度不同部分产生的影响。

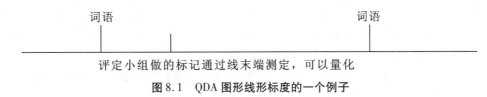

图 8.1　QDA 图形线形标度的一个例子

定量描述分析(QDA)训练所需时间通常比风味剖面检验(FP)要少。QDA 数据分析使用独立判断相比 FP 个人做出一致性判定的可能性更小。

使用 QDA 技术,注意不要将标度作为一个特征的绝对测定,而是作为考察相对差异的工具。因此,QDA 数据必须被看成是相对量,而不是绝对量。应当把 QDA 研究设计成包括不止一个样品和(或)一个条形码,或标准产品。

QDA 优点包括评定人员独立进行评定;结果并不是来自于一致性;数据容易进行统计分析,并能以图形表示;评定小组语言形成不受领导者影响;以消费者的语言描述符为基础。

QDA 缺点包括评定小组必须为特定的产品类项进行训练。许多食品公司为他们的产品类项保留各自的评定小组,导致操作费用很高,小公司无法使用这种方法。与 FP 不同,QDA 结果不需要显示感官知觉顺序,但如研究需要,也会指示评定小组在投票上按出现顺序,对描述符进行排序。出于评定小组成员会使用不同的标度范围,结果是相对的,而不是绝对的。

定量描述分析评定人员的挑选：应当筛选定量描述分析(QDA)的评定人员，以便于他们能够进行长期的工作。这些评定人员利用类项中的实际产品，进行正常气味和品尝感知的筛选。具有潜力的评定人员应当具有很强的表达能力，而且非常严格。训练一个评定小组，需要花费时间、精力和金钱；同时，如有可能，评定人员应当组成一个委员会以利于能长年顺利地开展工作。

8.3.2 风味剖面检验法

风味剖面检验(FP)技术是 20 世纪 40 年代末和 50 年代初，在 ArthurD. Little 公司，由 Loren Sjostrom，Stanley Cairneross 和 JeanCaul 等人发展、建立起来的。这个名称和技术是 ArthurD. Littl 和曼彻斯特的剑桥公司的商标。最初风味剖面(FP)是一种定性的描述检验方法。FP 首先被人们用于描述复杂的风味系统，这个系统测定了谷氨酸钠(味精)对风味感知的影响。多年来经过不断地改进，最新版的 FP 被称为剖面特征分析。

(1)风味剖面方法选用目的　这是一种一致性技术，用于描述产品词汇和产品评定本身，可以通过评定小组成员达成一致意见后获得。FP 考虑了一个食品系统中所有的风味，以及其中个人可检测到的风味成分。这个剖面描述了所有的风味和风味特征，并评估了这些描述符的强度和振幅(全部印象)。该项技术提供一张表格，表格中有感知到的风味，它们的强度，感知到的顺序，它们的余味以及它们的整体印象(振幅)。如果评定小组成员的训练非常令人满意，这张表格就有重现性。

(2)实验设计实施人的准备工作　在使用准备、呈现、评定等过程标准化技术时，2~3 周的时间内对 4~6 个评估人员进行训练，让他们能对产品的风味进行精确定义。对食品样品进行品尝后，把所有能感知到的特性，按芳香、风味、口感和余味分别进行记录。评定小组面对的是食品类项中范围很大的产品。展示结束后，评定小组成员对使用过的描述符进行复习和改进。

(3)评定员的工作　在训练阶段也会产生每个描述符的参比标准和定义。使用合适的参比标准，可以提高一致性描述的精确度。在训练的完成阶段，评定小组成员已经为表达所用的描述符强度定义了一个参比系。

(4)实验实施要点　用于评定小组的样品形式，与用于消费者的是一样的。因此，如果评定小组成员正在研究樱桃馅饼的内容物，那么，服务于评定小组的这个内容物就在一个馅饼中。

(5)标度的使用　感知到的风味特征的强度是按表 8.3 的标度进行评估的(这个标度后来被扩大到 17 点，包括使用箭头或者加、减号)。

表 8.3　风味特征的 5 点标度

标示	0	>、<	0	1	2
说明	无表现	阈值或刚好能感觉到	轻微	中等	强烈

能感知到的风味特征的顺序也显示在制成表格的剖面中。余味的定义为吞咽后留在腭上的一种或两种风味印象。评定小组成员在吞咽 1 min 后评估余味强度。

振幅是风味平衡和混合以后的程度,这不作为产品整体质量的评定,也不包括评定小组成员对产品的快感反应。FP 的支持者承认,评定小组的初学者很难将他们的快感反应与振幅概念分开来。然而,通过训练和面对 FP 方法及产品类项,评定小组成员确实获得了对术语的理解。振幅被定义为对产品的平衡和混合的整体印象。在某种意义上,不是理解了振幅,而只是靠经验来得。例如,搅拌时,重奶油中加入一些糖后再搅拌,就有了一个较高的振幅;重奶油中加入一些糖和香草香精后搅拌时,有一个高得多的振幅。通常情况下,FP 评定小组成员在关注产品的个别风味特征之前,事先会测定振幅。但是,在剖面表中振幅可能被放置在最后。表 8.4 的标度可以用来评估振幅。

表 8.4　振幅的标示方法

标示	>、<	1	2	3
说明	非常低	低	中等	高

(6)最终数据的获得　评定小组领导者可以根据评定小组的反应,获得一致性的剖面。在一个真实的 FP 中,这不是一个平均分的过程,而是通过评定小组成员和评定小组领导对产品进行讨论和重新评定之后获得的。产品的最终描述由一系列符号表示,是数字与其他符号的组合,评定小组成员将它们组合成具有潜在的、有意义的模式,FP 是作为一项定性的描述技术来分类的。

随着数值标度的引入,风味剖面被重新命名为剖面特征分析(PAA)。数值标度的使用,便于用统计技术进行数据的解释。由 PAA 得到的数据可用来进行统计分析,但是也有可能获得 FP 类型的一致性描述。PAA 比 FA 定量的程度更高。Syarief 和他的合作者(1985)对来自一致意见的风味剖面结果与通过计算平均数而得到的风味剖面结果进行了比较。平均数的结果比一致性结论有更小的变异系数,而且平均的分数据中的主要组成分析(PCA)占变化中的比例,要比一致性结果中的 PCA 更高。使用平均得分比一致性分数具有更好的结果。

FP 的支持者表明,如果评定小组成员训练得好,那么,这些数据具有准确性和可重复性。不能过高估计评定小组中词语标准的必要性。反对者认为,获得的一致性可能是小组中占支配地位的人,或是评定小组中最具有权威的成员(评定小组领导者)的观点。而支持者认为通过正确的训练,评定小组领导者会避免这种情况,一个训练后的 FP 评定小组能够迅速地得出结论。

正确的 FP 反对对大部分数据的数学特征的尝试。在通常情况下,我们需要利用部分研究者的直觉和经验,对一系列的符号进行解释。

风味剖面评定人员的选择使用条件:应当进行长期适用性的筛选。训练一个评定小组,需要花费时间、精力和金钱,而且如果有可能的话,评定小组成员应该组成一个委员会,以便于工作多年,甚至 10 年以上。有潜力的评定人员应当对产品的类项有强烈的兴趣,而且,如果他们对产品类型的背景有所了解的话,这是很有帮助的。应该筛选出这些评定人员,去进行正常的气味和品尝感知。利用溶液和纯净稀释了的有气味的东西,可以筛选有正确敏感性的评定小组成员。他们应当具有特有的个性,表达能力强,而且适度。

　　评定小组的领导者必须能协调评定人员之间的关系,领导整个评定小组朝着一个完全一致的观点发展。在研究语言发展过程和评定阶段中,评定小组的领导者都是一个活跃的参与者。FP评定的关键因素是评定小组的领导者。这个人可以调整样品的生产,知道评定小组的评估,最后描述整个评定小组的一致性结论。评定小组的领导者会再次服从样品,直至获得重复性结果。应能清楚地表达产品的类型,同时,也应知识渊博。对评定小组的交流、样品的准备以及参考标准负责。具有无限的耐心,具有社交的敏感性和外交才能,因为他或她将使评定小组对产品达到一致性描述负有责任。

　　应用举例:

　　【例8.1】　对调味番茄酱的定量描述和风味剖面检验结果。

　　1)表格形式(表8.5)

表8.5　定量描述表格形

产品	调味番茄酱
日期	1988.7.26
特性特征	
感觉顺序	强度(标度A)
番茄	4
肉桂	2
丁香	3
甜度	2
胡椒	1
余味:无	
滞留度:相当长	
综合印象:2	
注释:	

　　2)图式

　　用线的长度表示每种特性强度按顺时针方向表示特性感觉的顺序(图8.2)。

　　每种特性强度记在轴上,联结各点,建立一个风味剖面(图8.3)。

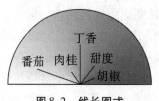

图8.2　线长图式

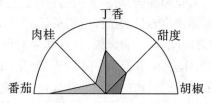

图8.3　风味剖面图式

图 8.4 和图 8.5 是圆形图示,原理同图 8.2 和图 8.3。

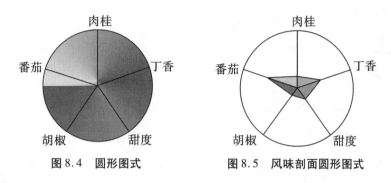

图 8.4　圆形图式　　　　图 8.5　风味剖面圆形图式

图 8.6 按标度 C 绘制,联结各点给出风味剖面,如图 8.7 所示。

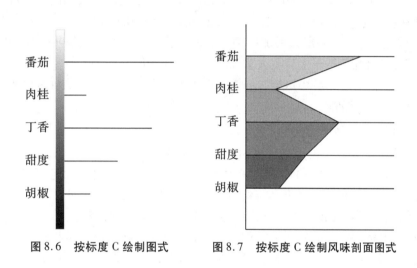

图 8.6　按标度 C 绘制图式　　　图 8.7　按标度 C 绘制风味剖面图式

【例 8.2】　沙司酱的定量描述和风味剖面分析(图 8.8)。

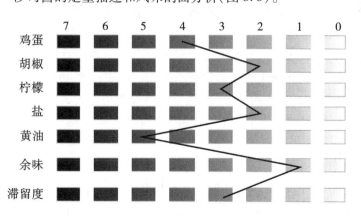

图 8.8　例 8.2 图

产品:沙司酱

日期:1998.8.15

评价员:刘力

特性特征

综合印象:3

8.3.3 描述实验的其他形式

8.3.3.1 偏离参照法

偏离参照法是利用一个参照样品,把其他所有样品与它对比后进行评定。标度是以参照为中点的差异程度标度。参照经常归为一个样品(定义为参照),并作为主体可信度的一种内部测定。评定结果与参照有相关性。用特定描述符评分比参照少的样品,用负号表示;而比参照多的样品,则用正号表示。Larson-Power 和 Pangborn(1978)认为:偏离参照标度在描述性分析研究中,提高了反应的精确度和准确度。而 Stoer 和 Lawless(1993)发现这种方法不一定会增加精确度。他们感觉这种方法最好用于样品间差异难以区分,或对象研究包括一个有重大意义的参照对比的时候。一个有重大意义的参照可能是一个控制样品,它已经用这样一种方式加以固定,以便于与进行加速货架寿命实验的样品比较时不发生改变。

8.3.3.2 强度变化描述法

Gordin(1987)建立了强度变化描述法,提供消费样品时描述性特征强度变化的信息,特别是可以用这种方法对香烟燃烧过程中发生的感官特征变化进行定量描述。这种产品不适合采用传统的时间-强度和传统的描述性方法,因为在吸烟评估中的易变性将不能使香烟的相同部分,在同一时间框架内被所有的评定人员所评定。Gordin(1987)建立了一种方法,他将评定人员的评定集中在产品的特定位置内,而不是在特定的时间间隔内。用记号笔在香烟杆上画线,将香烟分成几个部分。通过一致性意见,评定人员得到香烟的每个标记部分进行评定的特征。评定人员的训练、选票产生和数据分析是一套标准的描述性方法。这种方法只适用于香烟的评定,但可以调整并适用于其他产品。

8.3.3.3 动态风味剖面法

动态风味剖面法是描述性分析和时间—强度方法组合的延伸。如 DeRovira 所描述的,训练评定人员对 14 种气味和味道组分(酸、酯、生青味、类萜、花、香料的、褐色、木头的、乳酸的、含硫、咸、甜、苦味和发酵的)强度的感知能力。数据由等容积的三维法图象来表达,其中任何特定瞬间在这个图上的横截面都将得到这个瞬间的一个蜘蛛网剖面图。

8.3.3.4 自由选择剖面法

在 20 世纪 80 年代,英国感官科学家创造并提倡自由选择剖面(FCP)。自由选择剖面法与前面讨论的其他方法存在着许多相同之处。但至少有两点与其他方法根本不同。

第一,描述风味特征的词汇形成的方法是一种全新的方法。FCP 要求每位评定人创造出他或她自己喜好的描述术语单,这些独立产生的术语只需要特定的评定人员能理解就可以了,而不是广泛地训练评定人员。为产品创造出一致性的词语,必须始终使用这些术语。像 QDA 和系列方法一样,在单独的小房间中、在标准的条件下进行评定。

FCP 的第二个独特性质在于对评定人员评分的统计处理。这些数据通过使用一种被称为概括的普洛克卢斯提斯(Procrustes)法分析过程,进行数学处理。

这种方法最显著的优点是可以避免评定小组的训练。这个实验可以彻底地加快操作速度,并且花费更少。但为每个独立的评定人员创造一份不同的选票是一个很大的时间负担。评定人员使用的个性化单词,会使样品的风味组分分析变得更加完全。另一方面,会导致独立的风味特征来源难以或不可能解释。

FCP 已被用于以下物质的分析,如葡萄酒、咖啡、乳酪制品、威士忌、黑加仑子饮料、食用肉、酸溶液、麦芽和储藏啤酒。

8.4 描述实验的步骤

8.4.1 典型的描述性分析步骤

描述性分析的典型步骤是:训练评定人员、测定评定人员重复性(一致性)、让评定人员评定样品。

8.4.1.1 训练评定人员

在 QDA 和感官系列评定,有两种评定人员的训练方法:第一种是为评定人员提供特定类项的广泛产品。这就要求评定人员在这个过程中,产生一些可用于描述产品间差异的描述符或参照标准,这些通常是通过他们自己达成某些一致性后获得的,称为"一致性训练"。第二种是在类项内为评定人员提供广泛的产品,以及一个可用于描述产品的可能的描述符和参照语清单,称为"选票训练"。

实际操作中,一致性和选票方法都有各自的应用范围。然而,常用的是一种组合方法。在组合方法中,评定人员通过一致性,形成他们自己的一些描述符,其他描述符可以由评定小组的领导者建议采用或在词语表中另外加入。领导者还可以减少一些多余术语。

(1)典型的 1 h"一致性训练"过程的顺序

1)评定人员需要面对整个范围的产品。要求评定人员对样品之间的感官差异做出评定,并在纸上写下描述这些差异的描述符,这些步骤都是在悄然无声中进行的。当所有的评定人员完成了这部分任务以后,评定小组的领导者要求每位评定人员列出用于描述每个样品的单词。在这个训练阶段中,评定小组领导者必须注意:不要从任何评定人员那里引出或对任何描述符进行评定,这一点是极其重要的。然而,如果需要的话,可以要求评定小组领导阐述清楚。通常情况下,当评定人员看到了引出的所有描述后,他们将开始最初的一致性靠拢。

2)评定小组领导者应当在最初的一致性基础上,尽量提供潜在的参照标准。这些参照标准为化学物质、香料和组分或产品,它们能帮助评定人员定义和记住这些在样品评定中发现的感官特征。一般而言,领导者应力求使用实际的有形物质作为参照标准,但在有些情况下,会用精确的书面描述来代替实物。评定人员会再次面对样品,并要求他们做出可能作为参照标准的决定。如果参照标准不可行,也可以要求评定人员口头定义特定的描述符。对描述符、参照标准和定义的清单一致性的提炼，会一直持续到评定人员满意为止，他们具有最好的清单，而且每个人都能完全理解每个术语。

3）在最后的训练期间，评定人员会造出评分单。他们会作为一个小组，按投票的方式决定描述符的顺序。他们还可以决定使用的标度。评定人员还要求决定固定标度所需的单词，像"0"到"极限"或"弱"到"极强"等。评定小组领导者再一次确认评定人员对所有使用的术语参照和定义感到满意。在此基础上，评定小组领导者将开始对评定人员的重复性进行评定。

（2）典型的 1 h"选票训练"过程的顺序

1）评定人员面对整个范围的产品。要求他们评定样品之间的感官差异，这个步骤也在默然无声中进行。当所有的评定人员完成了这部分任务后，评定小组领导者发给每位评定人员一个产品的清单（或样品评分表）。这个清单包括单向和定义，同时，领导者经常也会将获得的参照标准用于固定描述符。然后，要求评定人员通过一致性，指出这些单词、参照标准和定义中哪些应当被用于特定的研究。评定人员还可以通过一致性来决定术语的增加或删除。他们也被要求根据投票的方式为描述符排序。

2）评定人员再次面对样品，并要看他们前面产生的选票。然后，必须决定这是否真的是他们希望用于这些产品的评分单。评分单参照标准和定义的提炼在持续到评定人员满意为止，这是最好的可能的评分单。最好的顺序就是每个人都完全理解了每个术语。这时，评定小组领导可以测定评定人员的重复性。

8.4.1.2　测定评定人员重复性

训练阶段一结束，评定人员就会得知研究的评定阶段将要结束。但是实际上，最初的两三个时段主要是进行评定人员重复性的测定。用于真正研究的一小组样品则是按一式三份的形式提供给评定人员。分析这些时期的数据，感官科学家会研究与评定人员有相关件的相互作用效应的显著水平。在一个训练良好的评定小组中，这些效应在评定人员中不会有显著差异。如果与评定人员有关的相互作用效果有显著性时，感官科学家将决定哪些评定人员在使用哪些描述符上将接受进一步的训练。如果所有的评定人员都没有重复性，则他们都需要重新返回训练阶段。但是，结果通常表明有一两个受试体与一两个描述符存在着问题。这些问题通常可以在一些一对一的训练期内得以解决。

8.4.1.3　评定样品

在研究的评定阶段，应当采用标准的感官练习方式，如样品编号、随意的呈现顺序、使用独立的房间等。样品的制备和呈现过程也要标准化。评定人员进行评定时，所有的样品至少要一式两份，如能一式三份则更好。理想条件下，所有样品将在一个时间同时呈现，以不同时间作为复本。如果不能这样做的话，则应当遵照一种合适的实验方案，如拉丁方、平衡不完全块等。数据通常用方差分析的方法进行分析。然而，由一种或更令人满意的多种统计方法进行分析，可以获得更多的信息。

思考与练习

1. 如何理解"当必须定义一个问题时,描述技术是无价的"这句话的内涵?
2. 如何选择合适的描述性语言?
3. 请设计并完成一个简单描述检验法问答表。
4. 感官评定为何要引入定量描述? 请举例说明定量描述在现实中的应用实例。

第9章 感官评定的应用

利用感官评定可以认识市场趋势和消费者的取向,建立与消费者有关的数据库,为产品的研发提供数据支持。同时可以通过感官评定在市场和消费者与食品研发样品建立相应的关联,制定产品属性,为确定最终的产品和将来的市场运作打下基础。并通过感官评定,制定产品相应的理化属性,建立产品质量控制基础。在产品投产后,利用感官评定控制产品质量,结合市场和消费者的反馈和投诉的数据,不断改进完善产品和质量,解决生产中出现的问题。

9.1 市场调查

9.1.1 市场调查的目的和要求

市场调查的目的主要有两方面的内容:一是了解市场走向,预测产品形式,即市场动向调查;二是了解试销产品的影响和消费者意见,即市场接受程度调查。两者都是以消费者为对象,所不同的是前者多是对流行于市场的产品而进行的,后者多是对企业所研制的新产品开发而进行的。感官评定是市场调查中的组成部分,并且感官评定学的许多方法和技巧也被大量运用于市场调查中。但是,市场调查不仅是了解消费者是否喜欢某种产品(即食品感官评定中的嗜好实验结果),更重要的是了解其喜欢的原因或不喜欢的理由,从而为开发新产品或改进产品质量提供依据。

9.1.2 市场调查的对象和场所

市场调查的对象应该包括所有的消费者。但是,每次市场调查都应根据产品的特点,选择特定的人群作为调查对象。如老年食品应以老年人为主;大众性食品应选低等、中等和高等收入家庭成员各1/3。营销系统人员的意见也应起很重要的作用。市场调查的人数每次不应少于400人,最好在1 500~3 000人,人员的选定以随机抽样方式为基本,也可采用整群抽样法和分等按比例抽样法。否则有可能影响调查结果的可信度。市场调查的场所通常是在调查对象的家中进行。复杂的环境条件对调查过程和结果的影响是市场调查组织所应该考虑的重要内容之一。由此可以看出,市场调查与感官评定实验无论在人员的数量上,还是在组成上,以及环境条件方面都相差极大。

9.1.3 市场调查的方法

市场调查一般是通过调查人员与调查对象面谈来进行的。首先由组织者统一制作答题纸,把要调查的内容写在答题纸上。调查员登门调查时,可以将答题纸交于调查对象并要求他们根据调查要求直接填写意见或看法;也可以由调查人员根据要求与调查对

象进行面对面的问答或自由问答,并将答案记录在答题纸上。调查常常采用顺序实验、选择实验、成对比较实验等方法,并将结果进行相应的统计分析,从而分析出可信的结果。

9.2　新食品开发

新产品的开发包括若干阶段,对这些阶段进行确切划分是很难的,它与环境条件、个人习惯及产品特性等都有密切关系。但总体来说,一个新产品从设想构思到商品化生产,基本上要经过如下阶段:①设想;②研制;③鉴评;④消费者抽样检查;⑤货架寿命研究;⑥包装;⑦生产;⑧试销;⑨商品化。当然,这些阶段并非一定按顺序进行,也并非必须进行全部阶段。实际工作中应根据具体情况灵活运用之。可以调整前后进行的顺序,也可以几个阶段结合进行,甚至可以省略其中部分阶段。但无论如何,目的只有一个,那就是开发出适合于消费者、企业和社会的新产品。

9.2.1　设想

设想构思阶段是第一阶段,它可以包括企业内部的管理人员、技术人员或普通工人的"忽发奇想"的想象,以及竭尽全力的猜想,也可以包括特殊客户的要求和一般消费者的建议及市场动向调查等。为了确保设想的合理性,需要动员各方面的力量,从技术、费用和市场角度,经过若干月甚至若干年的可行性评定后才能做出最后决定。

9.2.2　研制和评定阶段

现代新食品的开发不仅要求味美、色适、口感好、货架期长,同时还要求营养性和生理调节性,因此这是一个极其重要的阶段。同时,研制开发过程中,食品质量的变化必须由感官评定来进行,只有不断地发现问题,才能不断改正,研制出适宜的食品。因此,新食品的研制必须要与评定同时进行,以确定开发中的产品在不同阶段的可接受性。

新食品开发过程中,通常需要两个评定小组,一个是经过若干训练或有经验的评定小组,对各个开发阶段的产品进行评定(差异识别或描述)。另一个评定小组由小部分消费者组成,以帮助开发出受消费者欢迎的产品。

9.2.3　消费者抽样调查阶段

即新产品的市场调查。首先送一些样品给一些有代表性的家庭,并告知他们调查人员过几天再来询问他们对新产品的看法如何。几天后,调查人员登门拜访收到样品的家庭并进行询问,以获得关于这种新产品的信息,了解他们对该产品的想法、是否购买、价格估计、经常消费的概率。一旦发现该产品不太受欢迎,那么继续开发下去将会犯错误,但通过抽样调查往往会得到改进产品的建议,这些将增加产品在市场上成功的希望。

9.2.4　货架寿命和包装阶段

食品必须具备一定的货架寿命才能成为商品。食品的货架寿命除与本身加工质量有关外,还与包装有着不可分割的关系。包装除了具有吸引性和方便性外,还具有保护食品、维持原味、抗撕裂等作用。

9.2.5　生产阶段和试销阶段

在产品开发工作进行到一定程度后,就应建立一条生产线了。如果新产品已进入销售实验,那么等到试销成功再安排规模化生产并不是明智之举。许多企业往往在小规模的中试期间就生产销售实验产品。

试销是大型企业为了打入全国性市场之前避免惨重失败而设计的。大多数中小型企业的产品在当地销售,一般并不进行试销。试销方法也与感官评定方法有关联。

9.2.6　商品化阶段

商品化是决定一种新产品成功失败的最后一举。新产品进入什么市场、怎样进入市场有着深奥的学问。这涉及很多市场营销方面的策略,其中广告就是重要的手段之一。

9.3　食品生产中的质量控制

9.3.1　产品质量

产品质量是消费者关心的产品最重要的特征之一。生产厂商也已充分认识到保证产品质量对于商业获利的重要性。如果能建立质量与商标的关系,就能激起人们再次购买的欲望。现在,全面质量管理是工业质量专家推行的任务。全面质量管理包含了普遍的质量保证项目。按惯例,利用专家评论或政府的检查员作为产品质量的仲裁人,但大部分研究者集中于消费者的满意程度这个主题作为质量的测试。这种方法非常适用于标准日用品,能确保最低水平的质量,但很少能确保其具有优良品质。另一个有效惯例是强调与说明书一致性。这种方法适用于耐用品的生产,它们的品质和表现能通过使用器械或客观的方式加以测定。质量的另一个普通定义是"适合于使用"。这个定义指存在于消费者的前后关系或参照系中,对产品感官和表现实验中的可靠性和一致性能作为产品质量中的一个重要特征加以认识。消费者的期望源于实验,同时,维持实验的一致性可以做许多工作,并以此建立消费者的自信。

9.3.2　质量控制与感官评定

一旦结合感官评定与质量控制(QC)工作以提高生产水平,在感官评定项目中就会出现新的问题。在生产过程中,进行感官评定的生产环境会有许多变化,需要一个灵活而全面的系统,一个也可以用于进行原料检验,成品、包装材料和货架寿命检验的系统。如在线感官质量检验很可能需要在很短时间内完成,并且因时间原因不可能有很多的评定人员,只能用少量的质量评定指标来评定。有时由于资源的限制,很可能无法进行一个详细的描述评论和统计分析。与普通的食品感官评定不同,感官质量控制系统运行的基本要求是在产品感官基础上对标准或忍受限度的定义,这需要校准工作,对标准产品和忍受限度进行鉴定可能会花费比感官评定小组自己操作更高的费用,特别是消费者曾经定义过可接受质量限度,这种可能性就越大。为一个标准质量的产品制定参考标准时,也可能会遇到困难,因为食品货架寿命可能很短,一些产品仅随着时间的延长其品质就会发生变化。同时,在评定小组和校准研究中使用的消费者参照系会发生季节性的偏差和变化。这就使得备选标准产品的感官特性难以确定。进行感官质量控制项目时需要处理与仪器分析的关系。许多负责质量控制的领导者和个人曾受过有关分析化学或流变学分析的培训,更倾向于从获得的产品说明书或仪器分析数据中得出一定结论。感官专业人员要使那些管理者意识到,进行质量评定时感官的重要性以及在市场中加强人们感官质量良好效果的重要性。同时应该提示某些感官性质与仪器分析结果之间不是线性相关。感官质量控制与传统的质量控制不同。传统的质量控制假设一批产品中的任一个体是相同的,根据仪器测定和小组评论的结果,可以得出质量评定。而感官质量控制选择大量不同背景人群,检测人们感官评定的平均分数。在仪器测定中,一个人可以取出数百个产品样,分别对每一个产品进行测定。而在感官质量控制中,通过人们的工作,可能对每种产品而言只取一个样品,但是必须经过多重的测定。在感官质量控制系统中感官评定项目的可信度会受到这样一种想法的影响:质量好的产品要比有缺陷产品受到更多的检验。尤其在两种条件下:一是,相对于正常情况而言,发生问题时,对这种情况因而有较好的记忆力;二是,当感官评定项目对某些产品做出标记时,人们需要对该批次的产品再进行一些额外的或表面的检验。

9.3.3 感官质量控制项目开发与管理

感官评定部门在感官项目建立的早期应考虑感官质量控制项目的费用和实践内容,还必须经过详细的研究与讨论,形成自身的看法。在初始阶段把所有的研究内容分解成子项目中的各种因素,项目任务细分之后有助于完整的、详细的完成感官质量控制项目开发。

9.3.3.1 设定承受限度

这是项目管理中的第一个管理主题。管理部门可以自己进行评定并设置限度。由于没有参与者,这个操作非常迅速而简单,因而需要承受一定风险。管理者与消费者的需求未必一致。而且,由于利益问题,对已经校准的项目,管理者可能不会随消费者的要求改进。最安全的方法,同时也是最慢、最贵的方法,就是把有代表性的产品和变化提供给消费者评定。这个校准设置包括可能发生的已知缺点,以及过程和因素变化的全部范围。少量消费者对任何感官区别总是表现出不敏感,而问题区域的保守估计应该以少数最敏感参与者的拒绝或失败分数为基础。另一个消费者校准方法是利用有经验的个人去定义感官说明书和限度。但应该对这类发起人的资格证明进行仔细评定,以确保他们的判断结果与消费者意见是相一致的。

9.3.3.2 费用相关因素

感官质量控制项目需要一定花费,如果要求雇佣者作为评定小组进行评估,还要包括品尝小组进行评定的时间。感官质量控制项目的内容相当复杂,不熟悉感官评定的生产行政部门很容易低估感官评定的复杂性、技术人员进行设置需要的时间、小组启动和小组辩论筛选的费用,并且忽视对技术人员和小组领导人的培训工作。时间安排需仔细进行。进行感官评定主要是利用工作时间之外的个人时间。如果管理部门合计了进行感官评定的所有时间,包括检验者走到检验场所需要花费的时间,有可能会让行政部门重新考虑员工薪水以及其他的经济成本问题。工人不能在检验时间内随意离开工作岗位。对于工人来说,参与的热情是肯定的,能参与评定活动是受人欢迎的休息项目,可以增加共同质量项目中的参与感受,扩大工作技能和对生产的看法,同时,对于企业,没有生产上的损失。利用评定小组进行辩论的过程中,工人会表现一定的自豪感,并对保持质量很有兴趣。要注意感官评定小组参与队伍的建设,以及所产生的个人发展问题。

9.3.3.3 完全取样的问题

第三个主题也就是合理管理对过度检验费用的要求。按照传统质量控制的项目,会根据产品的所有阶段,在每个批次和每项偏差中,分别取样测定,对于感官评定不具有实际意义。从一个批次生产的,由感官评定小组进行的重复测定中,对多重产品进行取样可以保证包含所有规格产品,但会增加检验的时间和费用。管理者不希望被告知正确的可能性,专业人员应表明没有一种技术是绝对安全的。质量控制工作的目的是避免不良批次产品流入市场,只有通过对照的感官评定步骤,以及足够数量、受过良好训练的质量控制评定小组工作,才能保证获得维持检验的高敏感度。良好实践承担音标、任意顺序、肯定或否定对照样品等工作,因此要包括技术人员的时间和设置费用。为感官评定安排空间也可能包括一些启动费用。评定小组合理地补充人员、进行筛选以及训练工作会占用一定专业时间。

9.3.3.4 全面质量管理

独立的质量管理结构可能有益于质量控制。致力于合作质量项目的高级行政部门可以把质量控制部门从原有体系分离出来,使他们免受其他方面压力,又能控制真正不良产品的出现。感官质量的控制系统应该适合这个结构,感官数据就能成为正常质量控制信息中的一部分。可能会有这样一种趋势,即感官质量的控制系统具有向研究开发部门报告感官质量控制的功能,尤其是如果感官研究的支持者能够稳定感官质量控制系统。这种情况下,数据就不大可能会进入决策系统中。

9.3.3.5 如何确保项目连续性

管理部门要注意:感官评定所需设备需要专人定期维护、校正,并且放置在一个不移动的固定位置上。对感官质量控制的关注包括对小组成员的评定和再训练、参考标准的校正和更换,由于精力不集中而造成标准下降等情况,以及确保评定结果不发生负偏差等内容。在小型工厂中,感官质量控制小组可能不只要提供感官服务,也可能被要求进行其他目的服务,如评定过程、因素、设备的变化甚至是消费者抱怨的、纷争的解决等问题。在较大型的联合企业或国际的合作中,可能要保证进行成功的感官质量控制方法的扩大和出口。通过联合企业,有必要使感官质量控制的步骤和协调行为标准化。这一点包括维持生产样品和参考材料的一致性,以便于把它们送到其他的工厂中进行进一步的比较。

9.3.3.6 感官质量控制系统特征

感官质量控制系统项目发展的特定任务包括小组辩论的可用性和专家意见、参考材料的可用性以及时间限制等方面的研究。一定要在客观条件下进行评定小组人员的选择、筛选和训练。取样计划一定要和样品处理和储存标准步骤一致,进行开发和实施。

数据处理、报告的格式、历史的档案和轨迹以及评定小组的监控都是非常重要的任务。应该把在感官方法方面有着很强技术背景的感官评定协调者分配去执行这些任务。系统应该有一定的特征能维持评定步骤自身的质量。

Gillette 和 Beckley(1994)列出了在一个管理良好的工厂中，感官质量控制项目中的 8 条要求，以及其他 10 项令人满意的特点，见表 9.1。包括从组分供应商的看法到主要的食品制造商的看法，可以进行修改后用于其他制造情况。感官质量控制项目必须包括人们对产品的评定情况，供应商和消费者应该都能接受。应该考虑偏差的可接受范围，即承认有些产品可能达不到优质的标准，但消费者仍能接受。同时项目必须能检验出不能接受的生产样品，这是进行感官质量控制项目的主要理由。定义可接受与不可接受范围，需要进行一些校准研究。这些要求也包括所有供应商采用和执行的简单性以及允许由消费者进行监控。

表 9.1　感官质量控制项目中的要求

感官质量控制项目中的 8 条要求	其他 10 项令人满意的特点
1. 对所有供应商简单、足够的体系	1. 有参考标准或能分阶段进行
2. 允许消费者的监控、审核	2. 最低的消费
3. 详细说明一个可接受的偏离范围	3. 转移到可能的仪器使用方法中
4. 识别不可接受的生产样品	4. 提供快速的直接用于在线的修正
5. 消费者管理的可接受系统	5. 提供定量的数据
6. 容易联系的结论，如以图例表示	6. 与其他质量控制方法的连接
7. 供应商能接受	7. 可转移到货架寿命的研究中
8. 包括人们的评定	8. 应用于原材料的质量控制中
	9. 具有证明了的轨迹记录
	10. 反馈的消费者意见

另外 10 项特点包括以下的内容：在没有产生勉强消费和启动时间的情况下，一个可以阶段执行的标准化项目有可能会推动质量控制项目的发展。资金消耗不可避免。如果评定结果重复性非常好，那么进行正规检验后，仪器不会变得很疲劳而使重现性变差，可以建立感官与仪器之间紧密相关性的假说。理想情况是，感官质量控制项目应该能够提供快速的相关性检验结果。如果在研究中需要进行广泛性检验，该方法可能很合适，因为这一检验需要对长度进行统计分析。要在制造和包装过程中做出决定，这些检验可能不是很有用。人们应该对信息结果进行定量，并与其他的质量控制方法建立联系。由于质量控制和货架寿命的检验经常具有相似性，因此，如果把它们转移到对货架寿命的监控过程中，这些方法会变得更加有用。产品陈化过程中所发生的许多变化也是质量问题，例如，污染、褐变、氧化、脱水缩合、出油、老化以及负风味的产生。这种情况也会为管理部门的感知检验和报告提供一些连续性，人们可以更加容易地按照标准的格式，把结论联系在一起进行考虑。感官评定过程可能包括过程中的成品和原材料的检验。应该

根据消费者的意见,最后对这些结果进行校准。参与校准研究的消费者应该是有规律的产品使用者,同时他们也是产品的爱好者,并且包括那些有商标信用以及对成品中的极小差别都非常敏感的人。好的感官质量控制项目还会产生带有轨迹的记录,其中真实地标记了不良产品的存在,以便于完全防止产生进一步的问题或市场中消费者的意见。

当考虑这些特征时,仅简单依靠感官评定中一些传统检验方法,并不能为工厂提供很好的质量控制工作。对于生产环境在线校正行为,包括分析中缓慢过程和结果报告在内的任何检验类型都不合适。

如果能发现有缺点的产品,这种情况看起来就好像同标明了标准产品的简单差别检验一样。在大部分感官差别检验中,采用了强迫选择的方式,就像三点检验一样。三点检验对于发现根本性的差别是很有用的,如果有一个可接受性变化的范围时,该方法就不合适。因为人们发现产品与标准产品之间有差别,并不意味该产品一定不能被接受。人们期望有一个变化的范围,简单差别检验中小组辩论可以从中分辨出来。但有差别的结论不具有可控性。只有当这种变化超出消费者的可接受界限之外时,感官质量控制检验才能处理材料与生产中间的内在变化,并建议人们采取某种措施。

9.4 常见食品(原料)的感官评定要点举例

9.4.1 谷物及其制品

9.4.1.1 谷类的感官评定要点

感官评定谷类质量的优劣时,一般依据色泽、外观、气味、滋味等项目进行综合评定。眼睛观察可感知谷类颗粒的饱满程度,是否完整均匀,质地的紧密与疏松程度,以及其本身固有的正常色泽,并且可以看到有无霉变、虫蛀、杂物、结块等异常现象,鼻嗅和口尝则能够体会到谷物的气味和滋味是否正常,有无异臭异味。其中,注重观察其外观与色泽在对谷类做感官评定时有着尤其重要的意义。

9.4.1.2 举例:评定稻谷的质量

(1)色泽评定 进行稻谷色泽的感官评定时,将样品在黑纸上撒成一薄层,在散射光下仔细观察。然后将样品用小型出臼机或装入小帆布袋揉搓脱去米壳,看有无黄粒米,如有,拣出称重。

良质稻谷——外壳呈黄色、浅黄色或金黄色,色泽鲜艳一致,具有光泽,无黄粒米。

次质稻谷——色泽灰暗无光泽,黄粒米超过2%。

劣质稻谷——色泽变暗或外壳呈褐色、黑色,肉眼可见霉菌菌丝。有大量黄粒米或褐色米粒。

(2)外观评定 进行稻谷外观的感官评定时,可将样品在纸上撒一薄层,仔细观察各粒的外观,并观察有无杂质。

良质稻谷——颗粒饱满,完整,大小均匀,无虫害及霉变,无杂质。

次质稻谷——有未成熟颗粒,少量虫蚀粒,生芽粒及病斑粒等,大小不均,有杂质。

劣质稻谷——有大量虫蚀粒、生芽粒、霉变颗粒,有结团、结块现象。

（3）气味评定　进行稻谷气味的感官评定时，取少量样品于手掌上，用嘴哈气使之稍热，立即嗅其气味。

良质稻谷——具有纯正的稻香味，无其他任何异味。

次质稻谷——稻香味微弱，稍有异味。

劣质稻谷——有霉味、酸臭味、腐败味等不良气味。

9.4.2　蛋和蛋制品

9.4.2.1　蛋及蛋制品的感官评定要点

鲜蛋的感官评定分为蛋壳评定和打开评定。蛋壳评定包括眼看、手摸、耳听、鼻嗅等方法，也可借助于灯光透视进行评定。打开评定是将鲜蛋打开，观察其内容物的颜色、稠度、性状、有无血液、胚胎是否发育、有无异味和臭味等。

蛋制品的感官评定指标主要是色泽、外观形态、气味和滋味等。同时应注意杂质、异味、霉变、生虫和包装等情况，以及是否具有蛋品本身固有的气味或滋味。

9.4.2.2　举例：评定鲜蛋的质量

（1）蛋壳的感官评定

1）眼看　即用眼睛观察蛋的外观形状、色泽、清洁程度等。

良质鲜蛋——蛋壳清洁、完整、无光泽，壳上有一层白霜，色泽鲜明。

次质鲜蛋——一类次质鲜蛋：蛋壳有裂纹、硌窝现象，蛋壳破损、蛋清外溢或壳外有轻度霉斑等。二类次质鲜蛋：蛋壳发暗，壳表破碎且破口较大，蛋清大部分流出。

劣质鲜蛋——蛋壳表面的粉霜脱落，壳色油亮，呈乌灰色或暗黑色，有油样漫出，有较多或较大的霉斑。

2）手摸　即用手摸索蛋的表面是否粗糙，掂量蛋的轻重，把蛋放在手掌心上翻转等。

良质鲜蛋——蛋壳粗糙，重量适当。

次质鲜蛋——一类次质鲜蛋：蛋壳有裂纹、硌窝或破损，手摸有光滑感。二类次质鲜蛋：蛋壳破碎，蛋白流出。手掂重量轻，蛋拿在手掌上自转时总是一面向下（贴壳蛋）。

劣质鲜蛋——手摸有光滑感，掂量时过轻或过重。

3）耳听　就是把蛋拿在手上，轻轻抖动使蛋与蛋相互碰击，细听其声，或是手握蛋摇动，听其声音。

良质鲜蛋——蛋与蛋相互碰击声音清脆，手握蛋摇动无声。

次质鲜蛋——蛋与蛋碰击发出哑声（裂纹蛋），手摇动时内容物有流动感。

劣质鲜蛋——蛋与蛋相互碰击发出嘎嘎声（孵化蛋）、空空声（水花蛋）。手握蛋摇动时内容物有晃动声。

4）鼻嗅　用嘴向蛋壳上轻轻哈一口热气，然后用鼻子嗅其气味。

良质鲜蛋——有轻微的生石灰味。

次质鲜蛋——有轻微的生石灰味或轻度霉味。

劣质鲜蛋——有霉味、酸味、臭味等不良气体。

（2）鲜蛋的灯光透视评定　灯光透视是指在暗室中用手握住蛋体紧贴在照蛋器的光线洞口上，前后上下左右来回轻轻转动，靠光线的帮助看蛋壳有无裂纹、气室大小、蛋黄移动的影子、内容物的澄明度、蛋内异物,以及蛋壳内表面的霉斑,胚的发育等情况。在市场上无暗室和照蛋设备时,可用手电筒围上暗色纸筒(照蛋端直径稍小于蛋)进行评定。如有阳光也可以用纸筒对着阳光直接观察。

良质鲜蛋——气室直径小于 11 mm,整个蛋呈微红色,蛋黄略见阴影或无阴影,且位于中央,不移动,蛋壳无裂纹。

次质鲜蛋——一类次质鲜蛋:蛋壳有裂纹,蛋黄部呈现鲜红色小血圈。二类次质鲜蛋:透视时可见蛋黄上呈现血环,环中及边缘呈现少许血丝,蛋黄透光度增强而蛋黄周围有阴影,气室大于 11 mm,蛋壳某一部位呈绿色或黑色,蛋黄部完整,散如云状,蛋壳膜内壁有霉点,蛋内有活动的阴影。

劣质鲜蛋——透视时黄、白混杂不清,呈均匀灰黄色,蛋全部或大部不透光,呈灰黑色,蛋壳及内部均有黑色或粉红色斑点,蛋壳某一部分呈黑色且占蛋黄面积的二分之一以上,有圆形黑影(胚胎)。

(3)鲜蛋打开评定　将鲜蛋打开,将其内容物置于玻璃平皿或瓷碟上,观察蛋黄与蛋清的颜色、稠度、性状,有无血液,胚胎是否发育,有无异味等。

1)颜色评定

良质鲜蛋——蛋黄、蛋清色泽分明,无异常颜色。

次质鲜蛋——一类次质鲜蛋:颜色正常,蛋黄有圆形或网状血红色,蛋清颜色发绿,其他部分正常。二类次质鲜蛋:蛋黄颜色变浅,色泽分布不均匀,有较大的环状或网状血红色,蛋壳内壁有黄中带黑的黏痕或霉点,蛋清与蛋黄混杂。

劣质鲜蛋——蛋内液态流体呈灰黄色、灰绿色或暗黄色,内杂有黑色霉斑。

2)性状评定

良质鲜蛋——蛋黄呈圆形凸起而完整,并带有韧性,蛋清浓厚、稀稠分明,系带粗白而有韧性,并紧贴蛋黄的两端。

次质鲜蛋——一类次质鲜蛋:性状正常或蛋黄呈红色的小血圈或网状直丝。二类次质鲜蛋:蛋黄扩大,扁平,蛋黄膜增厚发白,蛋黄中呈现大血环,环中或周围可见少许血丝,蛋清变得稀薄,蛋壳内壁有蛋黄的粘连痕迹,蛋清与蛋黄相混杂(蛋无异味),蛋内有小的虫体。

劣质鲜蛋——蛋清和蛋黄全部变得稀薄浑浊,蛋膜和蛋液中都有霉斑或蛋清呈胶冻样霉变,胚胎形成长大。

3)气味评定

良质鲜蛋——具有鲜蛋的正常气味,无异味。

次质鲜蛋——具有鲜蛋的正常气味,无异味。

劣质鲜蛋——有臭味、霉变味或其他不良气味。

(4)鲜蛋分级　鲜蛋按照下列规定分为三等三级。等别规定如下:

1)一等蛋　每个蛋重在 60 g 以上。

2)二等蛋　每个蛋重在 50 g 以上。

3)三等蛋　每个蛋重在 38 g 以上。

级别规定如下:

1)一级蛋　蛋壳清洁、坚硬、完整,气室深度 0.5 cm 以上者,不得超过 10%,蛋白清

明,质浓厚,胚胎无发育。

2)二级蛋　蛋壳尚清洁、坚硬、完整,气室深度 0.6 cm 以上者,不得超过 10%,蛋白略显明而质尚浓厚,蛋黄略显清明,但仍固定,胚胎无发育。

3)三级蛋　蛋壳污壳者不得超过 10%,气室深度 0.8 cm 的不得超过 25%,蛋白清明,质稍稀薄,蛋黄显明而移动,胚胎微有发育。

9.4.3　乳和乳制品

9.4.3.1　乳及乳制品的感官评定要点

感官评定乳及乳制品,主要指的是眼观其色泽和组织状态、嗅其气味和尝其滋味,应做到三者并重,缺一不可。

对于乳而言,应注意其色泽是否正常、质地是否均匀细腻、滋味是否纯正以及乳香味如何。同时应留意杂质、沉淀、异味等情况,以便做出综合性的评定。

对于乳制品而言,除注意上述评定内容而外,还要有针对性地观察了解诸如酸乳有无乳清分离、奶粉有无结块,奶酪切面有无水珠和霉斑等情况,对于感官评定也有重要意义。必要时可以将乳制品冲调后进行感官评定。

9.4.3.2　举例:评定鲜乳的质量

(1)色泽评定　进行鲜乳色泽的感官评定时,可取鲜乳样品置于比色管中,在白色背景下借散射光线进行观察。

良质鲜乳——为乳白色或稍带微黄色。

次质鲜乳——色泽较良质鲜乳为差,白色中稍带青色。

劣质鲜乳——呈浅粉色或显著的黄绿色,或是色泽灰暗。

(2)组织状态评定　进行鲜乳组织状态的感官评定时,取事先搅拌均匀的鲜乳样品置于比色管中静待 1~2 h 后观察。

良质鲜乳——呈均匀的流体,无沉淀、凝块和机械杂质,无黏稠和浓厚现象。

次质鲜乳——呈均匀的流体,无凝块,但可见少量微小的颗粒,脂肪聚黏表层呈液化状态。

劣质鲜乳——呈稠而不匀的溶液状,有乳凝结成的致密凝块或絮状物。

(3)气味评定　进行鲜乳气味的感官评定时,可取样品置于细颈容器中直接嗅闻,必要时加热后再嗅其气味。

良质鲜乳——具有乳特有的乳香味,无其他任何异味。

次质鲜乳——乳中固有的香味消失或有异味。

劣质鲜乳——有明显的异味,如酸臭味、牛粪味、金属味、鱼腥味、汽油味等。

(4)滋味评定　进行鲜乳滋味的感官评定时,可取样品直接品尝。

良质鲜乳——具有鲜乳独具的纯香味,滋味可口而稍甜,无其他任何异常滋味。

次质鲜乳——有微酸味(表明乳已开始酸败),或有其他轻微的异味。

劣质鲜乳——有酸味、咸味、苦味等。

9.4.4　豆制品

9.4.4.1　豆制品的感官评定要点

豆制品的感官评定,主要是依据观察其色泽、组织状态,嗅闻其气味和品尝其滋味来进行的。其中应特别注意其色泽有无改变,手摸有无发黏的感觉以及发黏程度如何,不同品种的豆制品具有本身固有的气味和滋味,气味和滋味对评定豆制品很重要,一旦豆制品变质,即可通过鼻和嘴感觉到,故在评定豆制品时,应有针对性地注意鼻嗅和品尝,不可一概而论。

9.4.4.2　举例:评定豆浆的质量

(1)色泽评定　进行豆浆色泽的感官评定时,可取豆浆样品置于比色管中,在白色背景下借散射光线进行观察。

良质豆浆——呈均匀一致的乳白色或淡黄色,有光泽。

次质豆浆——呈白色,微有光泽。

劣质豆浆——呈灰白色,无光泽。

(2)组织状态评定　进行豆浆组织状态的感官评定时,取事先搅拌均匀的豆浆样品置于比色管中静待 1～2 h 后观察。

良质豆浆——呈均匀一致的混悬液型浆液,浆体质地细腻,无结块,稍有沉淀。

次质豆浆——有多量的沉淀及杂质。

劣质豆浆——浆液出现分层现象,结块,有大量的沉淀。

(3)气味评定　进行豆浆气味的感官评定时,可取样品置于细颈容器中直接嗅闻,必要时加热后再嗅其气味。

良质豆浆——具有豆浆固有的香气,无任何其他异味。

次质豆浆——豆浆固有的香气平淡,稍有焦煳味或豆腥味。

劣质豆浆——有浓重的焦煳味、酸败味、豆腥味或其他不良气味。

(4)滋味评定　进行豆浆滋味的感官评定时,可取样品直接品尝。

良质豆浆——具有豆浆固有的滋味,味佳而纯正,无不良滋味,口感滑爽。

次质豆浆——豆浆固有的滋味平淡,微有异味。

劣质豆浆——有酸味(酸泔水味),苦涩味及其他不良滋味,因颗粒粗糙而在饮用时带有刺喉感。

9.4.5　水产品及水产制品

9.4.5.1　水产品及水产制品的感官评定要点

感官评定水产品及其制品的质量优劣时,主要是通过体表形态、鲜活程度、色泽、气味、肉质的弹性和洁净程度等感官指标来进行综合评定的。对于水产品来讲,首先是观察其鲜活程度如何,是否具备一定的生命活力;其次是看外观形体的完整性,注意有无伤痕、鳞爪脱落,骨肉分离等现象;再次是观察其体表卫生洁净程度,即有无污秽物和杂质等。然后才是看其色泽,嗅其气味,有必要的话还要品尝其滋味。综上所述再进行感官评定。对于水产制品而言,感官评定也主要是外观、色泽、气味和滋味几项内容。其中是

否具有该类制品的特有的正常气味与风味,对于做出正确判断有着重要意义。

9.4.5.2 举例:评定鲜鱼的质量

在进行鱼的感官评定时,先观察其眼睛和鳃,然后检查其全身和鳞片,并同时用一块洁净的吸水纸漫吸鳞片上的黏液来观察和嗅闻,评定黏液的质量。必要时用竹签刺入鱼肉中,拔出后立即嗅其气味,或者切割小块鱼肉,煮沸后测定鱼汤的气味与滋味。

(1)眼球评定

新鲜鱼——眼球饱满突出,角膜透明清亮,有弹性。

次鲜鱼——眼球不突出,眼角膜起皱,稍变混浊,有时限内溢血发红。

腐败鱼——眼球塌陷或干瘪,角膜皱缩或有破裂。

(2)鱼鳃评定

新鲜鱼——鳃丝清晰呈鲜红色,黏液透明,具有海水鱼的咸腥味或淡水鱼的土腥味,无异臭味。

次鲜鱼——鳃色变暗呈灰红或灰紫色,黏液轻度腥臭,气味不佳。

腐败鱼——鳃呈褐色或灰白色,有污秽的黏液,带有不愉快的腐臭气味。

(3)体表评定

新鲜鱼——有透明的黏液,鳞片有光泽且与鱼体贴附紧密,不易脱落(鲳、大黄鱼、小黄鱼除外)。

次鲜鱼——黏液多不透明,鳞片光泽度差且较易脱落,黏液腻而混浊。

腐败鱼——体表暗淡无光,表面附有污秽黏液,鳞片与鱼皮脱离殆尽,具有腐臭味。

(4)肌肉评定

新鲜鱼——肌肉坚实有弹性,指压后凹陷立即消失,无异味,肌肉切面有光泽。

次鲜鱼——肌肉稍呈松散,指压后凹陷消失得较慢,稍有腥臭味,肌肉切面有光泽。

腐败鱼——肌肉松散,易与鱼骨分离,指压时形成的凹陷不能恢复或手指可将鱼肉刺穿。

(5)腹部外观评定

新鲜鱼——腹部正常、不膨胀,肛孔白色,凹陷。

次鲜鱼——腹部膨胀不明显,肛门稍突出。

腐败鱼——腹部膨胀、变软或破裂,表面发暗灰色或有淡绿色斑点,肛门突出或破裂。

9.4.6 食用植物油

9.4.6.1 植物油料与油脂的感官评定要点

植物油料的感官评定主要是依据色泽,组织状态、水分、气味和滋味几项指标进行。这里包括了眼观其籽粒饱满程度、颜色、光泽、杂质、霉变、虫蛀、成熟度等情况,借助于牙齿咬合,手指按捏等办法,根据声响和感觉来判断其水分大小,此外就是鼻嗅其气味,口尝其滋味,以感知是否有异臭异味。其中尤以外观、色泽、气味三项为感官评定的重要依据。

植物油脂的质量优劣,在感官评定上也可大致归纳为色泽、气味、滋味等几项,再结合透明度、水含量、杂质沉淀物等情况进行综合判断。其中眼观油脂色泽是否正常,有无杂质或沉淀物,鼻嗅是否有霉、焦、哈喇味,口尝是否有苦、辣、酸及其他异味,是评定植物油脂好坏的主要指标。植物油脂还可以进行加热实验,当有油脂酸败时油烟浓重而呛人。

9.4.6.2 评定食用植物油的质量

(1)气味 每种食油均有其特有的气味,这是油料作物所固有的,如豆油有豆味,菜油有菜籽味等。油的气味正常与否,可以说明油料的质量、油的加工技术及保管条件等的好坏。国家油品质量标准要求食用油不应有焦臭、酸败或其他异味。检验方法是将食油加热至 50 ℃,用鼻子闻其挥发出来的气味,决定食油的质量。

(2)滋味 是指通过嘴尝得到的味感。除小磨麻油带有特有的芝麻香味外,一般食用油多无任何滋味。油脂滋味有异感,说明油料质量,加工方法,包装和保管条件等不良。新鲜度较差的食用油,可能带有不同程度的酸败味。

(3)色泽 各种食用油由于加工方法、消费习惯和标准要求的不同,其色泽有深有浅。如油料加工中,色素溶入油脂中,则油的色泽加深,如油料经蒸炒或热压生产出的油,常比冷压生产出的油色泽深。检验方法是,取少量油放在 50 mL 比色管中,在白色幕前借反射光观察试样的颜色。

(4)透明度 质量好的液体状态油脂,温度在 20 ℃静置 24 h 后,应呈透明状。如果油质混浊,透明度低,说明油中水分多、黏蛋白和磷脂多,加工精炼程度差,有时油脂变质后,形成的高熔点物质,也能引起油脂的浑浊,透明度低,掺了假的油脂,也有混浊和透明度差的现象。

(5)沉淀物 食用植物油在20 ℃以下,静置20 h 以后所能下沉的物质,称为沉淀物。油脂的质量越高,沉淀物越少。沉淀物少,说明油脂加工精炼程度高,包装质量好。

9.4.6.3 举例:评定花生油的质量

(1)色泽评定 进行花生油色泽的感官评定时,可按照大豆油色泽的感官评定方法进行检查和评定。

良质花生油——一般呈淡黄至棕黄色。

次质花生油——呈棕黄色至棕色。

劣质花生油——呈棕红色至棕褐色,并且油色暗淡,在日光照射下有蓝色荧光。

(2)透明度评定 进行花生油透明度的感官评定时,可按大豆油透明度的感官评定方法进行。

良质花生油——清晰透明。

次质花生油——微混浊,有少量悬浮物。

劣质花生油——油液混浊。

(3)水分含量评定 进行花生油水分含量的感官评定时,可按大豆油水分含量的感官评定方法进行。

良质花生油——水分含量在0.2%以下。

次质花生油——水分含量在0.2%以上。

(4)杂质和沉淀物评定 进行花生油杂质和沉淀物的感官评定时,可按大豆油杂质

和沉淀物的感官评定方法进行。

良质花生油——有微量沉淀物,杂质含量不超过 0.2%,加热至 280 ℃时,油色不变深,有沉淀析出。

劣质花生油——有大量悬浮物及沉淀物,加热至 280 ℃时,油色变黑,并有大量沉淀析出。

(5)气味评定　进行花生油气味的感官评定时,可按照大豆油气味的感官评定方法进行。

良质花生油——具有花生油固有的香味(未经蒸炒直接榨取的油香味较淡),无任何异味。

次质花生油——花生油固有的香气平淡,微有异味,如青豆味、青草味等。

劣质花生油——有霉味、焦味、哈喇味等不良气味。

(6)滋味评定　进行花生油滋味的感官评定时,可按大豆油滋味的感官评定方法进行。

良质花生油——具有花生油固有的滋味,无任何异味。

次质花生油——花生油固有的滋味平淡,微有异味。

劣质花生油——具有苦味、酸味、辛辣味以及其他刺激性或不良滋味。

9.4.7　果品

9.4.7.1　果品的感官评定要点

鲜果品的感官评定方法主要是目测、鼻嗅和口尝。其中目测包括三方面的内容:一是看果品的成熟度和是否具有该品种应有的色泽及形态特征;二是看果型是否端正,个头大小是否基本一致;三是看果品表面是否清洁新鲜,有无病虫害和机械损伤等。鼻嗅则是辨别果品是否带有本品种所特有的芳香味,有时候果品的变质可以通过其气味的不良改变直接评定出来,像坚果的哈喇味和西瓜的馊味等,都是很好的例证。口尝不但能感知果品的滋味是否正常,还能感觉到果肉的质地是否良好,它也是很重要的一个感官指标。

干果品虽然较鲜果的含水量低或是经过了干制,但其感官评定的原则与指标都基本上和前述三项大同小异。

9.4.7.2　举例:评定苹果的质量

有些人在选购苹果时喜欢挑又红又大的,其实这样的苹果不一定是上品,也不一定能合乎自己的口味。现仅将几类苹果所具有的感官特点介绍如下,供广大消费者选购时做参考。

(1)一类苹果　主要有红香蕉(又叫红元帅)、红金星、红冠、红星等。

表面色泽——色泽均匀而鲜艳,表面洁净光亮,红者艳如珊瑚、玛瑙,青者黄里透出微红。

气味与滋味——具有各自品种固有的清香味,肉质香甜鲜脆,味美可口。

外观形态——个头以中上等大、均匀一致为佳,无病虫害,无外伤。

(2)二类苹果　主要有青香蕉、黄元帅(又叫金帅)等。

表面色泽——青香蕉的色泽是青色透出微黄,黄元帅色泽为金黄色。

气味与滋味——青香蕉表现为清香鲜甜,滋味以清心解渴的舒适感为主。黄元帅气味醇香扑鼻,滋味酸甜适度,果肉细腻而多汁,香润可口,给人以新鲜开胃的感觉。

外观形态——个头以中等大、均匀一致为佳,无虫害,无外伤,无锈斑。

(3)三类苹果　主要有国光、红玉、翠玉、鸡冠、可口香、绿青大等。

表面色泽——这类苹果色泽不一,但具有光泽,洁净。

气味与滋味——具有本品种的香气,国光滋味酸甜稍淡,吃起来清脆,而红玉及鸡冠,颜色相似,苹果酸度较大。

外观形态——个头以中上等大、均匀一致为佳,无虫害,无锈斑,无外伤。

(4)四类苹果　主要有倭锦、新英、秋花皮、秋金香等。

表面色泽——这类苹果色泽鲜红,有光泽,洁净。

气味与滋味——具有本品种的香气,但这类苹果纤维量高,质量较粗糙,甜度和酸度低,口味差。

外观形态——一般果形较大。

9.4.8　蔬菜

9.4.8.1　蔬菜的感官评定要点

蔬菜有种植和野生两大类,其品种繁多而形态各异,难以确切地感官评定其质量。我国主要蔬菜种类有80多种,按照蔬菜食用部分的器官形态,可以将其分成根菜类、茎菜类、叶菜类、花菜类、果菜类和食用菌类六大类型。现只将几个感官评定的基本方法简述如下。

从蔬菜色泽看,各种蔬菜都应具有本品种固有的颜色,大多数有发亮的光泽,以此显示蔬菜的成熟度及鲜嫩程度。除杂交品种外,别的品种都不能有其他因素造成的异常色泽及色泽改变。从蔬菜气味看,多数蔬菜具有甘辛香、甜酸香等气味,可以凭嗅觉识别不同品种的质量,不允许有腐烂变质的亚硝酸盐味和其他异常气味。从蔬菜滋味看,因品种不同而各异,多数蔬菜滋味甘淡、甜酸、清爽鲜美,少数具有辛酸、苦涩等特殊风味以刺激食欲,如失去本品种原有的滋味即为异常,但改良品种应该除外,例如大蒜的新品种就没有"蒜臭"气味或该气味极淡。就蔬菜的形态而言,本书不是要叙述各品种的植物学形态,而是描述由于客观因素而造成的各种蔬菜的非正常、不新鲜状态,例如蔫萎、枯塌、损伤、病变、虫害侵蚀等引起的形态异常,并以此作为评定蔬菜品质优劣的依据之一。

9.4.8.2　举例:评定根菜类的质量

凡是以肥大的肉质直根为食用部分的蔬菜都属于根菜类。这类蔬菜的特点是耐储耐运,并含有大量的淀粉或糖类,是热能很高的副食品,除做蔬菜外还可以作为食品工业原料来进一步加工。根菜类主要品种包括萝卜、胡萝卜、根用芥菜、芜菁、甘蓝、马铃薯、甘薯等。这里以萝卜为例。

(1)春小萝卜　为长圆柱形的小型萝卜,多于早春风障阳畦或春露地中栽培,春末夏初上市。小萝卜的肉为白色,质细、脆嫩,水分多,皮色分红白两种。上市时多带缨出售。

良质萝卜——色泽鲜嫩,大小均匀,捆扎成把,不带须根,肉质松脆,不抽薹,不糠心,

不带黄叶、枯叶和烂叶。

次质萝卜——色泽鲜嫩,肉质松脆,不抽薹,不糠心,大小不均匀,混扎成捆,有黄叶、枯叶。

劣质萝卜——大小不均匀,抽薹或糠心,有黄叶、烂叶,弹击时有弹性和空洞感。

(2)秋大萝卜 多为大型或中型种,这类萝卜品质好,耐储藏,用途多,为萝卜生产最重要的一类。

良质萝卜——色泽鲜嫩,肉质松脆多汁,肉质根粗壮,大小均匀,饱满而无损伤,表皮光滑而不开裂,不糠心、不空心、不黑心、无泥沙,无病虫害,弹击时有实心感觉。

次质萝卜——肉质松脆多汁,不糠心、不空心、不黑心,无外伤和病虫害,大小不均匀,形状不匀称,表皮粗糙但不开裂。

劣质萝卜——大小不均,有损伤,表皮粗糙,有开裂,肉质绵软,可见糠心,弹击时有空心感或弹性。

9.4.9 罐头

9.4.9.1 罐头的感官评定要点

根据罐头的包装材质不同,可将市售罐头粗略分为马口铁听装和玻璃瓶装两种(软包装罐头不太常见,本文不述及)。所有罐头的感官评定都可以分为开罐前与开罐后两个阶段。

开罐前的评定主要依据眼看容器外观、手捏(按)罐盖、敲打听音和漏气检查 4 个方面进行,具体如下。

第一,眼看评定法。主要检查罐头封口是否严密,外表是否清洁,有无磨损及锈蚀情况,如外表污秽、变暗、起斑、边缘生锈等。如是玻璃瓶罐头,可以放置明亮处直接观察其内部质量情况,轻轻摇动后看内容物是否块形整齐,汤汁是否混浊,有无杂质异物等。

第二,手捏评定法。主要检查罐头有无胖听现象。可用手指按压马口铁罐头的底和盖,玻璃瓶罐头按压瓶盖即可,仔细观察有无胀罐现象。

第三,敲听评定法。主要用以检查罐头内容物质量情况,可用小木棍或手指敲击罐头的底盖中心,听其声响评定罐头的质量。良质罐头的声音清脆,发实音;次质和劣质罐头(包括内容物不足,空隙大的)声音浊、发空音,即"破破"的沙哑声。

第四,漏气评定法。罐头是否漏气,对于罐头的保存非常重要。进行漏气检查时,一般是将罐头沉入水中用手挤压其底部,如有漏气的地方就会发现小气泡。但检查时罐头淹没在水中不要移动,以免小气泡看不清楚。

开罐后的感官评定指标主要是色泽、气味、滋味和汤汁。首先,应在开罐后目测罐头内容物的色泽是否正常,这里既包括了内容物又包括了汤汁,对于后者还应注意澄清程度、杂质情况等。其次,是嗅其气味,看是否为该品种罐头所特有,然后品尝滋味,由于各类罐头的正常滋味人们都很熟悉和习惯,而且这项指标不受环境条件和工艺过程的过多影响,因此品尝一种罐头是否具有本固有的滋味,在感官评定时具有特别重要的意义。

9.4.9.2 举例:评定肉类罐头的质量

肉类罐头主要是指采用猪、牛、羊、兔、鸡等畜禽肉为原料,经过加工制成的罐头。其种类很多,根据加工和调味方法的不同可分为原汁清蒸类、腌制类、烟熏类、调味类等。

(1)容器外观评定

良质罐头——整洁、无损。

次质罐头——罐身出现假胖听、突角、凹瘪或锈蚀等缺陷之一,或是氧化油标、封口处理不良(俗称有牙齿即单张铁皮咬合的情况)以及没留下罐头顶隙等。

劣质罐头——出现真胖听、焊节、沙眼、缺口或较大牙齿等。

(2)色泽评定

良质罐头——具有该品种的正常色泽,并应具备原料肉类应有的光泽与颜色。

次质罐头——较该品种正常色泽稍微变浅或加深,肉色光泽度差。

劣质罐头——肉色不正常,尤其是肉表面变色严重,切面色泽呈淡灰白色或已褐。

(3)气味和滋味评定

良质罐头——具有与该品种一致的特有风味,鲜美适口,肉块组织细嫩,香气浓郁。

次质罐头——尚能具有该品种所特有的风味,但气味和滋味差,或含有杂质。

劣质罐头——有明显的异味或酸臭味。

(4)汤汁评定

良质罐头——汤汁基本澄清,汤中肉的碎屑较少,有光泽,无杂质。

次质罐头——汤汁中肉的碎屑较多,色泽发暗或稍显混浊,有少许杂质。

劣质罐头——汤汁严重变色、严重混浊或含有恶性杂质。

(5)打检评定

良质罐头——敲击所听到的声音清脆。

次质罐头——敲击时发出空、闷声响。

劣质罐头——敲击时发出破锣声。

9.4.10 酒水

9.4.10.1 酒类的感官评定要点

在感官评定酒类的真伪与优劣时,应主要着重于酒的色泽、气味与滋味的测定与评定。对瓶装酒还应注意评定其外包装和注册商标。在目测酒类色泽时,应先对光观察其透明度,并将酒瓶颠倒,检查酒液中有无杂质下沉,有无悬浮物等,然后再倒入烧杯内在白色背景下观察其颜色。对啤酒进行感官检查时,应首先注意到啤酒的色泽有无改变,失光的啤酒往往意味着质量的不良改变,必要时应该用标准碘溶液进行对比,以观察其颜色深浅,开瓶注入杯中时,要注意其泡沫的密聚程度与挂杯时间。酒的气味与滋味是评定酒质优劣的关键性指标,这种检查和品评应在常温下进行,并应在开瓶注入杯中后立即进行。

9.4.10.2 感官评定白酒的基本方法

白酒又称蒸馏酒,它是以富含淀粉或糖类成分的物质为原料、加入酒曲酵母和其他辅料经过糖化发酵蒸馏而制成的一种无色透明、酒度较高的饮料。人们在饮酒时很重视白酒的香气和滋味,目前对白酒质量的品评是以感官指标为主的,即是从色、香、味 3 个方面来进行评定的。

（1）色泽透明度评定　白酒的正常色泽应是无色透明，无悬浮物和沉淀物的液体。将白酒注入杯中，杯壁上不得出现环状不溶物。将酒瓶倒置，在光线中观察酒体，不得有悬浮物、浑浊和沉淀。冬季如白酒中有沉淀可用水浴加热到 30~40 ℃，如沉淀消失为正常。

（2）香气评定　在对白酒的香气进行感官评定时，最好使用大肚小口的玻璃杯，将白酒注入杯中稍加摇晃，即刻用鼻子在杯口附近仔细嗅闻其香气。或倒几滴酒在手掌上，稍搓几下，再嗅手掌，即可评定香气的浓淡程度与香型是否正常。白酒的香气可分为：

溢香——酒的芳香或芳香成分溢散在杯口附近的空气中，用嗅觉即可直接辨别香气的浓度及特点。

喷香——酒液饮入口中，香气充满口腔。

留香——酒已咽下，而口中仍持续留有酒香气。

一般的白酒都应具有一定的溢香，而很少有喷香或留香。名酒中的五粮液，就是以喷香著称的；而茅台酒则是以留香而闻名的。白酒不应该有异味，诸如焦煳味、腐臭味、泥土味、糖味、酒糟味等不良气味均不应存在。

（3）滋味评定　白酒的滋味应有浓厚、淡薄、绵软、辛辣、纯净和邪味之别，酒咽下后，又有回甜、苦辣之分。白酒的滋味评定以醇厚无异味，无强烈刺激性为上品。感官评定白酒的滋味时，饮入口中的白酒，应于舌头及喉部细细品尝，以识别酒味的醇厚程度和滋味的优劣。

（4）酒度评定　白酒的酒度是以酒精含量的百分比来计算的。各种白酒在出厂的商标签上都标有酒度数，如 60 度，即是表明该种酒中含酒精 60%。白酒总的特点是酒液清澈透明，质地纯净，芳香浓郁，回味悠长，余香不尽。

影响白酒品质的因素如下。

（1）白酒的变色　用未经涂蜡的铁桶盛放呈酸性的白酒，铁质桶壁容易被氧化、还原为高铁离子或低铁离子的化合物，从而使酒变成黄褐色。使用含锌的铝桶，也会使之与酒类中的酸类发生氧化作用而生成氧化锌，使酒变为乳白色。

（2）白酒的变味　用铸铁（生铁）容器盛酒会使白酒产生硫的香味。用腐烂血料涂刷后的酒篓盛放酒，会产生血腥臭味。有的在流动转运过程中用新制的酒箱装酒，也会发生气味污染而使酒液带有木材的苦涩味。不论是变色还是变味的白酒，都应查明原因，经过特殊处理后恢复原有品质的酒可继续饮用，否则不适于饮用或只能改作他用。

⇨ **思考与练习**

1. 在新食品开发中应用感官评定应哪些注意事项？

2. 按所学内容，请在市场对果蔬类进行感官评定，打分并给出理由。

第10章 感官评定实验

食品感官评定是一门应用性、实践性较强的学科。只有通过不断训练与实践，才能加强学生对食品感官评定的基本原理、基本方法的理解与应用，培养学生掌握基本的食品感官评定技术技能，提高学生的动手能力、分析问题与解决问题的能力。尤其是为学生将来从事相关的感官评定工作奠定坚实的基础。

10.1 味觉敏感度测定

10.1.1 实验目的

(1)掌握甜、酸、苦、咸4种基本味觉的识别方法，判断感官评定员的味觉灵敏度以及是否有感官缺陷。

(2)检测评定员对4种基本味的识别能力及其察觉阈、识别阈值。

10.1.2 实验原理

味觉是人的基本感觉之一，是人类对食物进行辨别、挑选和决定是否予以接受的重要因素。可溶性呈味物质进入口腔后，在肌肉运动作用下将呈味物质与味蕾相接触，刺激味蕾中的味细胞，这种刺激再以脉冲的形式通过神经系统传导到大脑，经大脑的综合神经中枢系统的分析处理，使人产生味觉。

不同的人味觉敏感度的差异很大，通常用阈值表示。所谓察觉阈是指刚刚能引起某种感觉的最小刺激量。识别阈值是指能使人确认出这种具体感觉的最小刺激量。差别阈是指感官所能感受到的刺激的最小变化量。

感官评定员应有正常的味觉识别能力与适当的味觉敏感度。酸、甜、苦、咸是人类的4种基本味觉，取4种标准味感物质按两种系列(算术系列)稀释，以浓度递增的顺序向评定员提供样品，品尝后记录味感。本法可用作选择及培训评定员的初始实验，适用于检测评定员的味觉敏感度及其对4种基本味道的评定能力。

10.1.3 实验材料

(1)材料 蔗糖、酒石酸、柠檬酸、咖啡因、无水氯化钠、盐酸奎宁、蒸馏水。

(2)样品制备 配制标准储备液见表10.1。

(3)样品储存 样品的温度应保持一致。

(4)品评杯 按实验人数、次数准备杯子若干，每位品评员每杯的样品量为15 mL。另外准备一个盛水杯和一个吐液杯。

表 10.1　4 种味感物质储备液

基本味道	参比物质	质量浓度/(g/L)
甜	蔗糖($M=342.3$)	34
酸	DL-酒石酸($M=150.1$)	2
	柠檬酸($M=210.1$)	1
苦	盐酸奎宁($M=196.9$)	0.020
	咖啡因($M=212.12$)	0.20
咸	无水氯化钠($M=58.46$)	6

（5）4 种味感物质的稀释溶液　用上述储备液按算术系列制备稀释溶液,见表 10.2。

表 10.2　以算术系列稀释的实验溶液

稀释度	成分		实验液质量浓度/(g/L)					
	储备液/mL	水/mL	酸		苦		咸	甜
			酒石酸	柠檬酸	盐酸奎宁	咖啡因	氯化钠	蔗糖
A9	250		0.50	0.250	0.005 0	0.050	1.50	8.0
A8	225		0.45	0.225	0.004 5	0.045	1.35	7.2
A7	200		0.40	0.200	0.004 0	0.040	1.20	6.4
A6	175		0.35	0.175	0.003 5	0.035	1.05	5.6
A5	150	稀释至 1 000	0.30	0.150	0.003 0	0.030	0.90	4.8
A4	125		0.25	0.125	0.002 5	0.025	0.75	4.0
A3	100		0.20	0.100	0.002 0	0.020	0.60	3.2
A2	75		0.15	0.075	0.001 5	0.015	0.45	2.4
A1	50		0.10	0.050	0.001 0	0.010	0.30	1.6

10.1.4　实验步骤

10.1.4.1　味觉灵敏度测试

（1）把稀释溶液分别放置在已编号的容器内,另有一容器盛水。

（2）4 种溶液依次从低浓度开始,逐渐提交给评定员,每次 5 杯,其中一杯为水。每杯约 15 mL,杯号按随机数编号。

（3）评定员细心品尝每一种溶液,用小勺将溶液含在口中停留一段时间(请勿咽下),活动口腔,使试液充分接触整个舌头,仔细辨别味道,然后吐去试液。每次品尝后,用清水漱口,如果是再品尝另一种味液,需等待 1 min,再品尝。

（4）每个样液重复 2 次。品尝后,将编号及味觉结果记录于表 10.3。每个参试者的正确答案的最低浓度,就是他的相应基本味觉的察觉阈值。

表 10.3　4 种基本味不同阈值的测定记录表(按算术系列稀释)

姓名:_____　　　时间:_____年_____月_____日

	水	甜味	酸味	咸味	苦味	未知
一						
二						
三						
四						
五						
六						
七						
八						
九						

注:○无味;×察觉阈;××识别阈,随识别浓度递增,增加×数

10.1.4.2　基本味觉的识别

制备明显高于阈限水平的 4 种基本味溶液 10 个样品,每个样品编上不同的随机三位数码,提供给评定员从左至右品尝,重复 2 次,将编码与味觉结果记录于表 10.4。正确率不能小于 80%。

表 10.4　4 种基本味识别能力的测定记录表

序号	一	二	三	四	五	六	七	八	九	十
试样编号										
味觉										
记录										

10.1.5　结果与分析

（1）根据评定员的品评结果,统计该评定员的察觉阈和识别阈。

(2)根据评定员对 4 种基本味觉的品评结果,计算各自的辨别正确率。

10.1.6 注意事项

(1)实验期间样品和水温尽量保持在 20 ℃。

(2)实验样品的组合,可以是同一浓度系列的不同味液样品,也可以是不同浓度系列的同一味感样品或 2 ~ 3 种不同味感样品,每批样品数一致(如均为 6 个)。

(3)样品编号以随机数编号,无论以哪种组合,都应使各种浓度的实验溶液都被品评过,浓度顺序应为以低浓度逐步到高浓度。

10.1.7 思考题

(1)味觉是怎样产生的? 影响味觉的因素有哪些?

(2)如何判断感官评定员的味觉灵敏度?

(3)按递增系列向品评员交替呈现刺激系列的原因是什么?

10.2 嗅觉辨别试验

10.2.1 实验目的

(1)学会使用范氏实验和啜食术进行嗅觉的感官评定。

(2)通过采用配对实验对基本气味的辨认,初步判断评定员的嗅觉识别能力与灵敏度。

10.2.2 实验原理

嗅觉是辨别各种气味的感觉,属于化学感觉。嗅觉的感受器位于鼻腔最上端的嗅上皮内,嗅觉的感受物质必须具有挥发性和可溶性的特点。嗅觉的个体差异很大,有嗅觉敏锐者和迟钝者。嗅觉敏锐者也并非对所有气味都敏锐,因不同气味而异,且易受身体状况和生理的影响。

啜食术是一种代替吞咽的感觉动作,使香气和空气一起流过后鼻部被压入嗅味区的技术。用匙把样品送入口内并用劲地吸气,使液体杂乱无章吸向咽壁(就向吞咽一样),气体成分通过鼻后部到达嗅味区。吞咽成为多余,样品被吐出。

范氏实验法:先用手捏住鼻孔通过张口呼吸,再把一个盛有气味物质的小瓶放在张开的口旁(注意:瓶颈靠近口但不能咀嚼),迅速地吸入一口气并立即拿走小瓶,闭口,放开鼻孔使气流通过鼻孔流出(口仍闭),从而在舌上感觉到该物质。

10.2.3 实验材料

(1)标准香精样品,如柠檬、苹果、菠萝、香蕉、草莓、椰子、橘子、甜橙、乙酸乙酯、丙酸异戊酯等。

(2)具塞棕色玻璃小瓶、辨香纸。

(3)白瓷盘,消毒 150 mL 烧杯,不锈钢汤匙若干把,每组 1 套。

(4)溶剂,乙醇、丙二醇等。

10.2.4 实验步骤

10.2.4.1 基础实验

挑选 4~5 个不同香型的香精(如苹果、香蕉、柠檬、草莓),用无色溶剂(如酒精)稀释配制成体积分数 0.5%。以随机三位数编码,让每个评定员得到 4 个样品,其中有两个相同,一个不同,外加一个稀释用的溶剂(对照样品)。评定员应有 100% 的选择正确率。

10.2.4.2 辨香实验

挑选 8~10 个不同香型的香精(其中有 2~3 个比较接近易混淆的香型),适当稀释至相同香气强度,分装入干净棕色玻璃瓶中,贴上标签名称,让评定员充分辨别并熟悉它们的香气特征。

10.2.4.3 等级实验

将上述辨香实验的 10 个香精制成两份样品,一份写明香精名称,一份只写编号,让评定员对 20 瓶样品进行分辨评香。每个样品重复 2 次。结果记录于表 10.5。

表 10.5 嗅觉辨别测定记录表

标明香精名称的样品号码	1	2	3	4	5	6	7	8	9	10
你认为香型相同的样品编号										
香味特征										

10.2.4.4 配对实验

在评定员经过辨香实验熟悉了评定样品后,任取上述 5 个不同香型的香精稀释制备成外观完全一致的 2 份样品,分别进行随机三位数编码。让评定员对 10 个样品进行配对实验,经仔细辨香后,填入上下对应你认为二者相同的香精编号,并简单描述其香气特征。每个样品重复 2 次。结果记录于表 10.6。

表 10.6 嗅觉灵敏度测试的匹配实验记录表

实验名称:辨香配对实验

实验日期:＿＿＿年＿＿＿月＿＿＿日　　　　　　　　　　实验员:

相同的两种香精的编号

它的香气特征

10.2.5 结果与分析

(1)参加基础测试的评定员最好有 100%的选择正确率,如经过几次重复还不能察觉出差别,则不能入选评定员。

(2)等级测试中可用评分法对评定员进行初评,总分为 100 分,答对一个香型得 10 分。30 分以下者为不及格;30~70 分者为一般评香员;70~100 分者为优选评香员。

(3)配对实验可用差别实验中的配偶实验法进行评估。

10.2.6 注意事项

(1)评香实验室应有足够的换气设备,以 1 min 内可换室内容积的 2 倍量空气的换气能力为最好。

(2)嗅觉容易疲劳,且较难得到恢复(有时呼吸新鲜空气也不能恢复),因此应该限制样品实验的次数,使其尽可能减少。

(3)如果样品气味刺激性很强烈,可以用嗅纸片(长约为 100 mm、宽为 5 mm 的滤纸)浸入嗅觉样品中,把沾有样品的纸片靠近鼻子,嗅闻其气味。

10.2.7 思考题

(1)嗅觉是怎样产生的? 影响嗅觉的因素有哪些?

(2)如何判断品评员的嗅觉灵敏度?

(3)如何掌握范氏实验法与啜食术? 它们有何区别?

10.3 三点检验法

10.3.1 实验目的

(1)学会运用三点检验法评定两种食品间的细微差别。

(2)通过三点实验,可以初步测试与训练品评员对啤酒的风味评定能力,便于挑选合格者进行复试与培训。

10.3.2 实验原理

当样品间的差别很微小时,差别检验是最有用的,三点检验法是较常用的差别检验方法之一。在感官评定中,三点检验法是一种专门的方法,可用于两种产品的样品间的差异分析,也可用于挑选评定员和培训品评员。三点检验法是同时提供 3 个编码样品,其中有两个样品是相同的,要求评定员挑选出其中不同于其他两样品的检验方法。具体做法是,首先需要进行 3 次配对比较:A 与 B,B 与 C,A 与 C,然后指出哪两个样品之间是同一种样品。根据品评员对 3 个样品的反应,通过计算正确回答数来进行判断。

本实验中,运用三点检验法可评定出两种啤酒之间存在的细微差别,也可以初选与培训啤酒品评员。

啤酒的感官指标包括 4 个方面:外观、色度、泡沫、香气和口味。

啤酒品评员的挑选与训练通常须经过以下几个阶段。

初次面试→样品初试→风味复试→风味描述训练→风味程度描述分析→品尝和复试。

样品初试阶段是初选啤酒品评员的关键,采用三杯法测试,合格者才能进行风味复试。三杯法试样为两种风味特征相近的已知样品三杯,其中两杯相同,要求应试者找出其中不同的一杯,同种风味成分不重复。每次应试者只进行一次三杯法测试,在一段时间连续进行一系列测试,做好表格记录。一个人应试时间不超过一个月,参加 10 ~ 20 次三杯法测试。正确分辨率大于 75% 者,被录取;如错误分辨率大于 45% 者,则被淘汰。淘汰者需要待一个月之后才能重测。

10.3.3 实验材料

(1)啤酒品评杯 直径 50 mm、杯高 100 mm 的烧杯,或 250 mm 高型烧杯。托盘 6 个,小汤匙 40 把。

(2)啤酒 两种不同品牌但感官品质相近的啤酒。

(3)试剂 蔗糖、α-苦味酸。

10.3.4 实验步骤

10.3.4.1 样品制备

(1)标准样品 12°啤酒(样品 A)。

(2)稀释比较样品 12°啤酒间隔用水做 10% 稀释为系列样品:90 mL 除气啤酒添加 10 mL 纯净水为 B_1,90 mL B_1 加 10 mL 纯净水为 B_2,其余类推。

(3)甜度比较样品 以蔗糖 4 g/L 的量间隔加入啤酒中的系列样品,做法同上。

(4)酸度比较样品 以 α-苦味酸 4 mg/L 量间隔加入啤酒的系列样品,做法同上。

10.3.4.2 样品编号(样品制备员准备)

以随机数对样品编号,见表 10.7。

表 10.7 啤酒三点检验法样品编号

样品	编号		
标准样品(A)	428(A_1)	156(A_2)	269(A_3)
稀释样品(B)	896(B_1)	258(B_2)	347(B_3)
加糖样品(C)	741(C_1)	358(C_2)	746(C_3)
加苦样品(D)	369(D_1)	465(D_2)	621(D_3)

10.3.4.3 供样顺序(样品制备员准备)

每次随机提供三个样品,其中两个是相同的,另一个不同。例如:$A_1A_1B_1$、$A_1A_1C_1$、$A_1D_1D_1$、$B_2B_3B_2$、$A_2C_2C_3$……

10.3.4.4　品评

每个品评员每次得到一组三个样品,依次品评,并填好表 10.8,每人应评 8 ~ 10 次。

表 10.8　三点检验法问答表

样品:啤酒对比实验	实验方法:三点实验法
实验员:＿＿＿＿＿	实验日期:＿＿＿＿＿

请从左至右依次品尝你面前的三个样品,其中有两个是相同的,另一个不同,品尝后,请填好下表。
你可以多次品尝,但不能没有答案。

相同的两个样品编号:＿＿＿＿＿　　　　＿＿＿＿＿

10.3.5　结果与分析

(1)统计每个评定员的实验结果,查三点检验法检验表,判断该评定员的评定水平。

(2)统计本组及全班同学的实验结果,查三点检验法检验表,判断该评定员的评定水平。

10.3.6　注意事项

实验用啤酒应做除气处理,处理方法如下。

(1)过滤法　取约 300 mL 样品,以快速滤纸过滤至具塞瓶中,加塞备用。

(2)摇瓶法　取约 300 mL 样品,置于 500 mL 碘量瓶中,用手堵住瓶口摇动约 30 s,并不时松手排气几次。静置,加塞备用。

(3)超声波法　取约 300 mL 样品,采用超声波除气泡。

上述 3 种方法中,第(1)、(2)种方法操作简便易行,误差较小,特别是第(2)种方法,国内外普遍采用。无论采用哪一种方法,同一次品尝实验中,必须采用同一种处理方法。

控制光线以减少颜色的差别。

10.3.7　思考题

(1)如何利用三点法挑选和培训啤酒品评员?

(2)试设计一个带有特定的感官问题的风味(或异常风味、商标等)的三点检验的实验。

10.4　排序实验

10.4.1　实验目的

(1)学会使用排序法对食品进行感官评定。

(2)运用排序法对芒果汁饮料进行偏爱程度的检验。

10.4.2 实验原理

在对样品做更精细的感官评定之前可采用排序法进行筛选。排序检验是比较数个样品,按指定特性的强度或程序排出一系列样品的方法称为排列(序)检验法。该方法只排出样品的次序,不估计样品间差别的大小。具体来讲,就是以均衡随机的顺序将样品呈送给品评员,要求品评员就指定指标将样品进行排序,计算秩次和,然后利用 Friedman 法或 Page 法对数据进行统计分析。

此方法可用于进行消费者可接受性检查及确定偏爱的顺序,选择产品,确定不同原料、加工、处理、包装盒储藏等环节对产品感官特性的影响。

排序实验形式可以有以下几种:

(1)按某种特性(如甜度、黏度等)强度的递增顺序;

(2)按质量顺序(如竞争食品的比较);

(3)赫道尼克(Hedonic)顺序(如喜欢/不喜欢)。

排序实验的优点在于可以同时比较两个以上的样品。但是对于样品品种较多或样品之间差别较小时,就难以进行。

排序实验中的评判情况取决于鉴定者的感官分辨能力和有关食品方面的性质。

10.4.3 实验材料

(1)预备足够量的碟,样品托盘。

(2)提供 5 种相同类型芒果汁样品,例如不同品牌色泽相近的含30%的芒果汁饮料。

10.4.4 实验步骤

10.4.4.1 实验分组

每 10 人一组,如全班为 30 人,则分 3 个组,每组选出一个小组长,轮流进入实验区。

10.4.4.2 样品编号

把 5 种芒果汁饮料分别倒入 25 mL 的玻璃杯中,备样员给每个样品编号三位数的代码,每个样品给 3 个编码,作为 3 次重复检验之用,随机数码取自随机数表。编码实例及供样顺序方案见表 10.9、表 10.10。

表 10.9　样品编码

样品名称:＿＿＿＿＿＿＿＿＿＿　　日期:＿＿＿＿＿年＿＿＿＿＿月＿＿＿＿＿日

样品	重复检验编码			
	1	2	3	4
A	478	247	763	
B	563	712	532	
C	798	452	652	
D	639	215	130	
E	263	965	325	

表 10.10　供样顺序

检验员	供样顺序	第 1 次检验时号码顺序				
1	EDCAB	263	639	798	478	563
2	CDBAE	798	639	563	478	263
3	CAEDB	798	478	263	639	563
4	ABDEC	478	563	639	263	798
5	DEACB	639	263	478	798	563
6	BAEDC	563	478	263	639	798
7	EBACD	263	563	478	798	639
8	ACBED	478	798	563	263	639
9	DCABE	639	798	478	563	263
10	EABDC	263	478	563	639	798

在做第 2 次重复检验时,供样顺序不变,样品编码改用上表中第 2 次检验用码,其余类推。

检验员每人都有一张单独的登记表(表 10.11)。

表 10.11　排序检验法问答表

实验方法:排序检验法

样品名称:＿＿＿＿＿＿＿＿＿＿　检验日期:＿＿＿＿＿年＿＿＿＿＿月＿＿＿＿＿日

实验员:＿＿＿＿＿　实验日期:＿＿＿＿＿

检验内容:

请仔细品评您前面的 5 个芒果汁饮料样品,根据它们的色泽、组织状态、香气、滋味、口感等综合指标给它们排序,最好的排在左边第 1 位,依次类推,最差的排在右边最后一位,样品编号填入对应方框里。

样品排序:　(最好) 1　2　3　4　5(最差)

样品编号:＿＿＿＿＿＿　＿＿＿＿＿＿

10.4.5　结果与分析

(1)以小组为单位,统计检验结果。

(2)用 Friedman 检验法和 Page 检验法对 5 个样品之间是否有差异做出判定。

(3)如果存在差异,可以用多重比较分组法对样品进行分组。

(4)分析两次重复实验结果是否相同(自己的两次结果)。

10.4.6 注意事项

(1)品评员不应将不同的样品排为同一秩次,应按不同的特性安排不同的顺序。
(2)控制光线以减少颜色的差别。

10.4.7 思考题

(1)简述排序检验法的特点。
(2)影响排序检验法评定食品感官质量准确性的因素有哪些?

10.5 成对比较法

10.5.1 实验目的

(1)学会运用成对比较法测试或培训评定员辨别不同浓度样品的细微差别的能力。
(2)掌握成对比较法的原理、问答表的设计与方法特点。
(3)学会运用成对比较法评定葡萄酒的风味品质。

10.5.2 实验原理

成对比较检验法是指以随机顺序同时出示两个样品给评定员,要求评定员对这两个样品进行比较,判定整个样品或者某些特征强度顺序的一种评定方法,也称为成对比较检验法。有两种形式:一种是差别成对比较(双边检验),另一种是定向成对比较(单边检验)。

葡萄酒的感官指标包括外观、香气、口感和结构、余味、整体印象5个方面。

葡萄酒的品尝过程包括看、摇、闻、吸、尝和吐6个简单的步骤。

品尝葡萄酒的口感,需要正确的品尝方法。先将酒杯举起,杯口放在嘴唇之间,并压住下唇,头部稍往后仰,轻轻地向口中吸气,并控制吸入的酒量,使葡萄酒均匀分布于舌头表面,控制在口腔的前部。每次吸入的酒量应相等,一般在 6 ~ 10 mL(不能过多或过少)。当酒进入口腔后,闭上双唇,头微前倾,利用舌头和面部肌肉运动,搅动葡萄酒;也可将嘴微张,轻轻吸气,可以防止酒流出,并使酒蒸气进入鼻腔后部,然后将酒咽下。再用舌头舔牙齿和口腔内表面,以评定余味。通常酒在口腔内保留时间为 10 ~ 15 s。

本实验主要通过品尝,采用成对比较检验法评定两个葡萄酒产品之间是否有差异,或对同一种类葡萄酒的特性强度的细微差别进行评定,以测试评定员的味觉评定能力与嗜好度。

10.5.3 实验材料

(1)葡萄酒　市售。
(2)葡萄酒标准品评杯　国际采用 NFV09-110。杯口直径(46±2) mm、杯底宽(65±2) mm、杯身高(100±2) mm、杯脚高(55±3) mm、杯脚宽(65±5) mm、杯脚直径(9±1) mm。杯口必须平滑、一致,且为圆边,能耐 0 ~ 100 ℃的变温,容量为 210 ~ 225 mL。托盘6个,小汤匙 40 把。

（3）试剂 蔗糖。

10.5.4 实验步骤

10.5.4.1 样品制备

（1）标准样品 12°葡萄酒,两个样品 A、B。

（2）稀释比较样品 12°葡萄酒 A 间隔用水做 10% 稀释为系列样品:90 mL 葡萄酒添加 10 mL 纯净水为 A_1,90 mL A_1 加 10 mL 纯净水为 A_2。

（3）甜度比较样品 12°葡萄酒 B 以蔗糖 4 g/L 的量间隔加入葡萄酒中的系列样品,90 mL 葡萄酒添加 10 mL 的蔗糖 4 g/L 为 B_1,方法同上制成 B_2。

10.5.4.2 样品编号

以随机数对样品编号(由样品制备员准备),具体见表 10.12。

表 10.12 成对比较法样品编号

样品	编号	
标准样品	534（A）	412（B）
稀释样品	791（A_1）	267（A_2）
加糖样品	348（B_1）	615（B_2）

10.5.4.3 供样顺序

每次随机提供两个样品(由样品制备员准备),可以相同,也可以不同,依目的而定。例如:AB、$A_1 A_2$、$B_2 B_1$……

10.5.4.4 比较两个酒样的感官特性的差异

每个评定员每次将得到两个样品,必须作答,填好表 10.13。

表 10.13 差别成对比较法问答表

样品:葡萄酒(异同实验)	实验方法:二点实验法
实验员:＿＿＿＿＿	实验日期:＿＿＿＿＿

从左至右品尝你面前的两个样品,确定两个样品是否相同,写出相应的编号。在两种样品之间请用清水漱口,并吐出所有的样品和水。然后进行下一组实验,重复品尝程序。

相同的两个样品编号:＿＿＿＿＿ ＿＿＿＿＿

10.5.4.5 确定两个酒样中的哪个更甜

每个评定员每次将得到两个样品,必须作答,填好表 10.14。

表 10.14　定向成对比较法问答表

样品:葡萄酒(定向实验)	实验方法:二点实验法
实验员:_____	实验日期:_____

从左至右依次品尝你面前的两个样品,在你认为较甜的样品编号上画圈。你可以猜测,但必须有选择。在两种样品之间请用清水漱口,并吐出所有的样品和水。然后进行下一组实验,重复品尝程序。

854　　　　　612

10.5.4.6　每个评定员每次将得到两个样品

每个评定员每次将得到两个样品,必须作答,填好表 10.15。

表 10.15　定向成对检验问答表(偏爱)

样品:葡萄酒(定向实验)	实验方法:二点实验法
实验员:_____	实验日期:_____

检验开始前,请用清水漱口。请按给定的顺序从左至右品尝两个样品。你可以尽你喜欢的多喝,在你所偏爱的样品号码上画"○",谢谢你的参与。

473　　　　　825

10.5.5　结果与分析

(1)统计每个评定员的实验结果,查二点检验法检验表,判断该评定员的评定水平。

(2)统计本组同学的实验结果,查二点检验法检验表,判断该评定员的评定水平。

10.5.6　注意事项

(1)二点检验法的品尝顺序一般为:A→B→A。先将 A 与 B 比较,然后将 B 与 A 比较。从而确定 A、B 之间的差异。若仍然无法确定,则待几分钟后,再品尝。

(2)依实验目的来确定评定员人数。若是要确定产品间的差异,可用 20～40 人;若是要确定产品间的相似性,则为 60～80 人。

10.5.7　思考题

(1)为何品尝葡萄酒时,应控制酒量? 过多或过少有何影响?

(2)品尝葡萄酒与平常喝酒是否相同? 有何区别?

(3)如何确定差别成对比较检验还是定向成对比较检验?

10.6　阈值实验

10.6.1　实验目的

(1)了解学生个体的差别阈值及群体差别阈值的分布情况。

(2)学习与掌握恒定刺激法测定味觉差别阈值的原理与方法。

(3)学会采用直线内插法计算差别阈值。

10.6.2　实验原理

10.6.2.1　差别阈值的测定

阈值分为两种,即绝对阈值和差别阈值。感觉阈值的基本测定方法:极限法、平均差误法、恒定刺激法。在测定阈值的实验时,若被测对象对刺激所做的反应较复杂,则将会影响测定阈值的准确性。同时,应防止测试次数过多所导致被试者的感觉疲劳现象。

差别阈值是感官所能感受到的刺激的最小变化量,或是最小可察觉差别水平(JND)。差别阈值 ΔI 越小,味觉敏感度越强。差别阈不是一个恒定值,它会随一些因素的变化而变化。根据韦伯定律,差别阈值的计算公式如下:

$$K = \Delta I / I \tag{10.1}$$

ΔI——物理刺激恰好能被感知差别所需的能量;

I——刺激的初始水平;

K——韦伯常数。

根据实验心理学,味觉差别阈值的测定常采用恒定刺激法。

刺激通常由 5~7 个组成,在实验过程中维持不变,这种方法称为恒定刺激法。刺激的最大强度要大到它被感觉到的概率为 95% 左右,刺激的最小强度要小到它被感觉到的概率只在 5% 左右。各个刺激之间的距离相等,确定几个制定值,与最大间距和最小变化不同,恒定刺激法的刺激是随机呈现的,每个刺激呈现的次数应相等。

10.6.2.2　直线内插法的计算

直线内插法是计算差别阈值的常用方法。直线内插法是将刺激作为横坐标,以正确判断的百分数作为纵坐标,画出曲线。然后再从纵轴的 50% 处画出与横轴平行的直线,与曲线相交于点 a,从点 a 向横轴画垂线,垂线与横轴相交处就是差别阈。

分别求出:DLs = Ls − St,　DLx = St − Lx,　DL = (DLs + DLx)/2,　DL = (DLs + DLx)/2,K = DL/St。其中:

St:标准刺激;　　　　　　Ls:上限;　　　　　Lx:下限;

DLs:上差别阈限;　　　　DLx:下差别阈限;

D:绝对差别阈限;　　　　K:相对差别阈限。

10.6.3　实验材料

10.6.3.1　材料

(1)甜味剂　蔗糖或阿斯巴甜。

(2)品评杯　按实验人数、轮次数准备好杯子若干,每品评员每杯的样品量为 20 mL。另外准备一个盛水杯和一个吐液杯。

10.6.3.2　甜味剂的制备

配置阈值以上的阿斯巴甜溶液:浓度分别为 0.6×10^{-4} mol/L, 1×10^{-4} mol/L, 1.4×10^{-4} mol/L, 1.8×10^{-4} mol/L, 2.2×10^{-4} mol/L。

10.6.4　实验步骤

(1)呈送顺序　将5个比较刺激(包含那个标准刺激)与标准刺激配对,每对2个样品(其中一个中等强度的为标准刺激,一个为比较刺激),配成正反各5对,每5对为1批样品,共4批为20对,共40个样品。每对比较1次,每人共比较20次。为消除顺序误差和空间误差,20次中10次标准刺激在先,10次标准刺激在后。每个比较刺激出现的次数相同。

(2)问答表设计与做法　差别阈值问答表见表10.16。

表10.16　差别阈值问答表

恒定刺激法测定酸味的差别阈值	
品评员:	品评时间:

您将收到一种具有某味特征的样品浓度系列。首先用对照水漱口以熟悉它的味感。请不要将样品咽下。先品尝左边的样品后,接着品尝右边的样品,然后比较右边的样品比左边的刺激是大、小或相等。这样的比较要进行很多次,每次比较后必须做出判断,前后的判断标准要尽量保持一致,可猜测,但不可放弃。请用下面的符号记录。

<小于　　=等于　　>大于

10.6.5　结果与分析

(1)整理记录结果,把比较刺激在先的判断转换成标准刺激在先的判断结果,将结果填入记录表10.17的最后一栏中。

(2)分别统计出比标准刺激浓、淡、相等的频次,并计算出相应的百分数,填入频次表中。

(3)采用直线内插法计算个体差别阈值与群体差别阈值分布图。

表 10.17　差别阈值记录表

品评员：	性别：	时间：	地点：
组	>	=	<
1			
2			
3			
4			
5			
6			
7			
8			
9			
10			
⋮			

10.6.6　注意事项

比较同对样品时,两个刺激的时间间隔不要超过 1 s,即两个刺激之间不漱口,避免被试的第一个刺激的甜度感觉被忘记,目的是减少时间误差;不同对样品时,两次比较之间的时间间隔要在 5 s 以上,即需要漱口,以避免两次感觉之间的相互干扰,目的是减少顺序误差。

10.6.7　思考题

(1)差别阈值的测定在实际产品的研发过程中有何应用?
(2)分析测定结果与文献中的阈值存在差异的原因,讨论如何对实验进行改进?

10.7　风味剖析

10.7.1　实验目的

(1)学习风味剖面检验的流程与风味描述词。
(2)掌握逐步稀释法剖析橙汁风味的过程及风味强度的描述特点。

10.7.2　实验原理

风味是品尝过程中感知到的嗅感、味感和三叉神经感的复合感觉。剖面是用描述词评定样品的感官特性以及每种特性的强度。

产品的风味是由可识别的味觉和嗅觉特性,以及不能单独识别特性的复合体两部分组成。许多食品都具有风味和谐性的风格,它们的总体风味是调和的,而不是某种特殊成分占主导地位,所以,检验风味和谐产品中的特有成分是相当困难的。通过稀释或制备水溶液萃取物等方法,可以破坏产品的风味平衡,稀释后各种单一的风味成分常常可以更好地识别出来,这时特殊风味成分的分析就比较容易了。剖析法中有独立法和一致法。

有经验的品评员可以通过品尝对样品进行识别,并对产品的特有成分依据感觉评定顺序进行定性判定。产品的特有成分的强度在该食品的质量分级中起着重要作用。产品质量的下降,相当大的因素是特殊成分的强度降低或异常特征的强度增加引起的。

在逐步稀释法剖析果汁的风味过程中,被感觉出的第一种成分应该是水果香的感觉,然后是果汁的甜味,最后是酸味且是弱的无拖延的。本方法用可再现的方式描述和评估产品风味。

10.7.3 实验材料

(1)材料 橙汁100%(汇源果汁),蒸馏水。
(2)样品制备 将按算术系列进行稀释,制成待检样品。
(3)样品编码 利用随机数表或计算机品评系统进行编码。
(4)样品储存 样品的温度应保持一致。
(5)品评杯 按实验人数、次数准备好杯子若干,每位品评员每杯的样品量为15 mL。另外准备一个盛水杯和一个吐液杯。

10.7.4 实验步骤

10.7.4.1 评价内容

每个品评人员单独品评样品,一次一个,对样品品尝之后必须完成以下内容。
(1)特性特征的鉴定 用叙词或相关的术语规定感觉到的特性特征。
(2)感觉顺序的确定 记录显现和察觉到各风味的特性所出现的顺序。

10.7.4.2 评定方法

(1)香气 轻轻嗅闻,记下最突出的香气,然后细细感觉其他的气味,并记下其强度,将感受到的气味用合适的词语依感觉次序填入表内。
(2)滋味 呷一小口的样品,使样品与口腔,舌头能够接触但又没有撑满感,同样先记住一入口的第一感觉,最突出的感觉,然后慢慢品味其他更细微的感觉,咽下,感觉是否有余味,是哪种余味;可重复几次感觉每个特性特征的强度并做记录(表10.18)。

10.7.4.3 备选风味描述词

(1)香气 柑橘味,柑橘皮油味,青草味,甜香,果香,过熟,凉香,青香。
(2)滋味 甜味,酸味,鲜味,柠檬酸味,苹果酸味,胡萝卜味,苦味。
(3)强度等级 0:无气味/风味;1:弱;2:中等强度;3:强。
实验前,主持人要通过启发和鼓励,使评员熟悉检验程序和产品特性,并熟悉强度尺度的含义。

表 10.18　橙汁风味剖析问答表

橙汁的风味剖析

品评员：　　　　　　　　　品评时间：

您将收到已编码的不同浓度系列的橙汁样品。请从左到右(按浓度递增顺序)依次对每个样品进行品评,并用恰当的文字将香气、甜味、酸味等风味感受描述出来。样品可以反复品尝。

注意:在更换样品时,请用水漱口。将品评结果记录表中。

你可以参考以下词语：

洗碗水味,青草味,口感清爽平和,果香味浓厚,甜味柔和,酸酸甜甜,收敛感,苦涩味,细腻留口,口感稀薄,浓郁饱满等。

10.7.5　结果与分析

将品评结果记录于表 10.19。根据统计结果,并结合从以下方面进行解释：

(1)产品稀释到什么程度时感觉到它的特征？

(2)稀释过程中的甜味变化特征？ 在稀释过程中是否出现了味之间的混杂？

(3)若为两种或多种,可结合绘制雷达图并解释。

表 10.19　稀释法剖析果汁的风味结果记录表

样品号	香气刺激感描述	强度	甜味描述	强度	酸味描述	强度
1						
2						
3						
4						
5						
6						
7						
8						
9						
10						

10.7.6　注意事项

利用红色光线以减少颜色的影响。

10.7.7　思考题

(1)结合本实验,说明如何对用此法对两种以上的产品进行比较,在实验过程中还要注意哪些问题?

(2)试比较两种或多种同类样品在稀释过程中的某种风味(如甜味)的变化特征。

10.8　评分实验

10.8.1　实验目的

(1)学习运用评分法对样品之间一个或多个指标的强度进行区别。

(2)结合火腿肠的感官质量标准,掌握评分法对火腿肠进行感官质量评定的基本原理、实验方法。

10.8.2　实验原理

评分法是按预先设定的评定基准,对样品的特性和嗜好程度以数字标度进行评定,然后换算成得分的一种方法。首先,确定所使用的标度类型,其次,要使评定员对每个评分点所代表的意义有共同的认识。样品随机排列,评定员以自身尺度为基准,对产品进行评定。

评定结果按选定的标度类型转换成相应的数值,然后通过相应的统计分析方法和检验方法来判断样品间的差异性。当样品只有两个时,可以采用简单的 t 检验;而当样品超过两个时,要进行方差分析并最终根据 F 检验结果来判别样品间的差异性。

评分法中,所有的数字标度为等距或比率标度,所得评分结果属于绝对性判断,增加评定员人数,可以克服评分粗糙的现象。此方法应用广泛,可同时评定一种或多种产品的一个或多个指标的强度及其差别。

10.8.3　实验材料

(1)火腿肠　提供3种同类型不同品牌的火腿肠样品。

(2)盘和叉　40套小刀;20把。

(3)品评杯　每人一个盛水杯和一个吐液杯。

10.8.4　实验步骤

10.8.4.1　主持讲解

实验前由主持者统一火腿肠的感官指标,参照国家标准,并讲解评定要求。

根据产品的感官要求,观察肠体是否完好饱满,是否有内容物渗出等;肉类制品的色泽是否鲜明,有无加入人工合成色素;肉质的坚实程度和弹性如何;有无异臭、异物、霉斑

等;是否具有该类制品所特有的正常气味和滋味。注意观察肉制品的颜色、光泽是否有变化,品尝其滋味是否鲜美,有无异臭异味等。

要求用评分检验法对 3 种不同的火腿肠的外观、色泽、组织状态和滋味按 7 分制标尺进行检验。

10.8.4.2　品评评定

A、B、C 3 种火腿肠按三位随机数字表随机编号呈送给评定员。在自然光线充足的实验室直接观察被测样品的外观;剥落肠衣,将内容物置于洁净的白磁盘内,分别切成 0.5 cm 左右的薄片,根据产品的感官要求,对产品的色泽、组织状态和风味的质量好坏进行评定。评定员独立品评并做好记录表 10.20。实验重复 2 次。

表 10.20　火腿肠评分法检验问答表

组:_____　　评价员:_____　　评价日期:_____年____月____日

评价您面前的样品,对每个样品各个特性进行评价,将样品标号填入各个尺度的相应位置

极端好	非常好	好	一般	不好	非常不好	极端不好
1	2	3	4	5	6	7

外观

色泽

组织状态

风味

10.8.5　结果与分析

10.8.5.1　结果转换

将上述检验结果按 $-3 \sim 3$(7 级)等值尺度转换成相应的数值(表 10.21)。极端好 $=3$;非常好 $=2$;好 $=1$;一般 $=0$;不好 $=-1$;非常不好 $=-2$;极端不好 $=-3$。

表 10.21　火腿肠品评记分表

组:_____　　评定员:_____　　评定日期:_____年____月____日

项目	样品得分		
	×××	×××	×××
外观			
色泽			
组织状态			
风味			

10.8.5.2 方差分析

以小组为单位对结果进行统计,用方差分析法分析样品间的差异和评定员间的差异。

10.8.6 思考题

(1)影响评分检验法评定火腿肠感官质量准确性的因素有哪些?

(2)比较分析排序法和评分法在产品质量评定中的应用。

10.9 加权评分实验

10.9.1 实验目的

(1)学习运用加权评分法对样品的感官品质进行评定。

(2)了解茶叶的感官质量标准,掌握加权评分法对茶叶进行感官品质评定的基本原理、实验方法和结果的统计分析。

10.9.2 实验原理

对同一种产品,各项指标对其质量的影响程度不同,它们之间的关系不完全是平权的,因此需要考虑它的权重,即一个因素在被评定因素中的影响和所处的地位。权重的确定一般邀请业内人士根据被评定因素对总体评定结果的影响程度,采用德尔菲法进行赋权打分,得到各个因素的打分表,然后统计所有人的打分,得到各个因素的得分,再除以所有指标总分之和,便得到各因素的权重因子。

评定员对样品各评定指标的评分结果进行加权处理后,得出整个样品的得分(P):

$$P = \sum_{i=1}^{n} a_i x_i / nf \qquad (10.2)$$

式中 P 为总得分;n 为评定指标数目;a 为各指标的权重;x 为各评定指标的得分;f 为评定指标的满分值,如采用百分制,则 $f=100$;如采用十分制,则 $f=10$。最后根据得分情况判断产品质量的优劣。

加权评分法比评分法更加客观、公正,可对产品的质量做出更加准确的评定。

10.9.3 实验材料

10.9.3.1 绿茶

3 种不同品牌的普通大宗绿茶。

10.9.3.2 茶具

(1)茶壶 陶瓷茶壶 4 套。

(2)评茶杯 40 个,瓷质,纯白瓷烧,厚度,大小和色泽必须一致。高 65 mm,外径 66 mm,内径 62 mm,容量 150 mL,具盖,盖上有一小孔,在杯柄相对的杯口上缘有一呈锯齿形的小缺口。

（3）评茶碗 40 个，瓷质，色泽一致。高 55 mm，上口外径 95 mm，内径 92 mm，容量 150 mL。茶匙：40 把，不锈钢匙。

（4）叶底盘 40 个，黑色方形小木盘，长、宽各 95 mm，高 15 mm。

10.9.3.3 用水

同一批茶叶审评用水水质应一致。

10.9.3.4 电子天平

感量 0.1 g。

10.9.4 实验步骤

10.9.4.1 主持讲解

实验前由主持者按国家标准统一所选绿茶感官品质特征，并讲解评定要求。

要求用加权评分检验法对 3 种不同类型绿茶的外形、汤色、香气、滋味和叶底进行评分，并分别用 GB/T 14487—1993 中规定的评茶术语表达，绿茶各指标的评分系数见表 10.22。

表 10.22 绿茶评分系数 　　　　　　　　　　　　　　　　　　（%）

茶类	外形	汤色	香气	滋味	叶底
名优绿茶	30	10	25	25	10
普通绿茶	20	10	30	30	10

10.9.4.2 外形评审

A、B、C 3 种绿茶按三位随机数字表进行随机编号呈送给评定员，评定员独立审评并做好记录于表 10.23。

表 10.23 绿茶审评记分表

组：_____　　评定员：_____　　评定日期：_____年____月____日

项目	样品得分			
	×××	×××	×××	评语
外形（20%）				
汤色（10%）				
香气（30%）				
滋味（30%）				
叶底（10%）				
总分				

用分样器从待检样品中分取代表性试样 100~150 g，置于评茶盘中，将评茶盘运转

数次,使试样按粗细、大小顺序分层后,评审外形。

10.9.4.3　内质评审

称取评茶盘中混匀的试样 3 g,置于评茶杯中,注 150 ~ 180 mL 沸水,茶水比为 1∶50,加盖冲泡 5 min,按冲茶的顺序审评茶叶的香气、汤色、滋味和叶底,将评分结果填入表10.24。实验重复 2 次。

表 10.24　绿茶审评记分表

组:_____　　　　评定日期:_____年____月____日

评价员	色泽	香气	汤色	滋味	叶底
总分					

(1)香气的审评　是审评茶汤中茶汤和叶底具有的香气。闻香时,只需稍稍掀开杯盖,把它接近鼻子,嗅闻杯中散发出来的香气,每次持续 2 ~ 3 s,闻后仍旧盖好,放在原位。可反复品 2 次。

(2)汤色的审评　把评茶怀中的茶水倒入评茶碗中,审评茶水(汤水)的色泽。注意避免光线的影响。

(3)滋味的审评　品尝茶汤的滋味,用舌头在口腔内打转 2 ~ 3 次后,茶汤吐出或直接咽下。最适宜的茶汤温度为 50 ℃。

(4)叶底的审评　将茶杯中的叶底(即冲泡过的茶叶)倾倒于叶底盘中,审评叶底的嫩度和光泽。

10.9.5　结果与分析

(1)以小组为单位,用加权评分法对所给的 3 种样品进行质量评定,评定 3 种茶叶的级别(一级:90 ~ 100 分;二级:81 ~ 90 分;三级:71 ~ 80 分;四级:61 ~ 70 分;五级:51 ~ 60 分)。

(2)以小组为单位分析评定员之间的差异,分析评定小组之间的差异。

(3)以班为单位分析评定员之间的差异。

10.9.6 思考题

(1)加权评分法与评分法相比有哪些优点?

(2)如何确定加权评分法的权重?

(3)若按加权评分法得到的不同样品总分相同,可采用怎样的方法进行分析和评定?

10.10 描述分析实验

10.10.1 实验目的

(1)学会运用定量描述分析的原理与方法评定食品的感官特性与指标强度。

(2)了解酥性饼干的感官质量标准,掌握定量描述分析法对酥性饼干感官品质特性强度进行评定的主要程序与过程。

10.10.2 实验原理

定量描述分析(QDA)是在风味剖面和质地剖面的基础上引入统计分析对产品感官特性各项指标进行评定的分析方法。

通过 10 ~ 12 名经验型评定员,对产品有大致了解的基础上,对样品(或标准参照物)进行观察,对产品进行描述,尽量使用熟悉的常用的词汇,然后分组讨论,对形成的词汇进行修订,并给出每个词汇的定义,重复 7 ~ 10 次,最后形成一份大家都认可的词语描述表。

实验时,品评人员单独品评,对产品每项性质(每个描述词语)进行打分,使用的标度通常是一条 15 cm 的直线,从左向右强度逐渐增加,品评人员在标尺上做出能代表产品该项性质强度的标记。实验结束后,将标尺上的强度标记转化成数值,最后通过统计分析得出结论,一般附有一个蜘蛛网形的图标。

10.10.3 实验材料

(1)酥性饼干。提供 3 种同类型不同品牌的酥性饼干样品。

(2)足够的碟和样品托盘。

(3)每人一个盛水杯和一个吐液杯。

10.10.4 实验步骤

10.10.4.1 建立描述词汇

(1)向评定员介绍实验样品的特性,包括样品生产的主要原料和生产工艺以及感官质量标准,使大家对酥性饼干有一个大致了解。

(2)选取有代表性的饼干样品,品评人员轮流对其进行品尝,每人轮流给出描述词汇,在老师的引导下,选定 8 ~ 10 个能描述酥性饼干产品感官特性的特征词汇,并确定强度等级范围,重复 7 ~ 10 次,形成一份大家都认可的词汇描述表。实验使用七点标度法进行评定。

10.10.4.2 描述分析检验

把 A、B、C 3 种饼干样品用托盘盛放,并用三位随机数编号,同描述性检验记录表(表10.25)一并呈送给品评人员。各品评员单独品尝,对每种样品各种指标强度打分。实验重复 3 次,重复检验时,样品编排顺序不变。

表 10.25　描述性检验记录表示例

样品名称:酥性饼干　　　样品编号:×××

组:_____　　　评价员:_____　　　评价日期:_____年___月___日

(弱)1　2　3　4　5　6　7(强)

光泽度

酥松

甜脆度

细腻

杂质

⋮

10.10.5　结果与分析

(1)以小组为单位,汇总记录表,解除编码密码,统计出各个样品的评定结果。
(2)以小组为单位,进行误差分析,评定检验员的重复性、样品的差异性。
(3)讨论协调后,得出每个样品的总体评定。
(4)绘制 QDA 图(蜘蛛网形图)。

10.10.6　思考题

(1)谈谈如何才能有效制定某产品感官定量描述分析词汇描述表。
(2)影响定量描述分析法描述食品各种感官特性的因素主要有哪些?

10.11　酸乳风味的嗜好性品评

10.11.1　实验目的

(1)学习运用九点类项标度对食品的感官品质进行评定。
(2)根据酸乳的风味特征,掌握使用九点类项标度对食品风味品质进行嗜好性评定的原理与方法。

10.11.2　实验原理

嗜好性品评属于情感实验,其目的是估计目前和潜在的消费者对某种产品、产品的创意或产品某种性质的喜爱或接受程度。一般做法是,实验人员通过筛选后,每人得到几种不同样品和一份问答表,问题涉及他们对产品的喜爱程度及原因、过去的购买习惯和一些个人情况,结果以消费者对产品的总体和各单项(色泽、口感、气味等)喜好分数进行报告。一项有效的情感实验要求具备 3 个基本条件:实验设计合理、参评人员合格、被测产品具有代表性。

类项标度法是要求品评人员就样品的某项感官性质在给定的数值或等级中为其选定一个合适的位置,以表明它的强度或自己对它的喜好程度。

酸乳是指在一定浓度的牛乳中接种保加利亚乳杆菌和嗜热链球菌,经过乳酸发酵而成的凝乳状产品,成品中必须含有大量相应的活菌。通常根据成品的组织状态、口味、原料中乳脂肪含量、生产工艺和菌种的组成等可以将酸乳分成不同类别。如按成品的组织状态分:凝固型、搅拌型酸乳;按成品的口味与功能分:天然纯酸乳、加糖酸乳、调味酸乳、果料酸乳、复合型或营养健康型酸乳、疗效酸乳等;按发酵的加工工艺分:浓缩型、冷冻型、充气酸乳和酸乳粉等。

不同的原材料、发酵工艺、调配过程中添加剂用量、均质条件、调香状况等,对酸乳风味和稳定性的影响很大,如使用全脂奶粉(相对于脱脂奶粉脂肪含量高)能达到较好的黏稠感,接种量和发酵时间主要对产品的酸味、甜味、奶香味的形成影响较大,均质压力的大小直接影响酸奶的细腻度。近年来还研制出了经植物蛋白提取、合成发酵的植物酸乳,它不含脂肪和胆固醇,并首先被我国应用于军需特种食品。

本实验是采用九点类项标度对原味酸乳及仿制的原味酸乳进行嗜好性品评,并且把品评结果与其对应的工艺过程和调味配方相结合。比较不同调味工艺的酸乳嗜好性品评结果,找出与目标产品的差异,在相关的工艺中进行调整、改进,使其达到与目标产品一样的感官效果。

10.11.3 实验材料

(1)酸乳 原味酸乳两种,仿制的原味酸乳两种。

(2)样品编码 利用随机数表或计算机品评系统进行编码。

(3)样品储存 样品的温度应保持一致。

(4)品评杯 按实验人数、次数准备好杯子若干,另外每人准备一个盛水杯和一个吐液杯。

10.11.4 实验步骤

10.11.4.1 主持讲解

实验前由主持者向评定员介绍检验程序与酸乳的风味特征,以便使评定员熟悉检验程序和产品的感官特征。

根据产品的感官要求,评定员应品评酸乳风味是否酸甜适中,是否偏酸或偏甜;口感是否细腻,黏稠度如何;香气是否浓郁,是否有较好的奶香味等;咽下去后,余味感觉如何;酸乳的总体感觉如何;根据你的喜好如实评定。注意观察酸乳与仿制酸乳的色泽是否有变化,品尝其风味是否酸甜适宜,有无异臭异味等。

要求用九点类项标度对 4 种不同的酸乳与仿制酸乳的组织状态和风味进行嗜好性

评定。

10.11.4.2　品评评定

A、B、C、D 为原味酸乳与仿制的酸乳各两种,按三位随机数字表随机编号分批呈送给评定员。在自然光线充足的实验室内品评样品。根据产品的感官要求,对产品的组织状态和风味的喜好程度进行评定。评定员独立品评并做好记录表 10.26。

10.11.4.3　指导语

您将收到已编码的系列样品。请从左到右依次对每个样品进行评估,然后在对应的品评表上打"√"。检验时每个样品可反复品评。

10.11.5　结果与分析

(1)将品评结果记录于表 10.26。

表 10.26　酸乳嗜好品评结果

编号	极其喜欢 1	很喜欢 2	喜欢 3	有点喜欢 4	无所谓 5	有点不喜欢 6	不喜欢 7	很不喜欢 8	极其不喜欢 9
甜味									
酸味									
奶香味									
细腻感									
黏稠感									
余味									
总体									

(2)每位品评员将品评结果表转换成酸奶的每个指标的数字得分表。

(3)以小组为单位,统计进行方差分析。若某项指标方差分析结果是不显著的,则说明这项指标与标准样品无明显差异。若某项指标的方差分析结果是显著的,结合雷达图的定性分析,可再用其他品评方法测试,以确定差异的程度。

10.11.6　思考题

(1)简述九点类项标度的应用特点? 使用时应注意的事项。

(2)影响嗜好性品评结果的真实性的因素有哪些?

(3)请设计某种饮料的风味嗜好性品评实验。

10.12　市场调查实验

10.12.1　实验目的

(1)要求学生综合运用所学理论知识,掌握感官评定设计的总体原则和基本方法。

(2)学会感官评定方法在产品市场调查中的应用、市场调查问卷的设计。

(3)了解凉茶饮料的市场潜力和动向;培养学生的实验设计能力、独立分析和解决问题的能力以及综合运用知识的能力。

10.12.2　实验内容

学生根据所学食品感官评定的基础理论知识,结合现有的实验条件,通过查阅相关文献资料,全面了解市售的流行凉茶饮料(如王老吉、黄振龙等),设计简易可行的凉茶饮料市场调查实验方案,对凉茶饮料的市场走向和产品形式、产品感官特征、产品市场接受度等进行调查和分析,确定凉茶饮料的市场动向,形成完整的凉茶饮料市场预测报告。

10.12.3　实验步骤和要求

(1)将每班同学分成 2~3 组,每组选出一名组长,拟在不同的场所进行调查。

(2)根据凉茶饮料的性质和实验的目的,每组独立设计市场调查问卷,完成后组与组之间进行讨论,形成一份完整可行的凉茶饮料市场调查问卷,并准备必要的实验样品(如适量的王老吉凉茶、黄振龙凉茶等)和工具。

(3)在学校或其他选定的公共场合组织调查,分发调查问卷,必要时进行产品现场品尝,详细记录相关信息,回收调查问卷(要求每组有效问卷的数量 50 份以上)。

(4)每组统计有效的调查问卷,形成各组的市场调查报告。

(5)每班综合各组的调查结果,拟写一份本地凉茶饮料市场动向的调查报告,最后将各班的调查结果进行比较和汇总。

10.12.4　考核形式

采用实验前集中讲解、分组讨论、独立准备,然后集中讨论提问,调查过程的监测和书面报告检查的方式进行综合考核,主要考核学生对理论知识应用的能力、独立分析解决问题的能力、调查问卷设计的可行性和完整性、调查现场的组织和协调以及调查报告的质量等。

10.12.5　实验报告要求

(1)实验结束后每组提交完整的实验设计方案、市场调查问卷、问卷的回收和统计结果,市场动向调查报告。

(2)要求报告符合规范,图表清晰,对调查结果进行详细的统计和分析。每个班对各组的实验结果进行综合,拟写一份本地凉茶饮料市场动向的调查报告。

10.12.6 思考题

(1)试述产品市场动向调查和产品市场接受度调查实验的区别。

(2)结合凉茶饮料的市场调查,简述市场调查问卷的设计必须注意的问题?

(3)影响产品市场调查的因素主要有哪些?

(4)根据所做的凉茶饮料市场动向调查结果,浅谈凉茶饮料新产品的设计。

10.13 电子鼻(舌)在食品感官评定过程中的应用

10.13.1 实验目的

(1)理解与掌握电子鼻(舌)的工作原理与操作技术。

(2)学习电子鼻(舌)在食品感官评定过程中的应用方法。

10.13.2 实验原理

电子鼻(舌)是20世纪90年代发展起来的一种快速检测食品的新颖仪器。它以特定的传感器和模式识别系统快速提供被测样品的整体信息,指示样品的隐含特征,能够以类似人的感受方式检测出相关物质。这种传感器具有高灵敏度、可靠性、重复性,并可以对样品进行量化,同时可以对一些成分含量进行测量。

电子鼻传感器的主要类型有导电型传感器、压电式传感器、场效应传感器、光纤传感器等,最常用的气敏传感器的材料为金属氧化物、高分子聚合物材料、压电材料等。味觉传感器大致有多通道类脂膜传感器、基于表面等离子体共振、表面光伏电压技术等。在信号处理系统中的模式识别部分主要采用人工神经网络和统计模式识别等方法。

不同香精被多个金属氧化物传感器检测之后,产生不同的电子信号,从而得到不同的气味指纹图,以检测电子鼻的区别能力。根据记录结果进行统计分析判断样品之间的共同性和差异性。

10.13.3 实验材料

(1)电子鼻(舌)。

(2)几种不同的香精样品,同一厂家4个批次的香精样品。

10.13.4 实验步骤

(1)测试准备 按仪器的适用条件将香精样品用溶剂进行稀释后备用。

(2)样品编码 利用随机数表或计算机品评系统对样品进行编码。

(3)实验指导

1)几种不同的香精样品按仪器的适用条件,用溶剂进行稀释,分别进行测试。

2)取四个批次的同一厂家的香精样品,按仪器的适用条件用溶剂进行稀释,分别进行测试。

10.13.5　结果与分析

（1）根据仪器分析情况，记录测试结果。

（2）数据处理与分析

1）若是不同香精被 18 个金属氧化物传感器检测后，产生不同的电子信号，且得到不同的气味指纹图，则说明电子鼻能区别不同的香精。

2）根据 4 个批次的同一厂家的香精样品的记录结果，进行主成分分析，判断样品之间的共同性和差异性，从而建立产品质量监控图。

3）可根据测试结果进行定量分析、稳定性分析。

10.13.6　思考题

（1）简述电子鼻（舌）的工作原理与检测方法。

（2）如何判断电子鼻（舌）的识别能力？应用电子鼻（舌）对食品进行感官评定时应注意哪些问题？

10.14　感官评定与质构仪评定结合实验

10.14.1　实验目的

（1）了解质构仪的基本原理，学习其基本操作步骤及各种探头的作用对象与技术方法。

（2）掌握质构仪的具体测试方法，通过与感官评定结合，得出评定面包感官质量的客观物性参数和最佳参数值。

10.14.2　实验原理

质构仪是一种多功能物性测定仪，在食品、化工、医药、化妆品等相关行业的物性学分析都有很好的应用。在食品分析中，质构仪主要应用于分析食品嫩度、硬度、脆性、黏性、弹性、咀嚼性、拉伸强度、抗压强度、穿透强度等物性参数，并且能够结合感官评定分析，客观的评定食品的各种感官指标，控制产品质量，优化产品生产工艺。

评定员采用评分法对面包的感官属性如咀嚼性、柔韧性、口感等进行品评，将面包感官指标得分与质构仪参数通过相关性数学处理，得出各个指标的相关系数，通过双尾 T-检验，根据显著性差异来决定哪几个客观物性参数代表感官指标。

10.14.3　实验材料

（1）质构仪。

（2）十几种不同质量、不同感官品质而相同类型的面包。

10.14.4 实验步骤

10.14.4.1 测试准备

（1）品评盘　每位品评员一个品评盘，放置贴有编号的不同面包。另外准备一个盛水杯和一个吐液杯。

（2）样品编码　利用随机数表或计算机品评系统对样品进行编码。

10.14.4.2 实验指导

（1）实验前，主持人要通过启发和鼓励，使品评员熟悉品评程序和产品特性，以及产品强度尺度的含义。

（2）实验分成3个阶段：一是通过感官评定给出不同面包的感官指标值；二是通过质构仪得出不同质量面包的各种物性参数；三是通过多元统计分析求出感官指标与物性参数之间的相关系数，从而寻找出评定面包的物性客观指标。

（3）面包感官质量评定标准及面包品评表设计，见表10.27、表10.28。

表10.27　面包评定标准

评定分数	咀嚼性	柔韧性	口感	综合评分
2	绵软	柔软	爽口	好
1	较绵软	较柔软	较爽口	较好
0	一般	一般	一般	一般
-1	较硬	欠柔软	有点黏牙	差
-2	咀嚼困难	有粉状感	较黏牙	较差

表10.28　面包质地品评表

样品：面包　　　实验方法：质地评分

实验员：＿＿＿＿＿　　　实验日期：＿＿＿＿＿

指导语：您将收到已编码的样品。请在规定时间内，对照评定标准，对不同编号的面包的感官属性如咀嚼性、柔韧性、口感及综合品评。每个样品可反复品尝。

需要情况下，在更换样品时，请用水漱口

（4）品评结果记录。将感官评定结果记录于表10.29，质构仪参数记录于表10.30。

表10.29　面包感官评定表

样品编号	咀嚼性	柔韧性	口感	综合评分
259				
641				

表 10.30　面包质构仪测定参数

样品编号	质构仪参数				
	硬度	弹性	黏聚性	胶黏性	咀嚼力
259					
641					

10.14.5　结果与分析

（1）将面包感官评定结果与质构仪测定的物性参数进行汇总。

（2）用 SPSS 或 EXCEL 对汇总表进行相关性分析，然后用双尾 T−检验，根据显著性差异来确定使用哪几个物性参数作为评定指标，同时确定其最优值。

（3）结果报告，根据统计分析结果，撰写实验报告。

10.14.6　思考题

（1）阐述使用质构仪测定面包质地基本步骤与注意事项。

（2）试比较面包的感官评定与质构仪评定的特点。

附录一

附表 1 χ² 分布表

f	0.995	0.99	0.975	0.95	0.90	0.75	0.25	0.10	0.05	0.025	0.01	0.005
1	—	—	0.001	0.004	0.016	0.102	1.323	2.706	3.841	5.024	6.635	7.879
2	0.010	0.020	0.051	0.103	0.211	0.575	2.773	4.605	5.991	7.378	9.210	10.597
3	0.072	0.115	0.216	0.352	0.584	1.213	4.108	6.251	7.815	9.348	11.345	12.838
4	0.207	0.297	0.484	0.711	1.064	1.923	5.385	7.779	9.488	11.143	13.277	14.860
5	0.412	0.554	0.831	1.145	1.610	2.675	6.626	9.236	11.071	12.833	15.086	16.750
6	0.676	0.872	1.237	1.635	2.204	3.455	7.841	10.645	12.592	14.449	16.812	18.548
7	0.989	1.239	1.690	2.167	2.833	4.255	9.037	12.017	14.067	16.013	18.475	20.278
8	1.344	1.646	2.180	2.733	3.490	5.071	10.219	13.362	15.507	17.535	20.090	21.955
9	1.735	2.088	2.700	3.325	4.168	5.899	11.389	14.684	16.919	19.023	21.666	23.589
10	2.156	2.558	3.247	3.940	4.865	6.737	12.549	15.987	18.307	20.483	23.209	25.188
11	2.603	3.053	3.816	4.575	5.578	7.584	13.7014	17.275	19.675	21.920	24.725	26.757
12	3.074	3.571	4.404	5.226	6.304	8.438	14.845	18.549	21.026	23.337	26.217	28.299
13	3.565	4.107	5.009	5.892	7.042	9.233	15.984	19.812	22.362	24.736	27.688	29.819
14	4.075	4.660	5.629	5.571	7.790	10.165	17.117	21.064	23.685	26.119	29.141	31.319
15	4.601	5.229	6.262	7.261	8.547	11.037	18.245	22.307	24.996	27.488	30.578	32.801
16	5.142	5.812	6.908	7.962	9.312	12.212	19.369	23.542	26.296	28.845	32.000	34.267
17	5.697	6.408	7.564	8.672	10.085	12.792	20.489	24.769	27.587	30.191	33.409	35.718
18	6.265	7.015	8.231	9.390	10.085	13.675	21.605	25.989	28.869	31.526	34.805	37.156
19	6.844	7.633	8.907	10.117	11.651	14.562	22.718	27.204	30.144	32.852	36.191	38.582
20	7.434	8.260	9.591	10.851	12.443	15.452	23.828	28.412	31.410	31.170	37.566	39.997

续表

f	α						α						
	0.995	0.99	0.975	0.95	0.90	0.75	0.25	0.10	0.05	0.025	0.01	0.005	
21	8.034	8.897	10.283	11.591	13.240	16.344	24.935	29.615	32.671	35.479	38.932	41.401	
22	8.643	9.542	10.982	12.338	14.042	17.240	26.039	30.813	33.924	36.781	40.289	42.796	
23	9.260	10.193	11.689	13.091	14.848	18.137	27.141	32.007	35.172	38.076	41.638	44.181	
24	9.885	10.593	12.401	13.848	15.659	19.037	28.241	33.196	36.415	39.364	42.980	45.559	
25	10.520	11.524	13.120	14.611	16.473	19.939	29.339	34.382	37.652	40.646	44.314	46.928	
26	11.160	12.198	13.844	15.379	17.292	20.843	30.435	35.563	38.885	41.923	45.645	48.290	
27	11.808	12.879	14.573	16.151	18.114	21.749	31.528	36.741	40.113	43.194	46.963	49.645	
28	12.461	13.555	15.308	16.928	18.939	22.657	32.602	37.916	41.337	44.461	48.278	50.993	
29	13.121	14.257	16.047	17.708	19.768	23.567	33.711	39.081	42.557	45.722	49.588	52.336	
30	13.787	14.954	16.791	18.493	20.599	24.478	34.800	40.256	43.773	46.979	50.892	53.672	
31	14.458	15.655	17.539	19.281	21.434	25.890	35.887	41.422	44.985	48.232	52.191	55.003	
32	15.134	16.362	18.291	20.072	22.271	26.304	36.973	42.585	46.194	49.480	53.486	56.328	
33	15.815	17.047	19.047	20.867	23.110	27.219	38.058	43.745	47.400	50.725	54.776	57.648	
34	16.501	17.789	19.806	21.664	23.952	28.136	39.141	44.903	48.602	51.966	56.061	58.964	
35	17.682	18.509	20.569	22.465	24.797	29.054	40.223	46.059	49.802	53.203	57.342	60.275	
36	17.887	19.233	21.336	23.269	25.643	29.973	41.304	47.212	50.998	54.437	58.619	61.581	
37	18.586	19.950	22.106	21.075	25.492	30.893	42.383	48.363	52.192	55.668	59.892	62.883	
38	19.289	20.691	22.878	24.884	27.343	31.815	43.462	49.513	53.384	56.896	61.162	64.181	
39	19.996	21.426	23.654	25.695	28.196	32.737	44.539	50.660	54.572	58.120	62.428	65.476	
40	20.707	22.164	24.433	26.509	29.051	33.660	45.616	51.805	55.758	59.342	63.691	66.766	

续表

f	α						α					
	0.995	0.99	0.975	0.95	0.90	0.75	0.25	0.10	0.05	0.025	0.01	0.005
41	21.421	22.906	25.215	27.326	29.907	34.585	46.692	52.949	56.942	60.561	94.950	68.053
42	22.138	23.650	25.999	28.144	30.765	35.510	47.766	54.090	58.124	61.777	66.206	69.336
43	22.859	24.398	26.785	28.965	31.625	36.436	48.840	55.230	59.304	62.990	67.459	70.615
44	23.584	25.148	27.575	29.787	32.487	37.363	49.913	56.369	60.481	64.201	68.710	71.893
45	24.311	25.901	28.366	31.612	33.350	38.291	50.985	57.505	61.656	65.410	69.957	73.166
46	25.041	26.557	29.160	31.439	34.215	39.220	52.056	58.641	62.830	6.617	71.201	74.437
47	25.775	27.416	29.956	32.268	35.081	40.149	53.127	59.774	64.001	67.821	72.443	75.704
48	26.511	28.177	30.755	32.268	35.949	41.079	54.196	60.907	65.171	69.023	73.683	76.969
49	27.249	28.941	31.555	33.930	36.818	42.010	55.265	62.038	66.339	70.222	74.919	78.231
50	27.991	29.707	32.357	34.764	37.689	42.942	56.334	63.167	67.505	71.420	76.154	79.490
51	28.735	30.475	33.162	35.600	38.560	43.874	57.401	64.295	68.669	72.616	77.386	80.747
52	29.481	31.246	33.968	36.437	39.433	44.808	58.468	65.422	69.832	73.810	78.616	82.001
53	30.230	32.018	34.776	37.276	40.303	45.741	59.534	66.548	70.993	75.002	79.843	83.253
54	30.981	32.793	35.586	38.116	41.183	46.676	60.600	7.673	72.153	76.192	81.069	84.502
55	31.735	33.570	36.398	38.958	42.060	47.610	61.665	68.796	73.311	77.380	82.292	85.749
56	32.490	34.350	37.212	39.801	42.937	43.546	62.729	69.919	74.468	78.567	83.513	86.994
57	33.248	35.131	38.027	40.646	43.816	59.482	63.793	71.040	75.624	79.752	84.733	88.236
58	34.008	35.913	38.844	41.492	44.696	50.419	64.857	72.160	76.778	80.936	85.950	89.994
59	34.770	36.698	39.662	42.339	45.577	51.356	65.919	73.279	77.931	82.117	87.166	90.715
60	35.534	37.485	40.482	43.188	46.459	52.294	66.981	74.397	79.082	83.298	88.379	91.952

续表

f	0.995	0.99	0.975	0.95	0.90	0.75	0.25	0.10	0.05	0.025	0.01	0.005
61	36.300	38.273	41.303	44.038	47.342	53.232	68.043	75.514	80.232	84.476	89.591	93.186
62	37.058	39.063	42.126	44.889	48.226	54.171	69.104	76.630	81.381	85.654	90.802	94.419
63	37.838	39.855	42.950	45.741	49.111	55.110	70.165	77.745	82.529	86.830	92.010	95.649
64	38.610	40.649	43.776	46.595	49.996	56.050	71.225	78.860	83.675	88.004	93.217	96.878
65	39.383	41.444	44.603	47.450	50.883	56.990	72.285	79.973	84.821	89.117	94.422	98.105
66	40.158	42.240	45.431	48.305	51.770	57.931	73.344	81.085	85.965	90.349	95.626	99.330
67	40.935	43.038	46.261	49.162	52.659	58.872	74.403	82.197	87.108	91.519	96.828	100.554
68	41.713	43.838	47.092	50.020	53.543	59.814	75.461	83.308	88.250	92.689	98.028	101.776
69	42.494	44.639	47.924	50.879	54.438	60.756	76.519	84.418	89.391	93.856	99.228	102.996
70	43.275	45.442	48.758	51.739	55.329	61.698	77.577	85.527	90.531	95.023	100.423	104.215
71	44.058	46.246	49.592	52.600	56.221	62.641	78.634	86.635	91.670	96.189	101.621	105.432
72	44.843	47.051	50.428	53.462	57.113	63.585	79.690	87.743	92.808	97.353	102.816	106.648
73	45.629	47.858	51.265	54.325	58.006	64.528	80.747	88.850	93.945	98.516	104.010	107.862
74	46.417	48.666	52.103	55.189	58.900	65.472	81.803	89.956	95.081	99.678	105.202	109.074
75	47.206	49.475	52.945	56.054	59.795	66.417	82.858	91.061	96.217	100.839	106.393	110.286
76	47.997	50.286	53.782	56.920	60.690	67.362	83.913	92.166	97.351	101.999	107.583	111.495
77	48.788	51.097	54.623	57.786	61.585	68.607	84.968	93.270	98.484	103.158	108.771	112.704
78	49.582	51.910	55.466	58.654	62.483	69.252	86.022	94.374	99.617	104.316	109.958	113.911
79	50.376	52.725	56.309	59.522	63.380	70.198	97.077	95.476	100.749	105.473	111.144	115.117
80	51.172	53.540	57.153	60.391	64.278	71.145	88.130	96.578	101.879	106.629	112.329	116.321

续表

f	α											
	0.995	0.99	0.975	0.95	0.90	0.75	0.25	0.10	0.05	0.025	0.01	0.005
81	51.969	54.357	57.998	61.261	65.176	72.091	89.184	97.680	103.010	107.786	113.512	117.524
82	52.767	55.174	58.845	62.132	66.075	73.038	90.237	98.780	104.139	108.937	114.695	118.726
83	53.567	55.993	59.692	63.004	66.976	73.985	91.289	99.880	105.267	110.090	115.876	119.927
84	54.368	56.813	60.540	63.876	67.875	74.933	92.342	100.980	106.395	11.242	117.057	121.126
85	55.170	57.634	61.389	64.749	68.777	75.881	93.394	102.079	107.522	112.393	118.236	122.325
86	55.973	58.456	62.239	65.623	69.679	76.829	94.446	103.177	108.648	113.544	119.414	123.522
87	56.777	59.279	63.089	66.498	70.581	77.777	95.497	1 047.275	109.773	114.693	120.591	124.718
88	57.528	60.103	63.941	67.373	71.484	78.726	96.548	105.372	110.898	115.841	121.942	127.106
89	58.389	60.928	64.793	68.249	72.387	79.675	97.599	106.469	112.022	116.980	122.942	127.406
90	59.196	61.754	65.647	69.126	73.291	80.625	98.650	107.365	113.145	118.136	124.116	128.299

附表 2　F 分布表

α＝0.05

分母自由度 f_2	分子自由度 f_1																	
	1	2	3	4	5	6	7	8	9	10	12	15	20	24	30	40	60	∞
1	161.45	199.50	215.71	224.58	230.16	233.99	236.77	238.88	240.54	241.88	243.91	245.95	248.01	249.05	250.10	251.14	252.20	254.31
2	18.51	19.00	19.16	19.25	19.30	19.33	19.35	19.37	19.38	19.40	19.41	19.43	19.45	19.45	19.46	19.47	19.48	19.50
3	10.13	9.55	9.28	9.12	9.01	8.94	8.89	8.85	8.81	8.79	8.74	8.70	8.66	8.64	8.62	8.59	8.57	8.53
4	7.71	6.94	6.59	6.39	6.26	6.16	6.09	6.04	6.00	5.96	5.91	5.86	5.80	5.77	5.75	5.72	5.69	5.63
5	6.61	5.79	5.41	5.19	5.05	4.95	4.88	4.82	4.77	4.74	4.68	4.62	4.56	4.53	4.50	4.46	4.43	4.37
6	5.99	5.14	4.76	4.53	4.39	4.28	4.21	4.15	4.10	4.06	4.00	3.94	3.87	3.84	3.81	3.77	3.74	3.67
7	5.59	4.74	4.35	4.12	3.97	3.87	3.79	3.73	3.68	3.64	3.57	3.51	3.44	3.41	3.38	3.34	3.30	3.23
8	5.32	4.46	4.07	3.84	3.69	3.58	3.50	3.44	3.39	3.35	3.28	3.22	3.15	3.12	3.08	3.04	3.01	2.93
9	5.12	4.26	3.86	3.63	3.48	3.37	3.29	3.23	3.18	3.14	3.07	3.01	2.94	2.90	2.86	2.83	2.79	2.71
10	4.96	4.10	3.71	3.48	3.33	3.22	3.14	3.07	3.02	2.98	2.91	2.85	2.77	2.74	2.70	2.66	2.62	2.54
11	4.84	3.98	3.59	3.36	3.20	3.09	3.01	2.95	2.90	2.85	2.79	2.72	2.65	2.61	2.57	2.53	2.49	2.40
12	4.75	3.89	3.49	3.26	3.11	3.00	2.91	2.85	2.80	2.75	2.69	2.62	2.54	2.51	2.47	2.43	2.38	2.30
13	4.67	3.81	3.41	3.18	3.03	2.92	2.83	2.77	2.71	2.67	2.60	2.53	2.46	2.42	2.38	2.34	2.30	2.21
14	4.60	3.74	3.34	3.11	2.96	2.85	2.76	2.70	2.65	2.60	2.53	2.46	2.39	2.35	2.31	2.27	2.22	2.13
15	4.54	3.68	3.29	3.06	2.90	2.79	2.71	2.64	2.59	2.54	2.48	2.40	2.33	2.29	2.25	2.20	2.16	2.07
16	4.49	3.63	3.24	3.01	2.85	2.74	2.66	2.59	2.54	2.49	2.42	2.35	2.28	2.24	2.19	2.15	2.11	2.01
17	4.45	3.59	3.20	2.96	2.81	2.70	2.61	2.55	2.49	2.45	2.38	2.31	2.23	2.19	2.15	2.10	2.06	1.96
18	4.41	3.55	3.16	2.93	2.77	2.66	2.58	2.51	2.46	2.41	2.34	2.27	2.19	2.15	2.11	2.06	2.02	1.92
19	4.38	3.52	3.13	2.90	2.74	2.63	2.54	2.48	2.42	2.38	2.31	2.23	2.16	2.11	2.07	2.03	1.98	1.88

续表

α=0.05

分母自由度 f_2	分子自由度 f_1																	
	1	2	3	4	5	6	7	8	9	10	12	15	20	24	30	40	60	8
20	4.35	3.49	3.10	2.87	2.71	2.60	2.51	2.45	2.39	2.35	2.28	2.20	2.12	2.08	2.04	1.99	1.95	1.84
21	4.32	3.47	3.07	2.84	2.68	2.57	2.49	2.42	2.37	2.32	2.25	2.18	2.10	2.05	2.01	1.96	1.92	1.81
22	4.30	3.44	3.05	2.82	2.66	2.55	2.46	2.40	2.34	2.30	2.23	2.15	2.07	2.03	1.98	1.94	1.89	1.78
23	4.28	3.42	3.03	2.80	2.64	2.53	2.44	2.37	2.32	2.27	2.20	2.13	2.05	2.01	1.96	1.91	1.86	1.76
24	4.26	3.40	3.01	2.78	2.62	2.51	2.42	2.36	2.30	2.25	2.18	2.11	2.03	1.98	1.94	1.89	1.84	1.73
25	4.24	3.39	2.99	2.76	2.60	2.49	2.40	2.34	2.28	2.24	2.16	2.09	2.01	1.96	1.92	1.87	1.82	1.71
26	4.23	3.37	2.98	2.74	2.59	2.47	2.39	2.32	2.27	2.22	2.15	2.07	1.99	1.95	1.90	1.85	1.80	1.69
27	4.21	3.35	2.96	2.73	2.57	2.46	2.37	2.31	2.25	2.20	2.13	2.06	1.97	1.93	1.88	1.84	1.79	1.67
28	4.20	3.34	2.95	2.71	2.56	2.45	2.36	2.29	2.24	2.19	2.12	2.04	1.96	1.91	1.87	1.82	1.77	1.65
29	4.18	3.33	2.93	2.70	2.55	2.43	2.35	2.28	2.22	2.18	2.10	2.03	1.94	1.90	1.85	1.81	1.75	1.64
30	4.17	3.32	2.92	2.69	2.53	2.42	2.33	2.27	2.21	2.16	2.09	2.01	1.93	1.89	1.84	1.79	1.74	1.62
40	4.08	3.23	2.84	2.61	2.45	2.34	2.25	2.18	2.12	2.08	2.00	1.92	1.84	1.79	1.74	1.69	1.64	1.51
60	4.00	3.15	2.76	2.53	2.37	2.25	2.17	2.10	2.04	1.99	1.92	1.84	1.75	1.70	1.65	1.59	1.53	1.39
8	3.84	3.00	2.60	2.37	2.21	2.10	2.01	1.94	1.88	1.83	1.75	1.67	1.57	1.52	1.46	1.39	1.32	1.00

续表

$\alpha = 0.01$

分母自由度 f_2	分子自由度 f_1																	
	1	2	3	4	5	6	7	8	9	10	12	15	20	24	30	40	60	∞
1	4052	4999	5403	5625	5764	5859	5928	5981	6022	6056	6106	6157	6209	6235	6261	6287	6313	6366
2	98.50	99.00	99.17	99.25	99.30	99.33	99.36	99.37	99.39	99.40	99.42	99.43	99.45	99.46	99.47	99.47	99.48	99.50
3	34.12	30.82	29.46	28.71	28.24	27.91	27.67	27.49	27.35	27.23	27.05	26.87	26.69	26.60	26.50	26.41	26.32	26.13
4	21.20	18.00	16.69	15.98	15.52	15.21	14.98	14.80	14.66	14.55	14.37	14.20	14.02	13.93	13.84	13.75	13.65	13.46
5	16.26	13.27	12.06	11.39	10.97	10.67	10.46	10.29	10.16	10.05	9.89	9.72	9.55	9.47	9.38	9.29	9.20	9.02
6	13.75	10.92	9.78	9.15	8.75	8.47	8.26	8.10	7.98	7.87	7.72	7.56	7.40	7.31	7.23	7.14	7.06	6.88
7	12.25	9.55	8.45	7.85	7.46	7.19	6.99	6.84	6.72	6.62	6.47	6.31	6.16	6.07	5.99	5.91	5.82	5.65
8	11.26	8.65	7.59	7.01	6.63	6.37	6.18	6.03	5.91	5.81	5.67	5.52	5.36	5.28	5.20	5.12	5.03	4.86
9	10.56	8.02	6.99	6.42	6.06	5.80	5.61	5.47	5.35	5.26	5.11	4.96	4.81	4.73	4.65	4.57	4.48	4.31
10	10.04	7.56	6.55	5.99	5.64	5.39	5.20	5.06	4.94	4.85	4.71	4.56	4.41	4.33	4.25	4.17	4.08	3.91
11	9.65	7.21	6.22	5.67	5.32	5.07	4.89	4.74	4.63	4.54	4.40	4.25	4.10	4.02	3.94	3.86	3.78	3.60
12	9.33	6.93	5.95	5.41	5.06	4.82	4.64	4.50	4.39	4.30	4.16	4.01	3.86	3.78	3.70	3.62	3.54	3.36
13	9.07	6.70	5.74	5.21	4.86	4.62	4.44	4.30	4.19	4.10	3.96	3.82	3.66	3.59	3.51	3.43	3.34	3.17
14	8.86	6.51	5.56	5.04	4.69	4.46	4.28	4.14	4.03	3.94	3.80	3.66	3.51	3.43	3.35	3.27	3.18	3.00
15	8.68	6.36	5.42	4.89	4.56	4.32	4.14	4.00	3.89	3.80	3.67	3.52	3.37	3.29	3.21	3.13	3.05	2.87
16	8.53	6.23	5.29	4.77	4.44	4.20	4.03	3.89	3.78	3.69	3.55	3.41	3.26	3.18	3.10	3.02	2.93	2.75
17	8.40	6.11	5.18	4.67	4.34	4.10	3.93	3.79	3.68	3.59	3.46	3.31	3.16	3.08	3.00	2.92	2.83	2.65
18	8.29	6.01	5.09	4.58	4.25	4.01	3.84	3.71	3.60	3.51	3.37	3.23	3.08	3.00	2.92	2.84	2.75	2.57
19	8.18	5.93	5.01	4.50	4.17	3.94	3.77	3.63	3.52	3.43	3.30	3.15	3.00	2.92	2.84	2.76	2.67	2.49

续表

α＝0.01

分母自由度 f_2	分子自由度 f_1																	
	1	2	3	4	5	6	7	8	9	10	12	15	20	24	30	40	60	∞
20	8.10	5.85	4.94	4.43	4.10	3.87	3.70	3.56	3.46	3.37	3.23	3.09	2.94	2.86	2.78	2.69	2.61	2.42
21	8.02	5.78	4.87	4.37	4.04	3.81	3.64	3.51	3.40	3.31	3.17	3.03	2.88	2.80	2.72	2.64	2.55	2.36
22	7.95	5.72	4.82	4.31	3.99	3.76	3.59	3.45	3.35	3.26	3.12	2.98	2.83	2.75	2.67	2.58	2.50	2.31
23	7.88	5.66	4.76	4.26	3.94	3.71	3.54	3.41	3.30	3.21	3.07	2.93	2.78	2.70	2.62	2.54	2.45	2.26
24	7.82	5.61	4.72	4.22	3.90	3.67	3.50	3.36	3.26	3.17	3.03	2.89	2.74	2.66	2.58	2.49	2.40	2.21
25	7.77	5.57	4.68	4.18	3.85	3.63	3.46	3.32	3.22	3.13	2.99	2.85	2.70	2.62	2.54	2.45	2.36	2.17
26	7.72	5.53	4.64	4.14	3.82	3.59	3.42	3.29	3.18	3.09	2.96	2.81	2.66	2.58	2.50	2.42	2.33	2.13
27	7.68	5.49	4.60	4.11	3.78	3.56	3.39	3.26	3.15	3.06	2.93	2.78	2.63	2.55	2.47	2.38	2.29	2.10
28	7.64	5.45	4.57	4.07	3.75	3.53	3.36	3.23	3.12	3.03	2.90	2.75	2.60	2.52	2.44	2.35	2.26	2.06
29	7.60	5.42	4.54	4.04	3.73	3.50	3.33	3.20	3.09	3.00	2.87	2.73	2.57	2.49	2.41	2.33	2.23	2.03
30	7.56	5.39	4.51	4.02	3.70	3.47	3.30	3.17	3.07	2.98	2.84	2.70	2.55	2.47	2.39	2.30	2.21	2.01
40	7.31	5.18	4.31	3.83	3.51	3.29	3.12	2.99	2.89	2.80	2.66	2.52	2.37	2.29	2.20	2.11	2.02	1.81
60	7.08	4.98	4.13	3.65	3.34	3.12	2.95	2.82	2.72	2.63	2.50	2.35	2.20	2.12	2.03	1.94	1.84	1.60
∞	6.64	4.61	3.78	3.32	3.02	2.80	2.64	2.51	2.41	2.32	2.19	2.04	1.88	1.79	1.70	1.59	1.47	1.00

注：F 临界值 Excel 计算函数 $\mathrm{FINV}(\alpha, df_1, df_2)$

附表 3 t 值表

自由度 f	单侧	0.25	0.20	0.10	0.05	0.025	0.01	0.005	0.0005
	双侧	0.50	0.40	0.20	0.10	0.05	0.02	0.01	0.001
1		1.000	1.376	3.078	6.314	12.706	31.821	63.657	636.619
2		0.816	1.061	1.886	2.920	4.303	6.965	9.925	31.599
3		0.765	0.978	1.638	2.353	3.182	4.541	5.841	12.924
4		0.741	0.941	1.533	2.132	2.776	3.747	4.604	8.610
5		0.727	0.920	1.476	2.015	2.571	3.365	4.032	6.869
6		0.718	0.906	1.440	1.943	2.447	3.143	3.707	5.959
7		0.711	0.896	1.415	1.895	2.365	2.998	3.499	5.408
8		0.706	0.889	1.397	1.860	2.306	2.896	3.355	5.041
9		0.703	0.883	1.383	1.833	2.262	2.821	3.250	4.781
10		0.700	0.879	1.372	1.812	2.228	2.764	3.169	4.587
11		0.697	0.876	1.363	1.796	2.201	2.718	3.106	4.437
12		0.695	0.873	1.356	1.782	2.179	2.681	3.055	4.318
13		0.694	0.870	1.350	1.771	2.160	2.650	3.012	4.221
14		0.692	0.868	1.345	1.761	2.145	2.624	2.977	4.140
15		0.691	0.866	1.341	1.753	2.131	2.602	2.947	4.073
16		0.690	0.865	1.337	1.746	2.120	2.583	2.921	4.015

概率 P

续表

自由度 f	单侧	0.25	0.20	0.10	0.05	0.025	0.01	0.005	0.0005
	双侧	0.50	0.40	0.20	0.10	0.05	0.02	0.01	0.001
					概率 P				
17		0.689	0.863	1.333	1.740	2.110	2.567	2.898	3.965
18		0.688	0.862	1.330	1.734	2.101	2.552	2.878	3.922
19		0.688	0.861	1.328	1.729	2.093	2.539	2.861	3.883
20		0.687	0.860	1.325	1.725	2.086	2.528	2.845	3.850
21		0.686	0.859	1.323	1.721	2.080	2.518	2.831	3.819
22		0.686	0.858	1.321	1.717	2.074	2.508	2.819	3.792
23		0.685	0.858	1.319	1.714	2.069	2.500	2.807	3.768
24		0.685	0.857	1.318	1.711	2.064	2.492	2.797	3.745
25		0.684	0.856	1.316	1.708	2.060	2.485	2.787	3.725

附表4　斯图登斯化范围表

$q(t, \Phi, 0.05)$，t=比较物个数，Φ=自由度

Φ \ t	2	3	4	5	6	7	8	9	10	12	15	20
1	18.00	27.0	32.8	37.1	40.4	43.1	45.4	47.4	49.1	52.0	55.4	59.6
2	6.09	8.3	9.8	10.9	11.7	12.4	13.0	13.5	14.0	14.7	15.7	16.8
3	4.50	5.91	6.82	7.50	8.04	8.48	8.85	9.18	9.46	9.95	10.52	11.24
4	3.93	5.04	5.76	6.29	6.71	7.05	7.35	7.60	7.83	8.21	8.66	9.23
5	3.64	4.60	5.22	5.67	6.03	6.38	6.58	6.80	6.99	7.32	7.72	8.21
6	3.46	4.34	4.90	5.31	5.63	5.89	6.12	6.32	6.49	6.79	7.14	7.59
7	3.34	4.16	4.68	5.06	5.36	5.61	5.82	6.00	6.16	6.43	6.76	7.17
8	3.26	4.04	5.43	4.89	5.17	5.40	5.60	5.77	5.92	6.18	4.48	6.87
9	3.20	3.95	4.42	4.76	5.02	5.24	5.43	5.60	5.74	5.98	6.28	6.64
10	3.15	3.88	4.33	4.65	4.91	5.12	5.30	5.46	5.60	5.83	6.11	6.47
11	3.11	3.82	4.26	4.57	4.82	5.03	5.20	5.35	5.49	5.71	5.99	6.33
12	3.08	3.77	4.20	4.51	4.75	495	5.12	5.27	5.40	5.62	5.88	6.21
13	3.06	3.73	4.15	4.45	4.69	4.88	5.05	5.19	5.32	5.53	5.79	6.11
14	3.03	3.70	4.11	4.41	4.64	4.88	4.99	5.13	5.25	5.46	5.72	6.03
15	3.01	3.67	4.08	4.37	4.60	4.78	4.94	5.08	5.20	5.40	5.65	5.96
16	3.00	3.65	4.05	4.30	4.56	4.74	4.90	5.03	5.15	5.35	5.59	5.90
17	2.98	3.63	4.02	4.30	4.52	4.71	4.86	4.99	5.11	5.31	5.55	5.84

续表

Φ / t	2	3	4	5	6	7	8	9	10	12	15	20
18	2.97	3.61	4.00	4.28	4.49	4.67	4.82	4.96	5.07	5.27	5.50	5.79
19	2.96	3.59	3.98	4.25	4.47	4.65	4.79	4.92	5.07	5.23	5.46	5.75
20	2.95	3.58	3.96	4.23	4.45	4.62	4.77	4.90	5.01	5.20	5.43	5.71
24	2.92	3.53	3.9	4.17	4.37	4.54	4.68	4.81	4.92	5.10	5.32	5.59
30	2.89	3.49	3.84	4.10	4.30	4.46	4.60	4.72	4.83	5.00	5.21	5.48
40	2.86	3.44	3.79	4.04	4.23	4..39	4.52	4.63	4.74	4.91	5.11	5.36
60	2.83	3.40	3.74	3.93	4.16	4.31	4.44	4.55	4.65	4.81	5.00	5.24
120	2.80	3.36	3.84	3.92	4.10	4.24	4.36	4.48	4.56	4.72	4.90	5.13
∞	2.77	3.31	3.63	3.88	4.03	4.17	4.29	4.39	4.47	4.62	4.80	5.01

附表 5 多重比较中的 Duncan 表

$r0.01(k, df)$

df	2	3	4	5	6	7	8	9	10	20	50	100
1	90.0	90.0	90.0	90.0	90.0	90.0	90.0	90.0	90.0	90.0	90.0	90.0
2	14.0	14.0	144.0	14.0	14.0	14.0	14.0	14.0	14.0	14.0	14.0	14.0
3	8.26	8.5	8.6	8.7	8.8	8.9	8.9	9.0	9.0	9.3	9.3	9.3
4	6.51	6.8	6.9	7.0	7.1	7.1	7.2	7.2	7.3	7.5	7.5	7.5
5	5.70	5.96	6.11	6.18	6.26	6.33	6.40	6.44	6.5	6.8	6.8	6.8
6	5.24	5.51	5.65	5.73	5.81	5.88	5.95	6.00	6.0	6.3	6.3	6.3
7	4.95	5.22	5.37	5.45	5.53	5.61	5.69	5.73	5.8	6.0	6.0	6.0
8	4.74	5.00	5.14	5.23	5.32	5.40	5.47	5.51	5.5	5.8	5.8	5.8
9	4.60	4.86	4.99	5.08	5.17	5.25	5.32	5.36	5.4	5.7	5.7	5.7
10	4.48	4.73	4.88	4.96	5.06	5.13	520	5.24	5.28	5.55	5.55	5.55
11	4.39	4.63	4.77	4.86	4.94	5.01	5.06	5.12	5.15	5.39	5.39	5.39
12	4.32	4.55	4.68	4.76	4.84	4.92	4.96	5.02	5.07	5.26	5.26	5.26
13	4.26	4.48	4.62	4.69	4.74	4.84	4.88	4.94	4.98	5.15	5.15	5.15
14	4.21	4.42	4.55	4.63	4.70	4.78	4.83	4.87	4.91	5.07	5.07	5.07
15	4.17	4.37	4.50	4.58	4.64	4.72	4.77	4.81	4.84	5.00	5.00	5.00
16	4.13	4.34	4.45	4.54	4.60	4.67	4.72	4.76	4.79	4.94	4.94	4.94
17	4.10	4.30	4.41	4.50	4.56	4.63	4.68	4.73	4.75	4.89	4.89	4.89
18	4.07	4.27	4.38	4.46	4.53	4.59	4.64	4.68	4.71	4.85	4.85	4.85
19	4.05	4.24	4.35	4.43	4.50	4.56	4.61	4.64	4.67	4.82	4.82	4.82
20	4.02	4.22	4.33	4.40	4.47	4.53	4.58	4.61	4.65	4.79	4.79	4.79
30	3.89	4.06	4.16	4.22	4.32	4.36	4.41	4.45	4.48	4.65	4.71	4.71
40	3.82	3.99	4.10	4.17	4.24	4.30	4.34	4.37	4.41	4.59	4.69	4.69
60	3.76	3.92	4.03	4.12	4.17	4.23	4.27	4.31	4.34	4.53	4.66	4.66
100	3.71	3.86	3.98	4.06	4.11	4.17	4.21	4.25	4.29	4.48	4.64	4.65
∞	3.64	3.80	3.90	3.98	4.04	4.09	4.14	4.17	4.20	4.41	4.60	4.68

续表

$r0.05(k, df)$

df	\(k\) 2	3	4	5	6	7	8	9	10	20	50	100
1	18.0	18.0	18.0	18.0	18.0	18.0	18.0	18.0	18.0	18.0	18.0	18.0
2	6.09	6.09	6.09	6.09	6.09	6.09	6.09	6.09	6.09	6.09	6.09	6.09
3	4.50	4.50	4.50	4.50	4.50	4.50	4.50	4.50	4.50	4.50	4.50	4.50
4	3.93	4.01	4.02	4.02	4.02	4.02	4.02	4.02	4.02	4.02	4.02	4.02
5	3.64	3.74	3.79	3.83	3.83	3.83	3.83	3.83	3.83	3.83	3.83	3.83
6	3.46	3.58	3.64	3.68	3.68	3.68	3.68	3.68	3.68	3.68	3.68	3.68
7	3.35	3.47	3.54	3.58	3.60	3.61	3.61	3.61	3.61	3.61	3.61	3.61
8	3.26	3.39	3.47	3.52	3.55	3.56	3.56	3.56	3.56	3.56	3.56	3.56
9	3.20	3.34	3.41	3.47	3.50	3.52	3.52	3.52	3.52	3.52	3.52	3.52
10	3.15	3.30	3.37	3.43	3.46	3.47	3.47	3.47	3.47	3.48	3.48	3.48
11	3.11	3.27	3.35	3.39	3.43	3.44	3.45	3.46	3.46	3.48	3.48	3.48
12	3.08	3.23	3.33	3.36	3.40	3.42	3.44	3.44	3.46	3.48	3.48	3.48
13	3.06	3.21	3.30	3.35	3.38	3.41	3.42	3.44	3.45	3.47	3.47	3.47
14	3.03	3.18	3.27	3.33	3.37	3.39	3.41	3.42	3.44	3.47	3.47	3.47
15	3.01	3.16	3.25	3.31	3.38	3.38	3.40	3.42	3.43	3.47	3.47	3.47
16	3.00	3.15	3.23	3.30	3.34	3.37	3.39	3.41	3.43	3.47	3.47	3.47
17	2.98	3.13	3.22	3.28	3.33	3.36	3.38	3.40	3.42	3.47	3.47	3.47
18	2.97	3.12	3.21	3.27	3.32	3.35	3.37	3.39	3.41	3.47	3.47	3.47
19	2.96	3.11	3.19	3.26	3.31	3.35	3.37	3.39	3.41	3.47	3.47	3.47
20	2.95	3.10	3.18	3.25	3.30	3.34	3.36	3.38	3.40	3.47	3.47	3.47
30	2.89	3.04	3.12	3.20	3.25	3.29	3.32	3.35	3.37	3.47	3.47	3.47
40	2.86	3.01	3.10	3.17	3.22	3.27	3.30	3.33	3.35	3.47	3.47	3.47
60	2.83	2.98	3.08	3.14	3.20	3.24	3.28	3.31	3.33	3.47	3.48	3.48
100	2.80	2.95	3.05	3.12	3.18	3.22	3.26	3.29	3.32	3.47	3.53	3.53
∞	2.77	2.92	3.02	3.09	3.15	3.19	3.23	3.26	3.29	3.47	3.61	3.67

附表 6 Spearman 秩相关系数检验表

临界值 $P(r_s \geqslant C_\alpha) \leqslant \alpha$

n	$r_s=0.05$	$r_s=0.025$	$r_s=0.01$	$r_s=0.005$
5	0.900	—	—	—
6	0.829	0.886	0.943	—
7	0.714	0.786	0.893	—
8	0.643	0.738	0.833	0.811
9	0.600	0.683	0.783	0.833
10	0.564	0.648	0.745	0.818
11	0.523	0.623	0.736	0.794
12	0.497	0.591	0.703	0.780
13	0.475	0.566	0.673	0.745
14	0.457	0.545	0.646	0.716
15	0.441	0.525	0.623	0.689
16	0.425	0.507	0.601	0.666
17	0.412	0.490	0.582	0.645
18	0.399	0.476	0.564	0.625
19	0.388	0.462	0.549	0.608
20	0.377	0.450	0.534	0.591
21	0.368	0.438	0.521	0.576
22	0.359	0.428	0.508	0.562
23	0.351	0.418	0.496	0.549
24	0.343	0.409	0.485	0.537
25	0.336	0.400	0.475	0.526
26	0.329	0.392	0.465	0.515
27	0.323	0.385	0.456	0.505
28	0.317	0.377	0.448	0.496
29	0.311	0.370	0.440	0.487
30	0.305	0.364	0.432	0.478

附表 7 随机数表

	00 04	05 09	10 14	1519	20 24	25 29	30 34	35 39	40 44	45 49
00	39591	66082	48626	95780	55228	87189	75717	97042	19696	48613
01	46304	97377	43462	21739	14566	72533	60171	29024	77581	72760
02	99547	60779	22734	23678	44895	89767	18249	41702	35850	40543
03	06743	63537	24553	77225	94743	79448	12753	95986	78088	48019
04	69568	65496	49033	88577	98606	92156	08846	54912	12691	13170
05	68198	69571	34349	73141	42640	44721	30462	35075	33475	47407
06	27974	12609	77428	64441	49008	60489	66780	55499	808/42	57706
07	50552	20688	02769	63037	15494	71784	70559	58158	53437	46216
08	74687	02033	98290	62635	88877	28599	63682	35566	03271	05651
09	49303	76629	71897	50990	62923	36686	96167	11492	90333	84501
10	89734	39183	52026	14997	15140	18250	62831	51236	61236	09179
11	74042	40747	02617	11346	01884	82066	55913	72422	13971	64209
12	84706	31375	67053	73367	95349	31074	36908	42782	89690	48002
13	83664	21365	28882	48926	45435	60577	85270	02777	06878	27561
14	47813	74854	73888	11385	99108	97878	32858	17473	07682	20166
15	00371	56525	38880	53702	09517	47281	15995	98350	25233	79718
16	81182	48434	27431	55806	25389	20774	72978	16835	60566	28732
17	75242	35904	73077	24537	81354	48902	03478	42867	04552	66034
18	96239	80246	07000	09555	55051	49596	44629	88225	28195	44598
19	82988	17440	85311	03360	38176	51462	86070	03924	84413	92363
20	77599	29143	89088	57593	60036	17297	30923	36224	46327	96266
21	61433	33118	53488	82981	44709	63655	64388	00498	14135	57514
22	76008	15045	45440	84062	52363	18079	33726	44301	86246	99727
23	26494	76598	85834	10844	56300	02244	72118	96510	98388	80161
24	46570	88558	77533	33359	07830	84752	53260	46755	36881	98535

续表

	00 04	05 09	10 14	15 19	20 24	25 29	30 34	35 39	40 44	45 49
25	73995	41532	87933	79930	14310	64333	49020	70067	99726	97007
26	53901	38276	75544	19679	82899	11365	22896	42118	77165	08734
27	41925	28215	40966	93501	45446	27913	21708	01788	81404	15119
28	80720	02782	24326	41328	10357	86883	80086	77138	67072	12100
29	92596	39416	50362	04423	04561	58179	54188	44978	14322	97056
30	39693	58559	45839	47278	38548	33385	19875	26829	86711	57005
31	86923	37863	14340	30927	04079	65274	03030	15106	09362	82972
32	99700	79237	18172	58879	56221	65644	33331	87502	32961	40996
33	60248	21953	52321	16987	03252	80433	97304	50181	70162	01946
34	29136	71987	03992	47025	31070	78348	47823	11033	13037	47732
35	57471	42913	85212	42319	92901	97727	04775	94396	38154	25238
36	57424	93847	03269	56096	95028	14039	76128	63747	27301	65529
37	56768	71694	63361	80836	30841	71875	40944	54827	01887	54822
38	70400	81534	02148	41441	26582	27481	84262	14084	42409	62950
39	05454	88418	48646	99565	36635	85469	18894	77271	26894	00889
40	80934	56136	47063	96311	19067	59790	08752	68040	85685	83076
41	06919	46237	50676	11238	75637	43086	95323	52867	06891	32089
42	00152	23997	41751	74756	50975	75365	70158	67663	51431	46375
43	88505	74625	71783	82511	13661	63178	39291	76796	74736	10980
44	64514	80967	33545	09582	86329	58152	05931	35961	70069	12142
45	25280	53007	99651	96366	49378	80971	10419	12981	70572	11575
46	71292	63716	93210	59312	39493	24252	54849	29754	41497	79228
47	49734	50498	08974	05904	68172	02864	10994	22482	12912	17920
48	43075	09745	71880	92614	99928	94424	86353	87549	94499	11459
49	15116	16643	03981	06566	14050	33671	03814	48856	41267	76252

附录二　感官分析　术语

中华人民共和国国家标准(GB/T 10221-2012)

1　范围

本标准定义了感官分析术语。

本标准适用于所有使用感觉器官评价产品的行业。

2　**一般性术语**

2.1　感官分析　sensory analysis

用感觉器官检查产品感官特性的科学。

2.2　感官的　sensory

与使用感觉有关的,例如个人经验。

2.3　特性　attribute

可感知的特性。

2.4　感官特性的　organoleptic

与用感觉器官感知的特性(即产品的感官特性)有关的。

2.5　评价员　sensory assessor

参加感官分析的人员。

注1:准评价员(naive assessor)是尚不符合特定准则的人员。

注2:初级评价员(initiated assessor)是已参加过感官检验的人员。

2.6　优选评价员　selected assessor

挑选出的具有较强感官分析能力的评价员。

2.7　专家　expert

根据自己的知识或经验,在相关领域中有能力给出结论的评价员。在感官分析中,有两种类型的专家,即专家评价员和专业专家评价员。

2.8　专家评价员　expert sensory assessor

具有高度的感官敏感性、经过广泛的训练并具有丰富的感官分析方法经验,能够对所涉及领域内的各种产品做出一致的、可重复的感官评价的优选评价员。

2.9　评价小组　sensory panel

参加感官分析的评价员组成的小组。

2.10　小组培训　panel training

评价特定产品时,由评价小组完成的且评价员定向参加的评价任务的系列培训活动,培训内容可能包括相关产品特性、标准评价标度、评价技术和术语。

2.11　小组一致性　panel consensus

评价员之间在评价产品特性术语和强度时形成的一致性。

2.12　消费者　consumer

产品使用者。

2.13　品尝员　taster

主要用嘴评价食品感官特性的评价员、优选评价员或专家。

注:常被术语"评价员(assessor)"代替。

2.14　品尝　tasting

在嘴中对食品进行的感官评价。

2.15　产品　product

可通过感官分析进行评价的可食用的或其他物质。例如:食品、化妆品、纺织品。

2.16　样品　sample

产品样品 sample of product 用于做评价的样品或一部分产品。

2.17　被检样品　test sample

被检验样品的一部分。

2.18　被检部分　test portion

直接提交评价员检验的那部分被检样品。

2.19　参照值　reference point

与被评价的样品对比的选择值(一个或几个特性值,或某产品的值)。

2.20　对照样品　control sample

选择用作参照值的被检样品,所有其他样品都与其做比较。

注:样品可以被确定为对照样品,也可以作为盲样。

2.21　参比样品　reference　sample

认真挑选出来的,用于定义或阐明一个特性或一个给定特性的某一特定水平的刺激或物质。有时本身不是被检材料,所有其他样品都可与其做比较。

2.22　喜好的　hedonic

与喜欢或不喜欢有关的。

2.23　可接受性　acceptability

总体上或在特殊感官特性上对刺激喜爱或为喜爱的程度。

2.24　偏爱　preference

评价员依据喜好标准,从指定样品组中对一种刺激或产品做出的偏向性选择。

2.25　厌恶　aversion

由某种刺激引起的令人讨厌的感觉。

2.26　区别　discrimination

定性和(或)定量鉴别两种或多种刺激的行为。

2.27　区别能力　discriminating ability

感知定量和(或)定性的差异的敏感性、敏锐性和(或)能力。

2.28　食欲　appetite

食用和(或)饮用欲望所呈现的生理和心理状态。

2.29　开胃的　appetizing

描述产品能增进食欲。

2.30 可口性 palatability

令人喜爱食用或饮用的产品特性。

2.31 心理物理学 psychophysics

研究可测量刺激和相应感官反应之间关系的学科。

2.32 嗅觉测量 olfactometry

对评价员嗅觉刺激反应的测量。

注:针对评价员的嗅觉。

2.33 嗅觉测量仪 olfactometer

在可再现条件下向评价员提供嗅觉刺激的仪器。

2.34 气味测量 odorimetry

对物质气味特性的测量。

注:针对产品的气味。

2.35 气味物质 odorant

其挥发性成分能被嗅觉器官(包括神经)感知的物质。

2.36 质量 quality

反映产品、过程或服务能满足明确或隐含需要的特性总和。

2.37 质量要素 quality factor

从评价某产品整体质量的诸要素中所挑选的一个特性或特征。

2.38 态度 attitude

以特定的方式对一系列目标或观念的反应倾向。

2.39 咀嚼 mastication

用牙齿咬、磨碎和粉碎的动作。

3 与感觉有关的术语

3.1 感受器 receptor

能对某种刺激产生反应的感觉器官的特定部分。

3.2 刺激 stimulus

能激发感受器的因素。

3.3 知觉 perception

单一或多种感官刺激效应所形成的意识。

3.4 感觉 sensation

感官刺激引起的心理生理反应。

3.5 敏感性 sensitivity

用感觉器官感知、识别和(或)定性或定量区别一种或多种刺激的能力。

3.6 感官适应 sensory adaptation

由于受连续的和(或)重复刺激而使感觉器官的敏感性暂时改变。

3.7 感官疲劳 sensory fatigue

敏感性降低的感官适应状态。

3.8 (感觉)强度 intensity

感觉强度,感知到的感觉的大小。

3.9   (刺激)强度   ntensity

刺激强度,引起可感知感觉的刺激的大小。

3.10   敏锐性   acuity

辨别刺激间细小差别的能力。

3.11   感觉道   modality;sensory modality

由任何一个感官系统介导形成的感觉。如听觉道、味觉道、嗅觉道、触觉道、体觉道或视觉道等。

3.12   味道   taste

在某可溶物质刺激下,味觉器官感知的感觉。

注1:该术语不用于以"风味"表示的味感、嗅觉和三叉神经感的复合感觉。

注2:如果该术语被非正式地用于这种含义,它总是与某种修饰词连用。例如发霉的味道、覆盆子的味道、软木塞的味道等。

3.13   味觉的   gustatory

与味道感觉有关的。

3.14   嗅觉的   olfactory

与气味感觉有关的。

3.15   嗅   smell

感受或试图感受某种气味。

3.16   触觉   touch

触觉的官能。

3.17   视觉   vision

视觉的官能。

3.18   听觉的   auditory

与听觉官能有关的。

3.19   三叉神经感   trigeminal sensations

口鼻物质刺感 oro-nasal chemesthesis

化学刺激在口、鼻或咽喉中引起的刺激性感觉。例如:山葵引起的刺激性感觉。

3.20   皮肤触感   cutaneous sense

触觉的   tactile

由皮肤内或皮下(或黏膜内)感受器引起的任一感觉。如接触感、压力感、热感、冷感和痛感。

3.21   化学温度觉   chemothermal sensation

由特定物质引起的冷、热感觉,与该特定物质的温度无关。例如:对辣椒素产生的热感觉,对薄荷醇产生的冷感觉。

3.22   体觉   somesthesis

由位于皮肤、嘴唇、口腔黏膜、舌头、牙周膜内的感受器感知的压力感(由接触引起的)、温感和痛感。

注:不要和动觉混淆。

3.23 触觉感觉感受器 tactile somesthetic receptor
位于舌头、口腔或咽喉皮肤内,可感知食品外观几何特性的感受器。

3.24 动觉 kinaesthesis
由位于肌肉、肌腱和关节中的神经和器官感知的身体某部位的方位感、动作感及张力感。
注:不要和体觉混淆。

3.25 刺激阈 stimulus threshold;
觉察阈 detection threshold
引起感觉所需要的感官刺激的最小值。
注:不需要对感觉加以识别。

3.26 识别阈 recognition threshold
刺激的最小物理强度,该刺激每次提供时评价员可给出相同的描述词。

3.27 差别阈 difference threshold
可感知到的刺激物理强度差别的最小值。
注:差别阈有时可用字母"DL"(差别阈限,difference limen)"JND"(恰可识别差,just noticeable difference)来表示。

3.28 极限阈 terminal threshold
一种强烈感官刺激的最小值,超过此值就不能感知刺激强度的差别。

3.29 阈下的 sub-threshold
低于所指阈的刺激强度。

3.30 阈上的 supra-threshold
超过所指阈的刺激强度。

3.31 味觉缺失 ageusia
对味道刺激缺乏敏感性。
注:味觉缺失可能是全部的或部分的,永久的或暂时的。

3.32 嗅觉缺失 anosmia
对嗅觉刺激缺乏敏感性。
注:嗅觉缺失可能是全部的或部分的,永久的或暂时的。

3.33 色觉障碍 dyschromatopsia
与标准观察者比较有显著差异的颜色视觉缺陷。

3.34 色盲 colour blindness
区分特定色彩的能力完全或部分缺失。

3.35 拮抗效应 antagonism
两种或多种刺激的联合作用。它导致感觉水平低于预期的各自刺激效应的叠加。

3.36 协同效应 synergism
两种或多种刺激的联合作用。它导致感觉水平超过预期的各自刺激效应的叠加。

3.37 掩蔽 masking

混合特性中一种特性掩盖另一种或几种特性的现象。

3.38 对比效应 contrast effect
提高了对两个同时或连续刺激的差别的反应。

3.39 收敛效应 convergence effect
降低了对两个同时或连续刺激的差别的反应。

4 与感官特性有关的术语

4.1 外观 appearance
物质或物体的所有可见特性。

4.2 基本味道 basic taste
独特味道的任何一种:酸味/复合酸味、苦味、咸味、甜味、鲜味、其他基本味道(包括碱味和金属味)。

4.3 酸味 acidity;acid taste
由某些酸性物质(例如柠檬酸、酒石酸等)的稀水溶液产生的一种基本味道。

4.4 复合酸味 sourness;sour taste
由于有机酸的存在而产生的味觉的复合感觉。
注1:某些语言中,复合酸味与酸味不是同义词。
注2:有时复合酸味含有不好的感觉。

4.5 苦味 bitterness;bitter taste
由某些物质(例如奎宁、咖啡因等)的稀水溶液产生的一种基本味道。

4.6 咸味 saltiness;salty taste
由某些物质(例如氯化钠)的稀水溶液产生的一种基本味道。

4.7 甜味 sweetness;sweet taste
由天然或人造物质(例如蔗糖或阿斯巴甜)的稀水溶液产生的一种基本味道。

4.8 碱味 alkalinity;alkaline taste
由 pH>7.0 的碱性物质(如氢氧化钠)的稀水溶液产生味道。

4.9 鲜味 umami
由特定种类的氨基酸或核苷酸(如谷氨酸钠、肌苷酸二钠)的水溶液产生的基本味道。

4.10 涩味 astringency
涩味的 astringent
由某些物质(例如柿单宁、黑刺李单宁)产生的使口腔皮层或黏膜表面收缩、拉紧或起皱的一种复合感觉。

4.11 化学效应 chemical effect
与某些物质(如苏打水)接触,舌头上产生的刺痛样化学感觉。
注1:该感觉可能缓慢消失,且与该物质的温度、味道和气味无关。
注2:常用术语:苦涩的(浓茶)astringent、灼热的(威士忌酒)burning、尖刺的(李子汁)sharp、刺激性的(山葵)pungent。

4.12 灼热的　burning

温暖的　warming

描述口腔中的热感觉。例如乙醇产生温暖感觉、辣椒产生灼热感觉。

4.13 刺激性　pungency

刺激性的　pungent

醋、芥末、山葵等刺激口腔和鼻黏膜并引起的强烈感觉。

4.14 化学冷感　chemical cooling

由某些物质(如薄荷醇、薄荷、茴香)引起的降温感觉。

注:刺激撤销后,该感觉通常会持续片刻。

4.15 物理冷感　physical cooling

由低温物质或溶解时吸热物质(山梨醇)或易挥发物质(如丙酮、乙醇)引起的降温感觉。

注:刻感觉仅存在与刺激直接接触时。

4.16 化学热感　chemical heat

由诸如辣椒素、辣椒等物质引起的升温感觉。

注:刺激撤销后,该感觉通常会持续片刻。

4.17 物理热感　physical heat

接触高温物质(如温度高于48 ℃的水)时引起的升温感觉。

注:该感觉仅存在于与刺激直接接触时。

4.18 气味　odour

嗅某些挥发性物质时,嗅觉器官所感受到的感官特性。

4.19 异常气味　off-odour

通常与产品的腐败变质或转化作用有关的一种非正常气味。

4.20 风味　flavour

品尝过程中感知到的嗅感、味感和三叉神经感的复合感觉。

注:它可能受触觉、温觉、痛觉和(或)动觉效应的影响。

4.21 异常风味　off-flavour

通常与产品的腐败变质或转化作用有关的一种非正常风味。

4.22 风味增强剂　flavour enhancer

一种能使某种产品的风味增强而本身又不具有这种风味的物质。

4.23 沾染　taint

与该产品无关,由外部污染产生的气味或味道。

4.24 芳香　aroma

(英语或非正式法语)一种带有愉快或不愉快内涵的气味。

4.25 芳香　aroma

(法语)品尝时鼻子后部的嗅觉器官感知的感官特性。

4.26 酒香　bouquet

用以刻画产品(葡萄酒、烈性酒等)的特殊嗅觉特征群。

4.27 主体　body

产品的稠度、质地的致密性、丰满度、浓郁度、风味或构造。

4.28　特征　note

可区别和可识别的气味或风味特色。

4.29　异常特征　off-note

通常与产品的腐败变质或转化作用有关的一种非正常特征。

4.30　个性特征　character note

食品中可感知的感官特性,即风味和质地(包括机械、几何、脂肪和水分等质地特性)。

4.31　色感　colour

由不同波长的光线对视网膜的刺激而产生的色泽、章度、明度等感觉。

4.32　颜色　colour

能引起颜色感觉的产品特性。

4.33　色泽　hue

与波长的变化相应的颜色特性。

注:相对应的孟塞尔术语为"色调"。

4.34　章度　saturation

表明颜色纯度的色度学尺度。

注1:章度高时呈现出的颜色为单一色泽,没有灰色;章度低时呈现出的颜色包含大量灰色。

注2:相对应的孟塞尔术语为"色度"。

4.35　明度　lightness

与一种从纯黑到纯白的序列标度中的中灰色相比较得到的视觉亮度。

4.36　对比度　brightness contrast

周围物体或颜色的亮度对某个物体或颜色的视觉亮度的影响。

4.37　透明度　transparency

透明的　transparent

可使光线通过并出现清晰映象。

4.38　半透明度　translucency

半透明的　transparent

可使光线通过但无法辨别出映象。

4.39　不透明度　opacity

不透明的　opaque

不能使光线通过。

4.40　光泽度的　gloss

有光泽的　glossy;shiny

表面在某一角度反射出光能最强时呈现的一种发光特性。

4.41　质地　texture

在口中从咬第一口到完成吞咽的过程,由动觉和体觉感应器,以及在适当条件下视觉及听觉感受器感知的所有机械的、几何的、表面的和主体的产品特性。

注1：整个咀嚼过程中,物质与牙齿、腭接触以及与唾液混合时,形成变化影响感知能力。

听觉信息有助于对产品尤其是干制产品的质地进行判断。

注2：机械特性与对产品压迫产生的反应(硬性、黏聚性、黏性、弹性、黏附性)有关。

几何特性与产品大小、形状及产品中微粒排列(密度、粒度和构造)有关。

表面特性与在口中产品表皮内或表皮周围水分和(或)脂肪含量引起的感觉有关。

主体特性与在口中产品构造中的水分和(或)脂肪含量,以及它们释放方式引起的感觉有关。

4.42　硬性　hardness

与使产品达到变形、穿透或碎裂所需力有关的机械质地特性。

注1：在口中,它是通过牙齿间(固体)或舌头与上颚间(半固体)对产品的压迫而感知的。

注2：与不同程度硬性相关的主要形容词有：

——柔软的 soft(低度),例如奶油乳酪。

——结实的 firm(中度),例如橄榄。

——硬的 hard(高度),例如硬糖块。

4.43　黏聚性　cohesiveness

与物质断裂前的变形程度有关的机械质地特性。它包括碎裂性(4.44)、咀嚼性(4.45)和胶黏性(4.47)。

4.44　碎裂性　fracturability

与黏聚性、硬性和粉碎产品所需力量有关的机械质地特性。

注1：可通过在门齿间(前门牙)或手指间的快速挤压来评价。

注2：与不同程度碎裂性相关的主要形容词有：

——黏聚性的　cohesive(超低度),例如焦糖(太妃糖)、口香糖；

——易碎的　crutnbly(低度),例如玉米脆皮松饼蛋糕；

——易裂的　crunchy(中度),例如苹果、生胡萝卜；

——脆的　brittle(高度),例如松脆花生薄片糖、带白兰地酒味的薄脆饼；

——松脆的　crispy(高度),例如炸马铃薯片、玉米片；

——有硬壳的　crusty(高度),例如新鲜法式面包的外皮；

——粉碎的 pulverulent(超高度的),一咬立即碎成粉末,例如烹煮过度的鸡蛋黄。

4.45　咀嚼性　chewiness

与咀嚼固体产品至可被吞咽所需的能量有关的机械质地特性。

注：与不同程度咀嚼性相关的主要形容词有：

  ——融化的 melting(超强度),例如冰激凌;

  ——嫩的 tender (低度),例如嫩豌豆。

  ——有咬劲的 chewy(中度),例如果汁软糖(糖果类);

  ——坚韧的 tough(高度),例如老牛肉、腊肉皮。

4.46 咀嚼次数 chew count

  产品被咀嚼至可被吞咽稠度所需要的咀嚼次数。

4.47 胶黏性 gumminess

  与柔软产品的黏聚性有关的机械质地特性。

  注1:它与在嘴中将产品磨碎至易吞咽状态所需的力量有关。

  注2:与不同程度胶黏性相关的主要形容词有:

    ——松脆的 short(低度),例如脆饼;

    ——粉质的、粉状的 mealy(中度),例如某种马铃薯、炒干的扁豆;

    ——糊状的 pasty(中度),例如果子泥、面糊;

    ——胶粘的 gummy(高度),例如煮过火的燕麦片、食用明胶。

4.48 黏性 viscosity

  与抗流动性有关的机械质地特性。

  注1:它与将勺中液体吸到舌头上或将它展开所需力量有关。

  注2:与不同程度黏性相关的形容词主要有:

    ——流动的 fluid(低度),例如水;

    ——稀薄的 thin(中度),例如橄榄油;

    ——油腻的 unctuous/creamy(中度),例如二次分离的稀奶油、浓缩奶油;

    ——黏的 thick/viscous(高度),例如甜炼乳,蜂蜜。

4.49 稠度 consistency

  由刺激触觉或视觉感受器而觉察到的机械性。

4.50 弹性 elasticity;springiness;resilience

  与变形恢复速度有关的机械质地特性。以及与解除形变压力后变形物质恢复原状的程度有关的机械质地特性。

  注:与不同程度弹性相关的主要形容词有:

    ——可塑的 plasatic(无弹性),例如人造奶油。

    ——韧性的 malleable(中度),例如棉花糖。

    ——弹性的 elastic;springy;rubbery(高度),例如熟鱿鱼、蛤肉、口香糖。

4.51 黏附性 adhesiveness

  与移动附着在嘴里或黏附于物质上的材料所需力量有关的机械质地特性。

  注1:与不同程度黏附性相关的主要形容词有:

    ——发黏的 tacky(低度),例如棉花糖;

    ——有黏性的 clinging(中度),例如花生酱。

    ——黏的;胶质的 gooey;gluey(高度),例如焦糖水果冰淇淋的食品装饰料,煮熟的糯米。

——黏附性的 sticky；adhesive(超高度)，例如太妃糖。

注2：样品的黏附性可能有多种体验途径：

——腭：样品有舌头和腭之间充分挤压后，用舌头将产品从腭上完全移走需要的力量。

——嘴唇：产品在嘴唇上的黏附程度——样品放在双唇之间，轻轻挤压后移开，用于评价黏附度；

——牙齿：产品被咀嚼后，黏附在牙齿上的产品量；

——产品：产品放置于嘴中，用舌头将产品分成小片需要的力量；

——手工：用匙状物的背部将黏在一起的样品分成小片需要的力量。

4.52 重 heaviness

重的 heavy

与饮料黏度或固体产品紧密度有关的特性。

注：描述截面结构紧密的固体食品或流动有一定困难的饮料。

4.53 紧密度 denseness

产品完全咬穿后感知到的，与产品截面结构紧密性有关的几何质地特性。

注：与不同程度的紧密相关的形容词有：

——轻的 light(低度)，例如鲜奶油；

——重的 heavy；稠密的 dense(高度)，例如栗子泥、传统英式圣诞布丁。

4.54 粒度 granularity

与感知到的产品中粒子的大小、形状和数量有关的几何质地特性。

注：与不同程度粒度相关的主要形容词有：

——平滑的 smooth；粉末的 powdery(无粒度)，例如冰糖粉、栗粉；

——细粒的 gritty(低度)，例如某种梨；

——颗粒的 grainy(中度)，例如粗粒面粉。

——珠状的 beady(有小球状颗粒)，例如木薯布丁；

——颗粒状的 granular(有多角形的硬颗粒)，例如德麦拉拉蔗糖；

——粗粒的 coarse(高度)，例如煮熟的燕麦粥；

——块状的 lumpy(高度，含有大的不规则状颗粒)，例如白干酪。

4.55 构型 conformation

与感知到的产品中粒子形状和排列有关的几何质地特性。

注：与不同程度构型相关的主要形容词有：

——囊包状的 cellular；薄壁结构被液体或气体围绕的球形或卵形粒子，例如橙子；

——结晶状的 crystalline：大小相似、结构对称、立体状的多角形粒子，例如砂糖；

——纤维状的 fibrous：沿同一方向排列的长粒子或线状粒子，例如芹菜；

——薄片状的 flaky：松软而易于分离的层状结构，例如熟金枪鱼、新月形面包、片状糕点；

——蓬松的 puffy：外壳坚硬，内部充满大而不规则的气腔，例如奶油泡芙(松饼)、爆米花。

4.56 水感 moisture

口中的触觉接收器对食品中水含量的感觉，也与食品自身的润滑特性有关。

注：不仅反映感知到的产品水分总量，还反映水分释放或吸收的类型、速率和方式。

4.57 水分 moisture

描述感知到的产品吸收或释放水分的表面质地特性。

注：与不同程度水分相关的主要形容词有：

表面特性：

——干的 dry(不含水分)，例如奶油硬饼干；

——潮湿的 moist(中度)，例如去皮苹果；

——湿的 wet(高度)，例如荸荠、牡蛎；

主体特性：

——干的 dry(不含水分)，例如奶油硬饼干；

——潮湿的 moist(中度)，例如苹果；

——多汁的 juicy(高度)，例如橙子；

——多水的 succulent(高级)，例如生肉；

——水感的 watery(像水一样的感觉)，例如西瓜。

4.58 干 dryness

干的 dry

描述感知到产品吸收水分的质地特性，例如奶油硬饼干。

注：舌头和咽喉感觉到干的一种饮品，例如红莓汁。

4.59 脂质 fattiness

与感知到的产品含量脂肪数量和质量有关的表面质地特性。

注：与不同程度脂质相关的主要形容词有：

——油性的 oily：浸出和流动脂肪的感觉，例如法式调味色拉；

——油腻的 greasy：渗出脂肪的感觉，例如腊肉、炸薯条、炸薯片；

——多脂的 fatty：产品中脂肪含量高，油腻的感觉，例如猪油、牛脂。

4.60 充气 aeration

充气的 aerated

描述含有小而规则小孔的固体、半固体产品。小孔中充满气体(通常为二氧化碳或空气)，且通常为软孔壁所包裹。

注1：见4.60

注2：产品可描述为起泡或泡沫样的(细胞壁为流动的，例如奶昔)，或多孔的(细胞壁为固态)，例如棉花糖、蛋白酥皮筒、巧克力慕斯、有馅料的柠檬饼、三明治面包。

4.61 起泡 effervescence

起泡的　effervescent

液体产品中,因化学反应产生气体,或压力降低释放气体导致气泡形成。

注1:见4.60

注2:气泡或气泡形成是作为质地特性被感知,但高度的起泡可通过视觉和听觉感知。

　　　对起泡的程度描述如下:

　　　——静止的　still:无气泡,例如自来水;

　　　——平的　flat:比预期起泡程度低的,例如打开很久的瓶装啤酒;

　　　——刺痛的　tingly:主要作为质地特性,在口中被感知;

　　　——多泡的　bubbly:有肉眼可见的气泡;

　　　——沸腾的　fizzy:有剧烈的气泡,并伴随有嘶嘶声。

4.62　口感　mouthfeel

刺激的物理和化学特性在口中产生的混合感觉。

注:评价员将物理感觉(例如密度、黏度、粒度)定为质地特性,化学感觉(如涩度、制冷性)定为风味特性。

4.63　清洁感　clean feel

清洁的　clean

吞咽后口腔无产品滞留的后感特性(见4.51黏附性)。例如水。

4.64　腭清洁剂　palate cleanser

清洁用的　cleansing

用于除去口中残留物的产品。例如:水,奶油苏打饼干。

4.65　后味　after-taste

余味　residual taste

在产品消失后产生的嗅觉和(或)味觉。有别于产品在嘴里时的感觉。

4.66　后感　after-feel

质地刺激移走后,伴随而来的感受。此感受可能是最初感受的延续,或是经过吞咽、唾液消化、稀释以及其他能影响刺激物质或感觉域的阶段后所感受到的不同特性。

4.67　滞留度　persistence

刺激引起的响应滞留于整个测量时间内的程度。

4.68　乏味的　insipid

描述一种风味远不及期望水平的产品。

4.69　平味的　bland

描述风味不浓且无特色的产品。

4.70　中味的　neutral

描述无任何明显特色的产品。

4.71　平淡的　flat

描述对产品的感觉低于所期望的感官水平。

5 与分析方法有关的术语

5.1　客观方法　objective method

　　受个人意见影响最小的方法。

5.2　主观方法　subjective method

　　考虑到个人意见的方法。

5.3　分等　grading

　　为将产品按质量归类,根据标度估计产品的方法。例如:排序(ranking)、分类(classification)、评价(rating)和评分(scoring)。

5.4　排序　ranking

　　同时呈送系列(两个或多个)样品,并按指定特性的强度或程度进行排列的分类方法。

5.5　分类　classification

　　将样品划归到不同类别的方法。

5.6　评价　rating

　　用顺序标度测量方法,按照分类方法中的一种记录每一感觉的量值。

5.7　评分　scoring

　　用与产品或产品特性有数学关联的指定数字评价产品或产品特性。

5.8　筛选　screening

　　初步的选择过程。

5.9　匹配　matching

　　确认刺激间相同或相关的试验过程,通常用于确定对照样品和未知样品之间或未知间相似程度。

5.10　量值估计　magnitude estimation

　　用所定数值的比率等同于所对应的感知的数值比率的方法,对特性强度定值的过程。

5.11　独立评价　independent assessment

　　在没有直接比较的情况下,评价一种或多种刺激。

5.12　绝对判断 absolute judgement

　　未直接比较即给出对刺激的评价。例如产品单一外观。

5.13　比较评价　comparative assessment

　　对同时提供的刺激的比较。

5.14　稀释法　dilution method

　　制备逐渐降低浓度的样品,并顺序检验的方法。

5.15　心理物理学方法　psychophysical method

　　为可测量物理刺激和感官响应建立联系的程序。

5.16　差别检验　discrimination test

　　对样品进行比较,以确定样品间差异是否可感知的检验方法。例如:三点检验(5.18)、二-三点检验(5.19)、成对比较检验(5.17).

5.17　成对比较检验　paired comparison test

提供成对样品,按照给定标准进行比较的一种差别检验。

5.18 三点检验 triangle test

差别检验的一种方法。同时提供三个已编码的样品,其中有两个样品是相同的,要求评价员挑出其中不同的单个样品。

5.19 二-三点检验 duo-trio test

差别检验的一种方法. 同时提供三个样品,其中一个已标明为对照样品,要求评价员识别哪一个样品与对照样品相同,或哪一个样品与对照样品不同。

5.20 五中取二检验 "two-out-of-five" test

差别检验的一种方法。五个已编码的样品,其中有两个是一种类型,其余三个是另一种类型,要求评价员将这些样品按类型分成两组。

5.21 "A"-"非 A"检验 "A"or "not A" test

差别检验的一种方法。当评价员学会识别样品"A"以后,将一系列可能是"A"或"非 A"的样品提供给他们,要求评价员指出每一个样品是"A"还是"非 A"。

5.22 描述分述 descriptive analysis

由经过培训的评价小组对刺激引起的感官特性进行描述和定量的方法。

5.23 定性的感官剖面 qualitative sensory profile

对样品感官特性的描述,不包含强度值。

5.24 定量的感官剖面 quantitative sensory profile

对样品特性及其强度的描述。

5.25 感官剖面 sensory profile

对样品感官特性的描述,包括按顺序感知的特性以及确定的特性强度值。

注:任何一种剖面的通用术语,无论剖面是全部的或部分的、标记的或非标记的。

5.26 自选感官剖面 free choice sensory profile

每一评价员独立为一组产品选择的特性组成的感官剖面。

注:一致性样品感官剖面经由统计得到。

5.27 质地剖面 texture profile

样品质地的定性或定量感官剖面。

5.28 偏爱检验 preference test

两种或多种样品间更偏爱哪一种的检验方法。

5.29 标度 scale

适用于响应标度或测量标度的术语。

5.29.1 响应标度 response scale

评价员记录量化响应的方法,如数字、文字或图形。

注1:在感官分析中,响应标度是一种装置或工具,用于表达评价员对可转换为数字的特性的响应。

注2:作为响应标度的等价形式,术语"标度"更常用。

5.29.2 测量标度 measurement scale

特性(如感官感知强度)和用于代表特性量值的数字(如评价员记录的或由评价员响应导出的数字)之间的有效联系(如顺序、等距和比率)。

注:作为测量标度的等价形式,术语"标度"更常用。

5.30 强度标度 intensity scale
指示感知强度的一种标度。

5.31 态度标度 attitude scale
指示态度和观点一种标度。

5.32 对照标度 reference scale
用对照样品确定特性或给定特性的特定强度的一种标度。

5.33 喜好标度 hedonic scale
表达喜欢或不喜欢程度的一种标度。

5.34 双极标度 bipolar scale
两端有相反描述的一种标度。例如一种从硬的到软的质地标度。

5.35 单极标度 unipoiar scale
只有一端有描述词的标度。

5.36 顺序标度 ordinal scale
按照被评价特性的感知强度顺序排列量值顺序的一种标度。

5.37 等距标度 interval scale
不仅有顺序标度的特征,还明显有量值间相同差异等价于被测量特性间(感官分析中指感知强度)相同差异的特征的一种标度。

5.38 比率标度 ratio scale
不仅有等距标度的特征,还有刺激量值间比率等价于刺激感知强度间比率的特征的一种标度。

5.39 (评价的)误差 error(of assessment)
观察值(或评价值)与真值之间的差别。

5.40 随机误差 random error
感官分析中不可预测的误差,其平均值趋向于零。

5.41 偏差 bias
感官分析中正负系统误差。

5.42 预期偏差 expectation bias
由于评价员的先入之见造成的误差。

5.43 光圈效应 halo effect
关联效应的特殊事件。同一时间内,在某一特性上对刺激的喜好的评价影响在其他特性上对该刺激的喜好和不喜好的评价。

5.44 真值 true value
感官分析中想要估计的某特定值。

5.45 标准光照度 standard illuminant
国际照明委员会(CIE)定义的自然光或人造光范围内的有色光照度。

5.46 参比点 anchor point

对样品进行评价的参照值。

注:见参照值(2.19)。

5.47 评分值 score

描述刺激性物质在可能特性强度范围内的特定点的数值。

注:给食品评分就是按照标度或按照有明确数字含义的标准评价食品特性。

5.48 评分表 score sheet

评分卡 score card

计分票 score ticket

附加说明:

本标准由中华人民共和国农业部提出并归口。

本标准起草单位:中国农业科学院农业质量标准与检测技术研究所、农业部农产品质量监督检验测试中心(郑州)。

本标准主要起草人:张玲、刘继红、钱永忠、王敏、张军锋、王建、刘进玺、毛雪飞。

⇨ 参考文献

[1] Herber S, Joel L S. Sensory evaluation practices[M]. 3rd ed. New York：Elsevier Academic Press，2007.

[2] 沈明浩，谢主兰. 食品感官评定[M]. 郑州：郑州大学出版社，2011.

[3] Lawless H T, Heyman H. Principles and practices of sensory evaluation of food[M]. New York：Chapman & Hall，1998.

[4] 徐树来，王永华，张水华. 食品感官分析与实验(第二版)[M]. 北京：化学工业出版社，2012.

[5] 马永强，韩春然，刘静波. 食品感官检验[M]. 北京：化学工业出版社，2010.

[6] (美)斯通，(美)西特，陈中，等译. 感官评定实践[M]. 北京：化学工业出版社，2008.

[7] 祝美云. 食品感官评价[M]. 北京：化学工业出版社，2011.

[8] 张晓鸣. 食品感官评定[M]. 北京：中国轻工业出版社，2006.

[9] 周家春. 食品感官分析[M]. 北京：中国轻工业出版社，2013.

[10] Stone H. Food Products and Processes[M]. Menlo Park：SRI International，1972.

[11] Meilgaard M, Civille G V, Carr B T. Sensory evaluation Techniques[M]. 3rd ed. Boca Raton：CRC press，1999.

[12] 韩北忠，童华荣，杜双葵. 食品感官评价[M]. 北京：中国林业出版社，2016.

[13] 王永华. 食品分析[M]. 北京：中国轻工业出版社，2010.

[14] 谢笔钧，何慧. 食品分析(第二版)[M]. 北京：科学出版社，2015.

[15] 阚建全. 食品化学[M]. 北京：中国农业出版社，2008.

[16] 丁耐克. 食品风味化学[M]. 北京：中国轻工业出版社，2006.

[17] 宋焕禄. 分子感官科学[M]. 北京：科学出版社，2014.

[18] (美)Harry T. Lawless, Hildegarde Heymann 著，王栋，李崎，华兆哲，等译. 食品感官评定原理与技术[M]. 北京：中国轻工业出版社，2001.

[19] 方忠祥. 食品感官评定[M]. 北京：中国农业出版社，2010.

[20] 赵镭，刘文. 感官分析技术应用指南[M]. 北京：中国轻工业出版社，2011.

[21] 王钦德，杨坚. 食品实验设计与统计分析(第二版)[M]. 北京：中国农业出版社，2010.

[22] 朱红，黄一贞，张弘. 食品感官评定入门.[M] 北京：中国轻工业出版社，1993.

[23] 李衡，王季襄，区明勋. 食品感官鉴定方法及实践[M]. 上海：上海科学技术文献出版社，1990.

[24] 赵镭，邓少平. 食品感官分析词典[M]. 北京：中国轻工业出版社，2015.

[25]张水华.食品感官鉴评[M].广州:华南理工大学,2003.

[26]余疾风.现代食品感官评定技术[M].成都:四川科学技术出版社,1991.

[27]吴谋成.食品分析与感官评定[M].北京:中国农业出版社,2011.

[28]董小雷.啤酒感官评定[M].北京:化学工业出版社,2007.

[29]常玉梅.描述性检验与消费者接受度感官分析方法研究[D].江南大学,2013.

[30]郭家乐.农产品感官评估系统的研究与实现[D].东华大学,2012.

[31]夏熠珣.食品感官评定中差异鉴别及消费者偏好检验新方法的建立[D].江南大学,2016.

[32]国家食品安全风险评估中心,中国标准出版社编著.中国食品工业标准汇编(感官分析方法卷第2版)[M].北京:中国标准出版社,2016.

[33]赵玉红.食品感官评定[M].哈尔滨:东北林业大学出版社,2006.

[34]王栋,李崎,华兆哲,等译.食品感官评定原理与技术[M].北京:中国轻工业出版社,2006.

[35]李华.葡萄酒品尝学[M].北京:科学出版社,2006.

[36]Herbert Stone,Joel L,Sidel.食品感官评定实践(第三版)[M].北京:中国轻工业出版社,2007.

[37]郭秀艳.实验心理学[M].北京:人民教育出版社,2004.

[38]王云涛.现代食品感官评定理论与指导[M].济南:山东大学出版社,1991.

[39]郑坚强.食品感官评定[M].北京:中国科学技术出版社,2013.

[40]邵平,许首芳,张佳凤,等.木糖醇对无糖梅片加工物性及感官品质的影响[J].中国食品学报,2013,13(11):83-89.

[41]梅从立,束栋鑫,江辉,等.基于电子鼻和高斯过程的秸秆固态发酵过程监测技术[J].农业机械学报,2014,45(11):188-193.

[42]郭军,吴小说,刘廷国,等.^{60}Co-γ辐照对红烧鸡块货架期及其感官品质的影响[J].核农学报,2016,30(3):0502-0508.

[43]颜廷才,邵丹,李江阔,等.基于电子鼻和GC-MS评价不同品种葡萄采后品质和挥发性物质的变化[J].现代食品科技,2015,31(11):290-297.

[44]赵镭,刘文,汪厚银.食品感官评价指标体系建立的一般原则与方法[J].中国食品学报,2008,8(3):121-124.

[45]李静,宋飞虎,浦宏杰,等.基于电子鼻气味检测的苹果微波干燥方案优选[J].农业工程学报,2015,31(3):312-318.

[46]葛阳杨,郑钢英,金姣姣,等.冬枣的保鲜方法研究及电子鼻评价[J].中国食品学报,2014,14(12):205-210.

[47]蔡慧芳,陈建设."口腔"摩擦学在食品质构感官研究中的应用[J].食品安全质量检测学报,2016,7(5):1969-1975.

[48]金爽,谭金燕,白秀云,等.固载纳豆菌发酵鹰嘴豆产品的感官评价[J].粮油食品科技,2016,24(4):86-89.

[49]胡荣锁,周晶,董文江.基于HS-SPME/GC-MS和感官分析技术的单菌发酵对咖啡果酒风味影响研究[J].农学学报,2016,6(2):107-112.

[50]邓少平.食品感官尺度品评表设计原理与结构[J].中国食品学报,2005,(2):108-111.

[51]郭会林,秦玉梅,蔡雯雯,等.咖啡因影响肠道甜味感受和机体葡萄糖代谢平衡[J].食品与生物技术学报,2014,33(12):1256-1263.

[52]李小嫄,王洪伟,童华荣.食品感官评价技术在茶叶品质评价中的应用研究进展[J].食品安全质量检测学报,2015,6(5):1542-1547.

[53]李迎楠,刘文菅,成晓瑜.GC-MS结合电子鼻分析温度对肉味香精风味品质的影响[J].食品科学,2016,37(14):104-109.

[54]王梦馨,薄晓培,韩善捷,等.不同防冻措施茶园茶汤滋味差异的电子舌检测[J].农业工程学报,2016,32(16):300-306.

[55]徐赛,陆华忠,周志艳,等.电子鼻对荔枝成熟过程中理化参数的表征[J].食品工业科技,2016,37(8):100-115.

[56]邓少平,田师一.电子舌技术背景与研究进展.食品与生物技术学报[J].2007,26(4):110-116.

[57]许灿,李二虎,王鲁峰,等.电子鼻检测复合果汁饮料中的脂环酸芽孢杆菌[J].中国食品学报,2015,15(2):193-200.

[58]韩剑众,黄丽娟,顾振宇,等.基于电子舌的鱼肉品质及新鲜度评价[J].农业工程学报,2008,24(12):141-144.

[59]马美湖,毕玉芳,张茂杰,等.鸡蛋贮藏期间风味特征的电子感官分析[J].现代食品科技,2015,31(8):293-300.

[60]苗钰湘,汤海青,欧昌荣,等.基于电子鼻的三疣梭子蟹鲜度评价方法研究[J].核农学报 2016,30(4):0748-0754.

[61]郑翠银,黄志清,刘志彬,等.定量描述分析法感官评定红曲黄酒[J].中国食品学报,2015,15(1):205-213.